WISSENSCHAFTLICHE FORSCHUNGSBERICHTE

Reihe II: Anwendungstechnik und angewandte Wissenschaft

WISSENSCHAFTLICHE FORSCHUNGSBERICHTE

II. ANWENDUNGSTECHNIK UND ANGEWANDTE WISSENSCHAFT

BEGRÜNDET VON RAPHAEL EDUARD LIESEGANG
FORTGEFÜHRT VON ROLF JÄGER

HERAUSGEGEBEN VON

DR. WERNER BRÜGEL
Ludwigshafen/Rhein

PROF. DR. A. W. HOLLDORF
Bochum

BAND 2

TRENNUNG VON MOLEKULAREN MISCHUNGEN MIT HILFE SYNTHETISCHER MEMBRANEN

DR. DIETRICH STEINKOPFF VERLAG
DARMSTADT 1979

TRENNUNG VON MOLEKULAREN MISCHUNGEN MIT HILFE SYNTHETISCHER MEMBRANEN

von

DR. H. STRATHMANN
Forschungsinstitut Berghof GmbH.

Mit 87 Abbildungen und 10 Tabellen

DR. DIETRICH STEINKOPFF VERLAG
DARMSTADT 1979

Copyright 1979 by Dr. Dietrich Steinkopff Verlag, Darmstadt
Softcover reprint of the hardcover 1st edition 1979

CIP-Kurztitelaufnahme der Deutschen Bibliothek

Strathmann, Heiner:
Trennung von molekularen Mischungen mit Hilfe
synthetischer Membranen / von Heiner Strathmann.
– Darmstadt: Steinkopff, 1979.
(Wissenschaftliche Forschungsberichte: Reihe 2,
Anwendungstechnik u. angewandte Wiss.; Bd. 2)
ISBN-13:978-3-642-85312-8   e-ISBN-13:978-3-642-85311-1
DOI: 10.1007/978-3-642-85311-1

ISSN 0340-27030

Zweck und Ziel der Sammlung

Als RAPHAEL EDUARD LIESEGANG am 13. November 1947 starb, lagen 57 Bände der Sammlung vor,die er 1921 gegründet und mehr als ein Vierteljahrhundert lang herausgegeben hatte. ROLF JÄGER, sein Nachfolger in der Leitung des Frankfurter Instituts für Kolloidforschung und in der Herausgabe dieser Sammlung, betreute insgesammt 15 weitere Bände, z. T. zusammen mit WERNER BRÜGEL.

Brücken zu schlagen zwischen den einzelnen Teildisziplinen von Naturwissenschaft und Medizin, war und ist das Ziel der „Wissenschaftlichen Forschungsberichte". Diese Aufgabe ist im Zeitalter zunehmender wissenschaftlicher und technischer Spezialisierung notwendiger denn je zuvor. Erfaßten die ersten Bände der Sammlung nach dem Ersten Weltkrieg in Form kritischer Sammelreferate die Literatur einzelner Teilbereiche, so folgten später vorwiegend monographische Darstellungen junger, inzwischen selbständig gewordener Zweige der Wissenschaft und neuer Methoden, die auf vielen Teilgebieten der Forschung allgemeine Bedeutung erlangt hatten. In jüngster Zeit stand die Darstellung physikalischer Methoden und biologischer Probleme im Vordergrund. Diese Entwicklung ließ es geraten erscheinen, ab 1972 die Sammlung in zwei einander ergänzende Reihen unterzugliedern. *Reihe I* umfaßt wie bisher Beiträge zur *Grundlagenforschung und grundlegenden Methodik,* die neue *Reihe II* soll Beiträgen zu *Anwendungstechnik und angewandten Wissenschaft* vorbehalten sein. Mit dieser Untergliederung wurde zugleich die Möglichkeit geschaffen, zu einem späteren Zeitpunkt je nach Bedarf noch weitere Untergliederungen vorzunehmen, sei es im Blick auf bisher nicht oder kaum berücksichtigte Randgebiete von Naturwissenschaft und Medizin, sei es im Blick auf deren mögliche Anwendungsgebiete. Insofern soll am Grundkonzept LIESEGANGS auch künftig festgehalten werden, als die „Wissenschaftlichen Forschungsberichte" heute wie bei ihrer Gründung ein möglichst umfassendes Forum für den wissenschaftlich-technischen Gedankenaustausch sein sollen.

HERAUSGEBER UND VERLAG

V

Vorwort

Transportvorgänge an Membranen sind seit mehr als einem Jahrhundert das Ziel zahlreicher wissenschaftlicher Untersuchungen. Dabei standen zunächst die natürlichen Membranen und ihre Funktionen im Mittelpunkt des Interesses, während später die Entwicklung von synthetischen Membranen und ihre Anwendung zur Trennung von molekularen Gemischen mehr und mehr in den Vordergrund rückten. Heute haben Membranen und Membranprozesse eine ganz erhebliche technische und wirtschaftliche Bedeutung erlangt. Sie haben Eingang in viele Bereiche der technischen Chemie, der Lebensmittelindustrie, der Trinkwassergewinnung und Abwasseraufbereitung gefunden. In der angewandten Medizin werden Membranen heute zur Stofftrennung ebenso benutzt wie in der Mikrobiologie, der Pharmazie und der analytischen Chemie. Somit hat sich auch der Kreis derjenigen, die sich für Membranen und Membranprozesse interessieren, in den letzten Jahren stark erweitert. Waren es ursprünglich hauptsächlich Physikochemiker und Biophysiker, die sich mit Membranen und ihren Erscheinungsformen als einem Sachgebiet der physikalischen Chemie beschäftigten, so sind es heute Naturwissenschaftler, Ingenieure und Techniker aus fast allen Bereichen der Chemie, der Medizin, der Wasseraufbereitung und der Rohstoffgewinnung, die an einer Nutzung der Membranen als einfaches und wirtschaftliches Hilfsmittel zur Stofftrennung interessiert sind.

In der vorliegenden Monographie soll diesem erweiterten Interesse an Membranen und Membranprozessen Rechnung getragen werden. Sie richtet sich daher weniger an den Membranexperten als an den technisch und naturwissenschaftlich vorgebildeten Laien, der sich über die wichtigsten Membranen, ihre Funktion, ihre Herstellung sowie ihre technische Anwendung zur Stofftrennung informieren will. Thermodynamische und verfahrenstechnische Grundlagen des Stofftransportes in und an Membranen werden daher nur insoweit diskutiert, wie sie zum Verständnis der Funktionsweise der Membranen notwendig sind. Es wird vielmehr versucht eine kurze, zusammenfassende Übersicht über den gesamten Bereich der technischen Membranen und ihre Anwendungen zur Trennung molekularer Gemische zu geben, ohne Einzelheiten der verschiedenen Prozesse sowie ihre theoretischen Grundlagen näher zu diskutieren.

An dieser Stelle möchte ich allen denjenigen danken, die mit ihrer kritischen Durchsicht des Manuskriptes zum Entstehen dieses Buches beigetragen haben, sowie U. F. Franck und A. S. Michaels, die mir die grundlegenden Kenntnisse des Stofftransportes durch Membranen und seine technische Anwendung vermittelten, und R. W. Baker, der in zahlreichen Diskussionen den Inhalt des Buches wesentlich mitbestimmt hat.

Tübingen, Mai 1979   H. Strathmann

Inhalt

XII

I. Historische Entwicklung und allgemeine Grundlagen

Das Trennen von flüssigen und gasförmigen molekularen Gemischen ist eines der zentralen Probleme der chemischen Verfahrenstechnik. Zu den konventionellen Methoden der Stofftrennung gehören die Rektifikation, die Kristallisation, sowie die diversen auf Ad- oder Absorption beruhenden chromatographischen Verfahren. Keines dieser Verfahren ist universell einsetzbar, sondern optimal nur für ganz bestimmte Stofftrennprobleme geeignet. So setzt z. B. die Rektifikation relativ hohe Dampfdrücke und thermisch unempfindliche Stoffgemische voraus. Die Kristallisation kann nur dann erfolgreich eingesetzt werden, wenn die Stoffe in reiner Form auskristallisieren. Die Adsorption ist auf niedermolekulare Stoffe beschränkt. Andere Prozesse, wie die Gelchromatographie, die Gaschromatographie, die Ultrazentrifuge usw., eignen sich nicht für großtechnische Anwendungen, obgleich sie erfolgreich im Labor eingesetzt werden.

In jüngster Zeit hat ein Stofftrennverfahren mehr und mehr an Bedeutung gewonnen, das die konventionellen Methoden nicht nur ergänzt, sondern sie in vielen Fällen auch ersetzen kann, indem es die gleichen Trennprozesse schneller, wirtschaftlicher und für die Produkte schonender durchführt. Es handelt sich um die Stofftrennung mit Hilfe semipermeabler Membranen. Dabei wird ein Gemisch von verschiedenen chemischen Komponenten durch Konvektion an die Oberfläche einer Membran gebracht. Während unter der treibenden Kraft eines chemischen oder elektrochemischen Potentials verschiedene Komponenten die Membran passieren, werden andere mehr oder weniger quantitativ zurückgehalten. Die Trennung der verschiedenen Komponenten basiert auf den unterschiedlichen Transportgeschwindigkeiten der Stoffe in der Membranmatrix.

Membranprozesse haben gegenüber vielen anderen Stofftrennverfahren den Vorteil, daß die zu trennenden Stoffe weder thermisch belastet noch chemisch verändert werden. Sie eignen sich daher besonders zur Behandlung empfindlicher biologischer Substanzen. Außerdem gehören die Membranprozesse zu den wirtschaftlichsten Stofftrennverfahren überhaupt und eignen sich daher auch für einen Einsatz in großtechnischem Maßstab.

Obgleich erst seit wenigen Jahren geeignete Membranen in größerem Umfang zur Verfügung stehen, werden sie heute bereits erfolgreich eingesetzt, um Trinkwasser aus dem Meer zu gewinnen, industrielle Abwässer zu reinigen und dabei wertvolle Inhaltsstoffe wieder nutzbar zu machen, um Helium aus Erdgas zu gewinnen oder verschiedene azeotrope Gemische zu trennen. In der Medizin werden Membranen eingesetzt, um in der künstlichen Niere toxische Stoffe aus dem Blut zu entfernen.

In mikrobiologischen, biologischen und medizinischen Laboratorien benutzt man Membranen zur Konzentrierung, Reinigung oder Fraktionierung von makromolekularen Lösungen. Auch in der Nahrungsmittel- und pharmazeutischen Industrie werden konventionelle Stofftrennverfahren mehr und mehr durch Membranprozesse ersetzt. Da synthetische Membranen in ihren Trenneigenschaften ganz bestimmten Stofftrennproblemen weitestgehend angepaßt werden können, ergibt sich ein sehr breites Anwendungsgebiet, das sich in Zukunft sicher noch erheblich erweitern wird. Schon heute ist es möglich, Membranen mit spezifischen Transportfunktionen zu entwickeln und den in den

Membranen der lebenden Zellen stattfindenden aktiven Transport in synthetischen Membranen zu simulieren. Die technische Nutzung dieser Vorgänge ist nur eine Frage der Zeit.

Obgleich die Bedeutung der biologischen Membranen für den Stoff- und Energieaustausch des lebenden Organismus bereits seit mehr als einem Jahrhundert bekannt ist, konnte eine Nutzung synthetischer Membranen zur Stofftrennung in technischem Maßstab erst vor wenigen Jahren realisiert werden, nachdem Entwicklungen in der Polymerchemie die Voraussetzungen geschaffen hatten, Membranen mit ganz spezifischen physikalischen, chemischen und elektrischen Eigenschaften herzustellen.

Für viele Wissenschaftler und Techniker ist die Membran heute noch ein schwer definierbares Objekt. Ein Biologe oder Biophysiker wird unter einer Membran im allgemeinen etwas völlig anderes verstehen als ein Chemiker oder Verfahrenstechniker. Eine exakte und allgemein gültige Definition einer Membran ist in der Tat schwierig. Sie wird jedoch erheblich einfacher, wenn die Diskussion auf synthetische Strukturen beschränkt bleibt und Phänomene, wie z. B. der aktive Transport, ausgeschlossen werden.

Eine Membran kann im weitesten Sinne als Zwischenphase aufgefaßt werden, die zwei homogene Phasen voneinander trennt und dem Transport verschiedener chemischer Komponenten unterschiedlichen Widerstand entgegensetzt. Sie kann sowohl homogen als auch heterogen in der Struktur sein; sie kann neutral sein oder positive oder negative Ladungen tragen. Die Dicke einer Membran kann zwischen einigen Nanometern und mehreren Zentimetern variieren und ihr elektrischer Widerstand mehrere tausend Megaohm oder auch nur wenige Milliohm betragen. Der Stofftransport durch eine Membran kann auf einer Diffusion von einzelnen Molekülen oder auf einem konvektiven Volumenstrom beruhen. Er kann durch einen Konzentrations-, Druck- und Temperaturgradienten oder durch eine elektrische Potentialdifferenz hervorgerufen werden. Eine Membran kann aus den unterschiedlichsten Materialien bestehen und die verschiedensten Strukturen besitzen. Oft läßt sich eine Membran besser durch ihre Funktion als durch ihren Aufbau beschreiben.

1. Historische Entwicklung

Die ersten systematischen Untersuchungen von Membranphänomenen wurden bereits 1803 von *Reuss*[1] durchgeführt. Er beobachtete, daß ein elektrischer Strom durch ein Diaphragma zu einem Volumenstrom führen kann. Dieses Phänomen wurde 1816 von *Porret*[2] als Elektroosmose bezeichnet. Der Begriff Osmose selbst wurde wahrscheinlich noch früher, und zwar bereits 1748, von *Nollet* eingeführt. 1828 untersuchte *Dutrochet*[3] osmotische Phänomene mit Elektrolytlösungen an Membranen. Die Versuche wurden 1854 von *Graham*[4] fortgesetzt, und ihm gelang es, mit Hilfe von Membranen in einem Dialysator verschiedene chemische Komponenten zu trennen. Er erkannte, daß Stoffe mit hohem Molekulargewicht eine Membran viel langsamer permeieren als Stoffe mit niedrigem Molekulargewicht, so daß eine Trennung von Stoffen verschiedener Molekulargewichte mit Hilfe der Dialyse möglich ist. Zur gleichen Zeit führte *Fick*[5] seine klassischen Diffusionsexperimente an Membranen durch, und zwanzig Jahre später bestimmte der Botaniker *Pfeffer*[6] den osmotischen Druck einer Zuckerlösung mit Hilfe einer Kupferferrocyanidmembran. Die Herstellung einer solchen Membran war bereits vorher *Traube*[7] gelungen. Die Ergebnisse der *Pfeffer*'schen Versuche dienten *van't Hoff*[8] bei der Ableitung seines Grenzgesetzes für den osmotischen Druck einer idealen Lösung.

1887 erkannte *van't Hoff*, daß der osmotische Druck einer verdünnten Lösung mit Gleichungen, die für ein ideales Gas gelten, beschrieben werden kann. Zwei Jahre später stellten *Nernst*[9] und *Planck*[10] die Flußgleichung für die Elektrolyten in einer konvektionsfreien Schicht auf. 1903 erschienen die ersten Publikationen über Elektrodialyse[11].

In den ersten fünfzehn Jahren des 20. Jahrhunderts wurde die weitere Entwicklung der Membrantechnologie durch zahlreiche theoretische Arbeiten entscheidend beeinflußt. In dieser Zeit errechnete *Einstein*[12] den osmotischen Druck mit Hilfe der statistischen Mechanik, *Donnan*[13] publizierte seine klassischen Arbeiten über Membrangleichgewichte und Membranpotentiale und *Henderson*[14] entwickelte ein Verfahren zur Berechnung des Diffusionspotentials.

Während in den frühen Jahren der Membranforschung hauptsächlich natürliche Stoffe wie Schweinsblasen oder Fischhäute als Diaphragmen verwandt wurden, kamen bei den späteren Untersuchungen in der Hauptsache Nitrocellulosemembranen zur Anwendung, die nach bestimmten Rezepturen mit gut reproduzierbaren Eigenschaften hergestellt werden konnten[15].

Besonders *Bechhold*[16] hat sich 1907 um die Technik, Nitrocellulosemembranen mit verschiedenen Permeabilitäten herzustellen und zu charakterisieren, verdient gemacht. Der Zusammenhang zwischen der Quellung eines Polymers und seiner Permeabilität wurde zuerst von *Kahlenberg*[17] untersucht, der den Transport von Salzen und in Kohlenwasserstoff löslichen Substanzen durch eine mit Pyridin oder Äther gequollene Gummimembran bestimmte. Aufgrund dieser Experimente wurde erstmals ein Zusammenhang zwischen der Löslichkeit von chemischen Komponenten in einer Membran und ihrer Permeabilität offensichtlich. Die Quellung spielt eine besonders bedeutsame Rolle in Ionenaustauschermembranen. Sie wurde in diesem Zusammenhang von *Schulze*[18] untersucht.

Direkt nach dem ersten Weltkrieg nahmen die Publikationen über Membranen und Membranprozesse sprunghaft zu. *Beutner*[19] publizierte seine Untersuchungen an Ölmembranen, *Horowitz*[20] studierte Glaselektroden, und *Collander*[21] gab eine detaillierte Beschreibung der Kollodiummembranen, die auch bei den grundlegenden Untersuchungen von *Michaelis*[22], *Bjerrum* und *Manegold*[23], sowie *McBain* und *Kistler*[24] Verwendung fanden.

Mit der Entwicklung und Charakterisierung von Membranen mit reproduzierbaren Eigenschaften haben sich noch besonders *Elford*[25] und *Zsigmondy*[26] beschäftigt. Die von ihnen entwickelten Herstellungsverfahren für Membranen auf Cellulosebasis werden im Prinzip noch heute angewandt. 1930 publizierte *Söllner*[27] seine Theorie der anormalen Osmose, indem er feststellte, daß der Transport des Lösungsmittels sowohl größer als auch kleiner sein kann als der Wert, den man nach den Gesetzen für den osmotischen Druck erwarten würde. Untersuchungen zur Elektroosmose, Elektrophorese und zum Strömungspotential wurden von *Bull*[28] durchgeführt. Im gleichen Jahr entwickelten *Teorell*[29] und *Meyer* und *Sievers*[30] das Modell der ionenselektiven, geladenen Membranen. 1937 wurde von der Faraday Society in London eine Diskussion über Membranphänomene durchgeführt, die bedeutende Beiträge von *Elford*[31], *Mitchell*[32] und anderen enthielt. Eine sehr umfassende Monographie über osmotische Effekte wurde im gleichen Jahr von *Schreinemakers*[33] publiziert. Während bis 1939 Kollodiummembranen das grundlegende Material für die Untersuchung von Membranphänomenen darstellten, wurden seit 1940 neue Membranmaterialien eingeführt und untersucht. In der Zeit von 1950 bis 1960 konzentrierte sich die Membranforschung in der Hauptsache auf die Entwicklung und das Studium von Ionenaustauschermembranen. Das Ziel war es, Kationen- und Anionenaustauschermembranen zu entwickeln, die einen niedrigen elektrischen Widerstand und eine hohe Austauschkapazität besaßen. Die Ergebnisse dieser Untersuchungen sind in zahlreichen Publikationen beschrieben worden, so z. B. von *Gregor*[34], *Kitchner*[35] und anderen[36, 37].

Transportphänomene an Ionenaustauschermembranen sind ausführlich von *Schlögl*[38], *Kirkwood*[39], *Schmid*[41], *Manecke*[40] und *Spiegler*[42] untersucht worden.

Bei der Beschreibung von Membranphänomenen wurden zwei verschiedene Wege eingeschlagen. Der erste Weg bestand in der Annahme verschiedener Membranmodelle und ganz spezifischer Mechanismen für den Stofftransport durch eine Membran.

So ist z. B. das Modell einer Porenmembran zuerst von *Schmid*[40] und später von *Mackay*[43] und *Meares*[44] formuliert worden. Das Modell der geladenen Porenmembranen beruht auf den Arbeiten von *Teorell*[29] und *Meyer* und *Sievers*[30]. Das sogenannte Löslichkeits-Diffusions-Modell wiederum diente *Lonsdale* und anderen[45] als Grundlage für ihre Arbeiten. Der zweite Weg, der für die Beschreibung von Membranphänomenen herangezogen wurde, führte zu einer rein thermodynamischen Beschreibung und damit auch zur Anwendung der Thermodynamik irreversibler Prozesse auf die Membranphänomene. Grundlagen für diese Betrachtungsweise sind vor allem die Arbeiten von *Kedem*[46] und *Katchalsky*[47].

Zunächst wurden Membranen hauptsächlich von Biologen und Kolloidchemikern für Dialysezwecke verwandt. Erst ein vor ca. 20 Jahren auf breiter Basis angelegtes Programm der Vereinigten Staaten von Amerika zur Trinkwassergewinnung aus dem Meer hat entscheidend zur Entwicklung der Membranstofftrenntechnik beigetragen. Auf der Suche nach neuen Verfahren zur Entsalzung von Meer- und Brackwasser schienen Membranprozesse, wie Elektrodialyse und Hyperfiltration, vom wirtschaftlichen Standpunkt aus besonders günstig zu sein. Nachdem *Reid* und *Breton*[48] 1959 zeigen konnten, daß Salz und Wasser mit Hilfe von Celluloseacetatmembranen durch die Druckfiltration voneinander getrennt werden können, war die Anwendung von Membranen zur Stofftrennung in technischem Maßstab nur noch eine Frage der Zeit.

Große Bedeutung kommt auch den Arbeiten von *Loeb* und *Sourirajan*[49] zu, die 1962 eine asymmetrisch strukturierte Membran aus Celluloseacetat entwickelten, deren Filtrationsleistung um ein Vielfaches höher lag als die der bis dahin bekannten symmetrischen Strukturen.

Während bis Mitte der 60iger Jahre die Membranentwicklung im wesentlichen empirisch verlief, ist in den letzten 10 Jahren der Bildungsmechanismus der Membranen eingehend untersucht worden[50, 51].

Vor allem durch den Einsatz der Rasterelektronenmikroskopie konnte die Membranstruktur mit den verschiedenen Herstellungsparametern korreliert werden, und heute können Membranen aus den verschiedensten Polymeren mit den unterschiedlichsten Filtrationseigenschaften hergestellt werden.

Mit der Anwendung der asymmetrischen Membran ergaben sich auch zahlreiche verfahrenstechnische Probleme, von denen die Konzentrationspolarisation besonders von *Sherwood*[52] und *Brian*[53] behandelt wurde. Obgleich die technische Entwicklung der Membranfiltration zunächst im wesentlichen auf die Meerwasserentsalzung gerichtet war, haben heute die Membranen Eingang in alle Bereiche der Stofftrenntechnik gefunden. 150 Jahre nach den ersten Untersuchungen an Membranen sind Membranstofftrennprozesse bereits etablierte Verfahren in der Nahrungsmittelindustrie[54], in der Pharmazie[55], bei der Gewinnung von Trinkwasser[56], bei der Aufbereitung von Industrieabwässern[57] und in biochemischen und medizinischen Laboratorien[58].

4

2. Struktur und Eigenschaften von synthetischen Membranen

Obgleich die vorliegende Darstellung nur auf synthetische Membranen beschränkt ist, umfaßt sie eine Reihe von unterschiedlichen Strukturen, die sich sowohl in ihrem äußerlichen Erscheinungsbild als auch in ihrer Funktion erheblich unterscheiden. Dabei lassen sich zwei Membranmodelle postulieren, die zwar Grenzfälle darstellen, mit deren Hilfe man aber die wesentlichsten Erscheinungsformen und Funktionen einer Membran gut beschreiben kann. Dies sind das Modell einer idealen Porenmembran und das Modell einer idealen Löslichkeitsmembran.

a) Das Modell einer neutralen Porenmembran

Das eine Extrem einer Membran stellt eine heterogene Porenstruktur dar. Sie kommt in ihrem Aufbau einem konventionellen Filter am nächsten. Sie besteht aus einer festen Struktur mit definierten Poren. Im Gegensatz zu einem normalen Faserfilter sind die Poren jedoch sehr klein. Ihr Durchmesser beträgt ca. 2–100 nm. Die Trenneigenschaften einer Porenmembran beruhen im wesentlichen auf einem Siebeffekt, d. h. die Partikel werden nach ihrer Größe von der Membran sortiert. In einer Porenmembran können daher nur Stoffe voneinander getrennt werden, die erhebliche Unterschiede in ihrem Molekül- oder Teilchendurchmesser aufweisen.

b) Das Modell einer neutralen Löslichkeitsmembran

Eine ideale Löslichkeitsmembran stellt das andere Extrem dar. Sie besteht aus einer homogenen Polymer-, Gel- oder Flüssigkeitsschicht, durch die alle Partikel per Diffusion, dem Gradienten ihres chemischen Potentials folgend, transportiert werden. Die Trennung verschiedener chemischer Komponenten in einer Löslichkeitsmembran wird im wesentlichen durch Unterschiede im Diffusionskoeffizienten und in der Löslichkeit dieser Komponenten in der Membranmatrix bestimmt. Im Gegensatz zu einer Porenmembran können mit Hilfe einer Löslichkeitsmembran auch Stoffe mit gleichen oder fast gleichen Molekülradien getrennt werden, sofern sich ihre Löslichkeiten in der Membranmatrix hinreichend unterscheiden.

c) Elektrisch geladene Membranen

Eine Löslichkeits- oder Porenmembran kann außerdem elektrische Ladungen tragen. Sie wird dann als Ionenaustauschermembran bezeichnet. Trägt sie positive Ladungen, so spricht man von einer Anionenaustauschermembran, trägt sie negative Ladungen, so wird sie als Kationenaustauschermembran bezeichnet. Die Trennfunktion von geladenen Membranen beruht in der Hauptsache auf einem Ausschluß der Co-Ionen, d. h. Ionen mit der gleichen Ladung wie die der Festionen der Membran sind nicht in der Lage in die Membran einzudringen. Die Trenneigenschaften dieser Membran sind von der Ladung und der Konzentration der Ionen in der Membran und in den Außenphasen abhängig. Strukturen, die aus nebeneinander liegenden, makroskopischen Bereichen von Anionen- und Kationenaustauschermembranen bestehen, werden als Mosaikmembranen bezeichnet.

Die Transportgeschwindigkeit der verschiedenen Komponenten durch eine Membran ist der Dicke der Membran umgekehrt proportional. Aus wirtschaftlichen Gründen jedoch sollte die Transportgeschwindigkeit möglichst groß sein, d. h. eine Membran sollte möglichst dünn sein. Allerdings ist es technisch schwierig, extrem dünne und mechanisch feste Filme oder Folien herzustellen.

Für Membranstofftrennprozesse, bei denen ein hydrostatischer Druck als treibende Kraft wirksam ist, wurden solche extrem dünne und gleichzeitig mechanisch sehr stabile Membranen als sogenannte asymmetrische Strukturen entwickelt. Sie bestehen aus einer dünnen, etwa $0{,}1-1\,\mu$m dicken Schicht, der sogenannten Haut, an der Oberfläche und einer grob porösen Unterstruktur.

Die Filtrationseigenschaften einer asymmetrisch strukturierten Membran werden ausschließlich von der dünnen Schicht an ihrer Oberseite bestimmt, während die poröse Unterstruktur nur zur Stützung der eigentlichen „Membranhaut" dient.

3. Flüsse und treibende Kräfte in Membranprozessen

Eine Stofftrennung mit Hilfe von Membranprozessen kommt dadurch zustande, daß die einzelnen Komponenten eines Gemisches mit unterschiedlicher Geschwindigkeit durch die Membran transportiert werden. Die Transportgeschwindigkeit der einzelnen Komponenten wird durch die treibende Kraft, die auf eine Komponente wirkt, und durch ihre Beweglichkeit und ihre Konzentration in der Membranmatrix bestimmt. Als treibende Kräfte für Membranprozesse wirken z. B. Unterschiede im hydrostatischen Druck, im elektrischen Potential oder in der Konzentration in den beiden durch die Membran getrennten Außenphasen. Die Beweglichkeit einer Komponente in der Membran wird in erster Linie durch die Teilchen- bzw. Molekülgröße und die Struktur der Membranmatrix bestimmt. Die Konzentration der einzelnen chemischen Komponenten in der Membran wird sowohl durch chemische als auch sterische Faktoren beeinflußt. Der Transport durch eine Membran wird gewöhnlich durch phänomenologische Gleichungen beschrieben, die eine Beziehung zwischen einem Fluß und den zugehörigen treibenden Kräften in Form von Proportionalitäten darstellen. Das *Fick*'sche Gesetz z. B. beschreibt die Beziehung zwischen einem Massenfluß und einem Konzentrationsgradienten, während das *Ohm*'sche Gesetz die Beziehung zwischen einem elektrischen Strom und einer vorgegebenen elektrischen Potentialdifferenz darstellt. Das *Fourier*'sche Gesetz wiederum beschreibt die Beziehung zwischen einem Wärmetransport und einem Temperaturgradienten, und das *Hagen-Poiseuille*'sche Gesetz gibt die Beziehung zwischen einem Volumenstrom und einer hydrostatischen Druckdifferenz wieder.

Diese klassischen, phänomenologischen Beziehungen sind in der Tabelle I-1 dargestellt. Sie verbinden die verschiedenen Flüsse mit der jeweils zugehörigen treibenden Kraft. Bei Membranprozessen ist es jedoch durchaus möglich, daß mehrere treibende Kräfte oder Flüsse miteinander gekoppelt sind. Dann verlieren diese einfachen, linearen Beziehungen ihre Gültigkeit. So kann z. B. ein Konzentrationsgradient in einer Membran nicht nur einen Materiestrom hervorrufen, sondern unter ganz bestimmten Bedingungen auch eine hydrostatische Druckdifferenz aufbauen. Ebenso kann eine hydrostatische Druckdifferenz nicht nur einen Volumenfluß zur Folge haben, sondern unter Umständen auch zum Aufbau eines Konzentrationsgradienten führen. Die Kopplung eines hydrostatischen Druckes mit einer Konzentrationsdifferenz über einen Materiestrom in einer semipermeablen Membran bezeichnet man als Osmose. Auch ein Temperaturgradient in einer Membran kann außer zu einem Wärmefluß unter ganz bestimmten Voraussetzungen auch zu einem Materiestrom führen. Diesen Vorgang bezeichnet man als Thermoosmose.

Eine Kopplung zwischen elektrischer Potentialdifferenz und hydrostatischem Druck stellt z. B. die Elektroosmose dar. Neben der Kopplung verschiedener treibender Kräfte findet man bei Membranprozessen auch noch eine Kopplung zwischen verschiedenen Flüssen. Ein typisches Beispiel ist der Transport von Wasser, das an Ionen gebunden ist und unter der treibenden Kraft eines elektrischen Potentials durch die Membran transportiert wird.

Tab. 1-1: Phänomenologische Beziehung zwischen verschiedenen Flüssen und zugehörigen treibenden Kräften

Phänomenologische Beziehung	Fluß	treibende Kraft	Proportionalitätsfaktor
Fick'sches Gesetz $J_i = -D_i \, \Delta C$	Materiestrom J_i	Konzentrationsgradient ΔC	Diffusionskoeffizient D_i
Ohm'sches Gesetz $I = \dfrac{\Delta U}{R}$	elektrischer Strom I	elektrische Potentialdifferenz ΔU	elektrischer Widerstand R
Fourier'sches Gesetz $J_Q = \alpha \, \Delta T$	Wärmestrom J_Q	Temperaturdifferenz ΔT	Wärmeleitwert α
Hagen-Poiseuille'sches Gesetz $J_V = d_h \, \Delta p$	Volumenstrom J_V	hydrostatische Druckdifferenz Δp	hydrodynamische Durchlässigkeit d_h

Für eine praktische Anwendung von Membranen zur Stofftrennung kommen jedoch nur solche treibenden Kräfte in Frage, die zu einem erheblichen Materiefluß führen, wie z. B. eine hydrostatische Druckdifferenz, ein Konzentrationsgradient und eine elektrische Potentialdifferenz. Eine hydrostatische Druckdifferenz zwischen zwei durch eine Membran getrennten Phasen führt zu einem Volumenfluß, eine Konzentrationsdifferenz zu einem Materiestrom und ein Unterschied im elektrischen Potential zu einem Materiefluß und zu einem elektrischen Strom. Die Voraussetzung für eine Stofftrennung ist, daß die Membran für mindestens eine Komponente eines Stoffgemisches durchlässig ist. Die Durchlässigkeit einer Membran für die verschiedenen chemischen Komponenten bestimmt bei vorgegebenen treibenden Kräften die Materieströme und damit ihre Trennfähigkeit. Sie ist sehr stark von der chemischen Natur und der physikalischen Struktur der Membran abhängig. Welche Membrantypen und welche treibenden Kräfte man für ein ganz bestimmtes Stofftrennproblem einsetzen muß, hängt von der spezifischen Aufgabenstellung ab.

Die wichtigsten Membranstofftrennprozesse, denen eine gewisse technische Bedeutung zukommt, sind im nächsten Abschnitt kurz beschrieben.

4. Wirtschaftlich relevante Membranstofftrennprozesse

Alle Membranstofftrennprozesse, wie z. B. die Ultrafiltration, die Hyperfiltration, die Dialyse, die Elektrodialyse usw., stehen nicht nur zueinander in Konkurrenz, sondern sie müssen auch mit konventionellen Stofftrennprozessen, wie z. B. Destillation, Kristallisation, Filtration, Gelchromatographie, konkurrieren. Für jeden Membranstofftrennprozeß gibt es im allgemeinen ein oder mehrere Anwendungsgebiete, für die der entsprechende Prozeß das technisch und wirtschaftlich günstigste Verfahren darstellt. Welcher Prozeß zur Lösung eines bestimmten Stofftrennproblems zur Anwendung kommt, wird hauptsächlich durch die molekularen Dimensionen der zu trennenden Stoffe sowie ihre elektrische Ladung oder ihren chemischen Aufbau bestimmt.

In dem Diagramm in Tabelle I-2 sind die optimalen Anwendungsgebiete der verschiedenen Trennprozesse als Funktion des Durchmessers der zu trennenden Partikel dargestellt. Aus dieser Tabelle läßt sich ersehen, daß im allgemeinen für ein bestimmtes Stofftrennproblem mehrere Prozesse zur Verfügung stehen. Die wirtschaftlich relevanten Membranstofftrennverfahren sind in der Tabelle I-3 zusammengestellt. Nach den dabei für den Materietransport wirksamen treibenden Kräften kann zwischen drei verschiedenen Prozessen unterschieden werden, und zwar zwischen Membranstofftrennprozessen mit einem hydrostatischen Druck, einer Konzentrationsdifferenz oder einer elektrischen Potentialdifferenz als treibende Kraft.

a) Die Membranfiltration

Membranstofftrennprozesse, bei denen ein hydrostatischer Druck als treibende Kraft benutzt wird, werden unter dem Oberbegriff Membranfiltration zusammengefaßt. Die Membranfiltration ist ein technisch äußerst einfaches Verfahren. Durch Konvektion wird ein molekulares Gemisch an die Oberfläche einer Membran gebracht. Während bestimmte Komponenten die Membran unter der treibenden Kraft eines hydrostatischen Druckes permeieren, werden andere an ihrer Oberfläche mehr oder weniger quantitativ zurückgehalten.

Von der konventionellen Faserfiltration unterscheidet sich die Membranfiltration dadurch, daß Stoffgemische nicht allein nach der Teilchengröße sortiert werden können, sondern daß häufig noch spezielle Wechselwirkungen zwischen den permeierenden Teilchen mit der Membranmatrix für den Trennprozeß verantwortlich sind, so daß auch Stoffe im molekularen Bereich mit gleichen Molekülradien getrennt werden können.

Im allgemeinen unterscheidet man bei der Membranfiltration zwischen der sogenannten Ultrafiltration, der Hyperfiltration, die vielfach auch als Umgekehrte Osmose bezeichnet wird, und der Piezodialyse. Diese Unterscheidung ist recht willkürlich, hat allerdings eine gewisse Berechtigung, da die bei den verschiedenen Prozessen verwendeten Membranen und die verfahrenstechnischen Parameter, sowie die Anwendungsgebiete, sehr unterschiedlich sind, wie die Zusammenstellung in der Tabelle I-3 zeigt. Dabei ist die

Piezodialyse nur auf ionogene Teilchen anwendbar und spielt gegenüber den beiden anderen Prozessen in der Technik bisher eine sehr untergeordnete Rolle

Die Ultrafiltration kommt der herkömmlichen Filtration am nächsten. Die verwendeten Membranen haben eine porenartige Struktur mit definierten Porenradien; ein Stoffgemisch wird dabei nach der Größe der einzelnen Teilchen sortiert. Bei der Ultrafiltration können daher nur Teilchen erfolgreich getrennt werden, die sich wesentlich im Molekülradius unterscheiden. Sie findet Anwendung zur Konzentrierung, Fraktionierung oder Reinigung von makromolekularen Lösungen. Des hohen Molekulargewichtes der gelösten Komponenten wegen – im allgemeinen > 10 000 – haben diese Lösungen keinen relevanten osmotischen Druck verglichen mit dem im allgemeinen angewandten hydrostatischen Druck von ca. 0,5–10 bar.

Bei der Hyperfiltration bzw. der Umgekehrten Osmose werden Stoffe mit gleichem oder fast gleichem Molekulargewicht voneinander getrennt. Die dabei verwendeten

Tab. I-2: Wirtschaftlicher Arbeitsbereich verschiedener Stofftrennprozesse als Funktion des Partikeldurchmessers der zu trennenden Komponenten

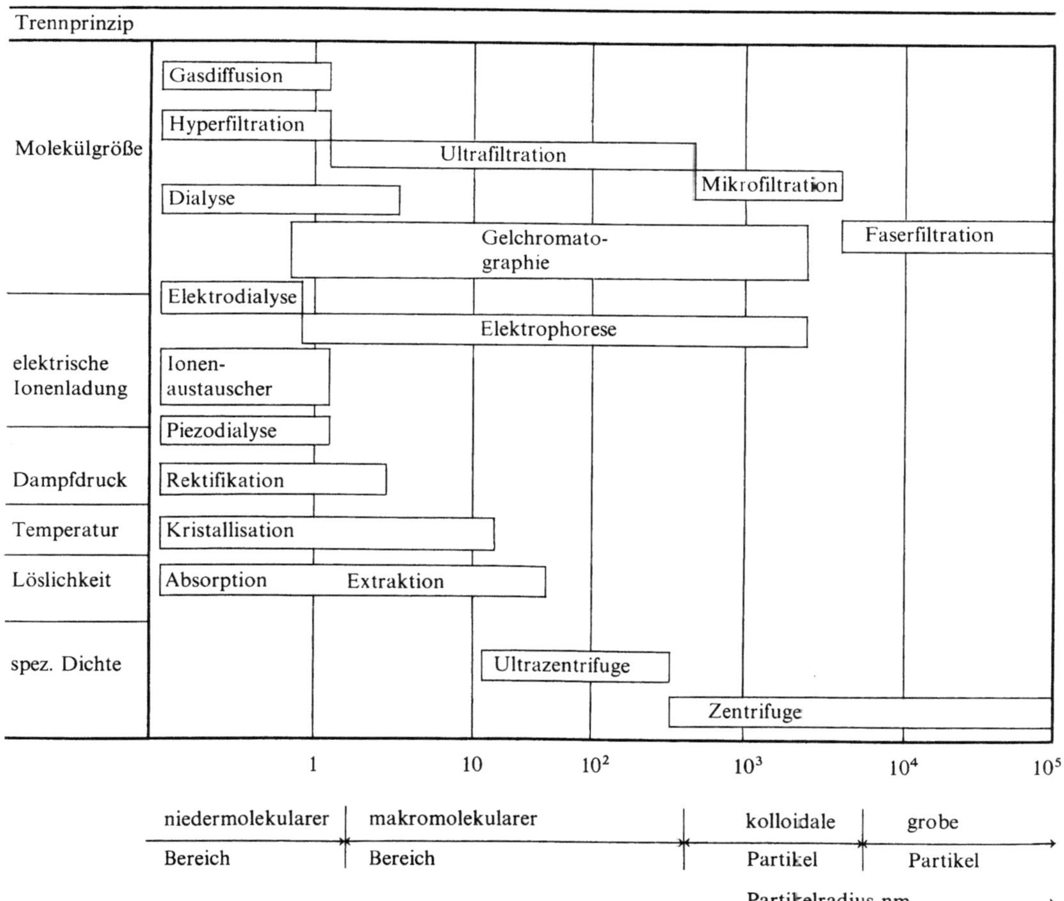

Tab. I-3: Technisch relevante Membrantrennprozesse

Verfahren	treibende Kraft	Membrantyp	Trennprinzip	Anwendungsgebiete
Ultrafiltration	hydrostatischer Druck 0,5 bis 10 bar	asymmetrische Porenmembranen	Siebeffekt	Trennung von makro-molekularen Lösungen
Hyperfiltration	hydrostatischer Druck 50 bis 100 bar	asymmetrische Löslichkeitsmembranen	Diffusion und Löslichkeit	Trennung von nieder-molekularen Lösungen
Dialyse	Konzentrationsgradient	symmetrische Porenmembranen	Diffusion	Entfernung von nieder-molekularen Komponenten aus makromolekularen Gemischen
Elektrodialyse	elektrische Potentialdifferenz	Ionenaustauschermembranen	elektrische Ladung von Ionen	Entsalzung von Lösungen
Piezodialyse	hydrostatischer Druckgradient	Mosaikionenaustauschermembranen	elektrische Ladung von Ionen	Konzentrierung von Salzlösungen
Gastrennung	hydrostatischer Druck- oder Konzentrationsgradient	homogene oder poröse symmetrische Membranen	Diffusion und Löslichkeit	Fraktionierung von Gasgemischen

Membranen haben keine makroskopische Porenstruktur, sondern bestehen aus einer mehr oder weniger homogenen Polymerschicht, in der die verschiedenen Moleküle entsprechend ihrem Verteilungsgleichgewicht gelöst werden. Der Transport der verschiedenen Komponenten erfolgt dabei durch Diffusion. Da ein diffusiver Transport relativ langsam verläuft, sind die als treibende Kraft wirkenden hydrostatischen Drücke für halbwegs zufriedenstellende Filtrationsraten auch recht hoch, nämlich 50–100 bar. Da es sich bei den zu trennenden Gemischen meist um Stoffe mit relativ geringem Molekulargewicht handelt, kann auch der osmotische Druck der Lösung erhebliche Werte erreichen.

Ein weiterer Membranstofftrennprozeß, bei dem ein hydrostatischer Druck als treibende Kraft wirkt, ist die Piezodialyse. Dieser Prozeß macht sich die Tatsache zunutze, daß in modernen Ionenaustauschermembranen die Festionenkonzentration in der Membran sehr hoch sein kann, und zwar 2–10 mol/l. Eine ionogene Lösung an der Oberfläche einer Membran steht mit der Lösung in der Membran im Gleichgewicht. Durch die hohe Ladungsdichte der Ionenaustauschermembran ist die Konzentration der Gegenionen in der Membran sehr hoch. Wirkt nun ein hydrostatischer Druck auf die Membran, dann wird die konzentrierte Lösung der beweglichen Ionen durch die Membran gedrückt. Um den Aufbau einer elektrischen Potentialdifferenz an der Membranoberfläche zu vermeiden, verwendet man sogenannte Mosaikmembranen, die aus makroskopischen Segmenten von Kationen- und Anionenaustauschermembranen bestehen. Bei der Piezodialyse werden Arbeitsdrücke bis zu 100 bar verwendet, und man erreicht eine erhebliche Salzanreicherung im Filtrat. Eine echte wirtschaftliche Bedeutung hat die Piezodialyse bis heute allerdings noch nicht erlangt.

b) Die Dialyse

Zu den wichtigsten Membranstofftrennprozessen mit einer Konzentrationsdifferenz als treibender Kraft gehört die Dialyse. Hierbei werden zwei Lösungen unterschiedlicher Konzentration durch eine mikroporöse Membran voneinander getrennt. Der Konzentrationsunterschied der beiden durch die Membran getrennten Außenphasen wirkt als treibende Kraft für den Stofftransport. In dem klassischen Dialyseexperiment wird ein Cellophanschlauch mit einer zu reinigenden Lösung gefüllt und in ein größeres Volumen von reinem Wasser eingetaucht. Dabei diffundieren niedermolekulare Stoffe, ihrem Konzentrationsgefälle folgend, durch die Membran in das Außenvolumen, während makromolekulare und kolloidale Komponenten von der Membran zurückgehalten werden. Heute wird die Dialyse im technischen Maßstab in der pharmazeutischen und chemischen Industrie eingesetzt, um z. B. makromolekulare Lösungen zu entsalzen. In der Medizin findet die Dialyse weite Verbreitung als künstliche Niere, um bei akuten und chronischen Nierenversagen toxische Stoffe aus dem Blut zu entfernen. Als Membranen für die Dialyse finden im allgemeinen symmetrische Porenmembranen Verwendung. Die flüssigkeitsgefüllten Poren bilden eine konvektionsfreie Schicht, in der alle gelösten Komponenten entsprechend ihrem Diffusionskoeffizienten transportiert werden.

c) Die Elektrodialyse

Die Elektrodialyse ist der einzige Membranstofftrennprozeß von technischer Bedeutung, bei dem ein elektrisches Feld als treibende Kraft angewandt wird. Dabei werden elektrisch geladene Partikel selektiv durch Verwendung von Ionenaustauschermembranen aus der Lösung entfernt.

Eine typische Elektrodialysezelle besteht aus einer Serie von Anionen- und Kationenaustauschermembranen, die alternierend angeordnet sind. Wird eine Salzlösung in solch ein Zellenpaket eingefüllt und eine elektrische Potentialdifferenz angelegt, so wandern die negativ geladenen Ionen in Richtung der Anode und die positiv geladenen Ionen in Richtung der Kathode. Dabei können die negativ geladenen Ionen nur die Anionenaustauscher- und die positiv geladenen Ionen nur die Kationenaustauschermembran permeieren. Dadurch tritt in den einzelnen durch eine Kationen- und eine Anionenaustauschermembran begrenzten Zellen abwechselnd eine Abnahme bzw. Zunahme der Ionenkonzentration ein. Die Elektrodialyse hat besonders in den letzten Jahren als ein billiges Verfahren zur Gewinnung von Trinkwasser aus Brack- und Meerwasser mehr und mehr an Bedeutung gewonnen. Sie wird aber auch heute schon in größerem Maßstab in der Nahrungsmittel- und in der pharmazeutischen Industrie zur Entsalzung von Zwischenprodukten eingesetzt. Auch bei der Abwasserreinigung findet die Elektrodialyse zur Rückgewinnung wertvoller Inhaltsstoffe Anwendung.

d) Die Gasdiffusion

Zu den technisch interessanten Membranstofftrennverfahren gehört auch noch die Gasdiffusion. Hierbei finden sowohl heterogene Porenmembranen als auch homogene

Löslichkeitsmembranen Verwendung. Als treibende Kraft für den eigentlichen Trennprozeß dienen sowohl Konzentrations- als auch Druckgradienten. Besonders bei Porenmembranen ist der Trennfaktor häufig sehr gering, und mehrstufige Verfahren sind unumgänglich. Trotz intensiver Laborversuche hat die Trennung von Gasgemischen durch Membranen bisher nur eine begrenzte wirtschaftliche Bedeutung erlangt.

Die bisher geschilderten Membranstofftrennprozesse haben alle bereits eine gewisse technische Bedeutung erlangt. Daneben gibt es Prozesse, die bis heute nur im Labormaßstab verwirklicht werden konnten. Dazu gehören die Anwendung von sogenannten Carriermembranen und die Ausnutzung des aktiven Transportes in Membranen. Bei den Carriermembranen beruht der Transport auf gewissen Trägersubstanzen, die in die Membranmatrix eingebaut sind und den Transport bestimmter chemischer Komponenten selektiv beschleunigen. Allerdings können mit Carriermembranen Stoffe nur in Richtung des Gradienten ihres chemischen oder elektrochemischen Potentials transportiert werden, im Gegensatz zum aktiven Transport, wo Stoffe auch durch Kopplung an chemische Reaktionen in der Membranmatrix entgegen den Gradienten ihres chemischen oder elektrochemischen Potentials transportiert werden können. Aktiven Transport findet man sehr häufig in den Membranen der lebenden Zellen. Er ist im Labor zwar nachvollzogen worden, eine wirtschaftliche Nutzung ist allerdings bis heute noch nicht erkennbar.

Von den hier geschilderten Membranstofftrennprozessen haben im Augenblick die Ultrafiltration, die Hyperfiltration, die Dialyse und die Elektrodialyse die größte technische und wirtschaftliche Bedeutung. Entsprechend befaßt sich die vorliegende Arbeit in der Hauptsache mit den Problemen der Ultra- und Hyperfiltration sowie der Dialyse und Elektrodialyse, während die übrigen Membranstofftrennprozesse nur soweit diskutiert werden, wie es zum Verständnis ihres Grundprinzips notwendig ist.

Benützte Symbole

C	Konzentration
D	Diffusionskoeffizient
I	elektrische Stromdichte
J	Stromdichte
P	hydrostatischer Druck
R	elektrischer Widerstand
T	Temperatur
U	elektrische Spannung
d_h	hydrodynamische Durchlässigkeit
x	Raumkoordinate
$\varkappa$	Wärmeleitfähigkeit
$\triangle$	Differenz

Indizes

$_Q$	Bezug auf Wärmemenge
$_v$	Bezug auf Volumen
$_i$	Bezug auf Komponente i

Literatur

1. *Reuss*, Mém. de la soc. impér. d. naturalistes d. Moscou **2**, 327 (1803).
2. *Porret, Thomson* Ann. Phil. **8**, 74 (1816).
3. *Dutrochet, H.*, „Nouvelles Recherches sur l'Endosmosis et l'Exosmosis", Paris, 1828.
4. *Graham, Th.*, Philos. Trans. Roy. Soc. London **114A**, 177 (1854).
5. *Fick, A.*, Pogg. Ann. **94**, 59 (1855).
6. *Pfeffer, W.*, „Osmotische Untersuchungen", Leipzig (1877).
7. *Traube, M.*, Arch. Anal. Physiol. **87**, Leipzig (1867).
8. *van't Hoff, J. H.*, Z. physik. Chem. **1**, 481 (1887).
9. *Nernst, W.*, Z. physik. Chem. **4**, 129 (1889).
10. *Planck, M.*, Ann. Physik u. Chem. N. F. **39**, 161 (1890); **40**, 561 (1890).
11. *Morse, H. W., Pierce, G. W.*, Z. physik. Chem. **45**, 589 (1903).
12. *Einstein, A.*, Ann. Phys. **17**, 549 (1905).
13. *Donnan, F. G.*, Z. Elektrochem. **17**, 572 (1911).
14. *Henderson, P.*, Z. phys. Chem. **59**, 118 (1907); **63**, 325 (1908).
15. *Schumacher, W.*, Ann. Physik u. Chem. **110**, 337 (1860).
16. *Bechhold, H.*, Kolloid- Z. **1**, 107 (1907), Biochem. Z. **6**, 379
17. *Kahlenberg, L.*, J. Phys. Chem. **10**, 141 (1910).
18. *Schulze, G.*, Z. phys. Chem. **89**, 168 (1915).
19. *Beutner, R.*, „Die Entstehung elektrischer Ströme in lebenden Geweben", (Stuttgart 1920).
20. *Horowitz, K.*, Z. phys. Chem. **115**, 424 (1925).
21. *Collander, R.*, Kolloidchem. B. **19**, 72 (1924).
22. *Michaelis L.*, Colloid Symp. Monogr. **5**, 135 (1927).
23. *Bjerrum, N., Manegold, E.*, Kolloid-Z. **42**, 97 (1927).
24. *McBain, J. W., Kistler, S. S.*, J. gen. Physiol. **12**, 187 (1928).
25. *Elford, W.*, Proc. Roy. Soc. B **106**, 216 (1930).
26. *Zsigmondy, R., Carius, C.*, Chem. Ber. **60** B, 1047 (1927).
27. *Söllner, K.*, Z. Elektrochem. **36**, 234 (1930).
28. *Bull, H. B.*, J. Phys. Chem. **39**, 577 (1935).
29. *Teorell, T.*, Trans. Faraday Soc. **33**, 1035, 1086 (1937).
30. *Meyer, K. H., Sievers, J. F.*, Helv. Chim. Acta **19**, 665 (1936).
31. *Elford, W. J.*, Trans. Faraday Soc. **33**, 1094 (1937).
32. *Mitchell, J. S.*, Trans. Faraday Soc. **33**, 1129 (1937).
33. *Schreinemakers, F. A. H.*, „Lectures on Osmosis", Den Haag (1938).
34. *Gregor, H. P., Wetstone, D. M.*, Disc. Faraday Soc. **21**, 162 (1956).
35. *Kitchner, J. A.*, „Ion Exchange Resins", Methuen (London 1957).
36. *Bergsma, F., Kruisink, C. A.*, Fortschr. Hochpolymer Forsch. **2**, 307 (1961).
37. *Woermann, D., Bonhoeffer, K. F., Helfferich, F.*, Z. phys. Chem. N. F. **8**, 265 (1956).
38. *Schlögl, R.*, Disc. Faraday Soc. **21**, 46 (1956).
39. *Kirkwood, J. G.*, in „Ion Transport across Membranes" Ed. *Clarke, J. T.* (New York 1954).
40. *Manecke, G., Bonhoeffer, K. F.*, Z. Elektrochem. **55** 475 (1951).
41. *Schmid, G.*, Z. Elektrochem. **54**, 424 (1950).
42. *Spiegler, K. S., Coryell, C. D.*, Science **113**, 546 (1951). J. Phys. Chem. **56**, 106 (1952).
43. *Mackay, D.*, J. Phys. Chem. **64**, 1718 (1960).
44. *Meares, P.*, J. Polymer Sci. **20**, 507 (1956).
45. *Lonsdale, H. K., Merten, U., Riley, R. L.*, J. Appl. Polymer Sci. **9**, 1341 (1965).
46. *Kedem, O., Katchalsky, A.*, J. Gen. Physiol. **45**, 143 (1961).
47. *Katchalsky, A., Curran, P. F.*, "Nonequilibrium Thermodynamics in Biophysics", Harvard Univers. Press, (Cambridge 1967).
48. *Reid, C. E., Breton, E. J.*, J. Appl. Polymer Sci. **1**, 133 (1959).
49. *Loeb, S., Sourirajan, S.*, Advan. Chem. Ser. **38**, 117 (1962).
50. *Matz, R.*, Desalination, **12**, 273 (1968).
51. *Strathmann, H., Kock, K.*, Desalination **21**, 241 (1977).

52. *Sherwood, T. K., Brian, P. L. T., Fisher, R. E., Dresner L.,* Ind. Eng. Chem. Fundamentals **4,** 113 (1965).
53. *Brian, P. L. T.,* in "Desalination by Reserve Osmosis" Ed. *Merten, U.,* M. I. T. Press, (Cambridge 1966).
54. *Merson, R. L., Ginnette, L. F.,* in "Industrial Processing with Membranes", Eds. *Lacey, R. E., Loeb, S.,* Wiley-Interscience (1972).
55. *de Filippi, R. P., Goldsmith, R. L.,* in "Membrane Science and Technology", Ed. *Flinn, J. E.,* Plenum Press, (New York 1970).
56. *Merten, U.,* "Desalination by Reverse Osmosis", M.I.T. Press, (Cambridge 1966).
57. *Okey, R. W.,* in "Industrial Processing with Membranes", Eds. *Lacey, R. E., Loeb, S.,* Wiley-Interscience (1972).
58. *Michaels, A. S.,* Chem. Eng. Progr. **64,** 31 (1968).

II. Physikalische Grundlagen des Stofftransportes durch Membranen

Bei Membranstofftrennprozessen werden zwei homogene, flüssige oder gasförmige Phasen durch eine Membran getrennt, die den Stoffaustausch zwischen den beiden Außenphasen mehr oder weniger stark behindert. Eine Trennung verschiedener chemischer Komponenten kommt dadurch zustande, daß diese die Membran mit unterschiedlicher Geschwindigkeit permeieren. Die Transportgeschwindigkeit der verschiedenen Komponenten hängt von den treibenden Kräften, die auf diese Komponenten wirken, und von ihrer Beweglichkeit und Konzentration in der Membran ab.

Als treibende Kräfte können bei Membranstofftrennprozessen Unterschiede in der Konzentration, im hydrostatischen Druck, in der Temperatur oder im elektrischen Potential der beiden durch die Membran getrennten Außenphasen wirksam werden. Bei den treibenden Kräften handelt es sich um thermodynamische Größen, die zusammengefaßt durch eine Differenz der freien Enthalpie, oder, wenn sie auf eine einzelne Komponente bezogen werden, durch die Differenz im chemischen bzw. elektrochemischen Potential dieser Komponente ausgedrückt werden können. Die Permeabilität einer Membran dagegen ist eine kinetische Größe. Sie wird wesentlich durch die Wechselwirkungen der permeierenden Teilchen mit der Membranmatrix bestimmt.

Läßt man zunächst eine kinetische Kopplung verschiedener Flüsse in der Membran außer acht, so ergibt sich der Fluß einer Komponente als Funktion des Gradienten im chemischen bzw. elektrochemischen Potential dieser Komponente:

$$J_i = L_i \, \text{grad} \, \mu_i, \qquad \text{[II-1]}$$

bzw.

$$J_i = L_i \, \text{grad} \, \eta_i. \qquad \text{[II-2]}$$

Hier sind J_i der Fluß der Komponente i, L_i die Permeabilitätskonstante und grad μ_i bzw. grad η_i die Gradienten im chemischen bzw. elektrochemischen Potential der Komponente i in der Membran.

Der Zusammenhang zwischen chemischem und elektrochemischem Potential ist durch die folgende Beziehung gegeben:

$$\eta_i = \mu_i + z_i F \varphi. \qquad \text{[II-3]}$$

Hier sind μ_i bzw. η_i das chemische bzw. elektrochemische Potential, z_i die elektrochemische Wertigkeit einer Komponente i, F die Faradaykonstante und φ das elektrische Potential.

Das chemische bzw. elektrochemische Potential ist eine Zustandsfunktion und daher von den Zustandsvariablen Temperatur, Druck, Volumen, Zusammensetzung usw. abhängig.

Die als treibende Kraft für den Stofftransport wirkende chemische bzw. elektrochemische Potentialdifferenz setzt sich folglich aus Konzentrations-, Druck-, Temperatur- oder elektrischen Potentialdifferenzen zusammen, und nur in sehr einfachen Fällen lassen sich die Gleichungen [II-1] und [II-2] durch phänomenologische Beziehungen wie das *Fick*'sche, *Ohm*'sche und *Fourier*'sche Gesetz darstellen.

Die Abhängigkeit des chemischen bzw. elektrochemischen Potentials von den Zustandsvariablen wird durch die Beziehungen der klassischen Thermodynamik beschrieben, die im einzelnen in den entsprechenden Lehrbüchern dargestellt sind[1-3]. Hier sollen thermodynamische Grundlagen nur insoweit diskutiert werden, wie sie für ein Verständnis der Membranstofftrennprozesse notwendig sind.

1. Thermodynamische Grundlagen

Der Zustand eines homogenen Systems wird vollständig durch die freie Enthalpie, die im angelsächsischen Sprachgebrauch auch als *Gibbs*'sche freie Energie bezeichnet wird, beschrieben. Sie ist eine Funktion der verschiedenen Zustandsvariablen wie Temperatur, Druck und Zusammensetzung:

$$G = f(T, P, n_i), \ (i = 1, 2, 3 \ ... \ n). \qquad [\text{II-4}]$$

In dieser Gleichung sind G die freie Enthalpie, T die Temperatur, P der hydrostatische Druck und n_i die Zahl der Mole der Komponente i.

Die Abhängigkeit der freien Enthalpie von den Zustandsvariablen wird durch die *Gibbs*'sche Fundamentalgleichung beschrieben:

$$dG = SdT + VdP + \sum_i \mu_i dn_i. \qquad [\text{II-5}]$$

In dieser Gleichung sind S die Entropie, V das Volumen und μ_i das chemische Potential, das durch das elektrochemische Potential η_i ersetzt werden muß, falls ein elektrisches Feld im System wirksam ist.

Aus Gleichung [II-5] lassen sich unmittelbar die folgenden partiellen Differentialquotienten herleiten:

$$\left(\frac{\delta G}{\delta T}\right)_{P,n_i} = -S; \ \left(\frac{\delta G}{\delta P}\right)_{T,n_i} = V; \ \left(\frac{\delta G}{\delta n_i}\right)_{T,P,n_j} = \mu_i, \qquad [\text{II-6}]$$

$$(i,j = 1, 2, 3 \ ... \ n, \ i \neq j).$$

Die freie Enthalpie ist außerdem durch die Beziehung

$$G = \sum_i n_i \left(\frac{\delta G}{\delta n_i}\right)_{T,P,n_j} = \sum_i n_i \mu_i \qquad [\text{II-7}]$$

gegeben.

Bildet man das totale Differential der Funktion $G = \sum_i n_i \mu_i$ und subtrahiert Gleichung [II-5], so folgt:

$$\sum_i n_i d\mu_i = SdT + VdP. \qquad [\text{II-8}]$$

Durch Einführung der partiellen molaren Entropie bzw. des partiellen molaren Volumens, die durch die Beziehungen

16

$$S_i = \left(\frac{\delta S}{\delta n_i}\right)_{P,T,n_j} \quad \text{und} \quad V_i = \left(\frac{\delta V}{\delta n_i}\right)_{P,T,n_j} \qquad \text{[II-9]}$$

$$(i, j = 1, 2, 3 \ldots n, \; i \neq j)$$

gegeben sind, erhält man unter Berücksichtigung des *Schwarz*'schen Satzes über die Austauschbarkeit der Differentiationsreihenfolge die folgenden Beziehungen:

$$S_i = \frac{\delta^2 G}{\delta T \, \delta n_i} = \frac{\delta^2 G}{\delta n_i \, \delta T} = \left(\frac{\delta \mu_i}{\delta T}\right)_{P,n_i}$$

$$\qquad \text{[II-10]}$$

$$V_i = \frac{\delta^2 G}{\delta P \, \delta n_i} = \frac{\delta^2 G}{\delta n_i \, \delta P} = \left(\frac{\delta \mu_i}{\delta P}\right)_{T,n_i}.$$

Hier sind S_i und V_i die partiellen molaren Entropien bzw. die partiellen molaren Volumina.

Das chemische Potential ist eine Funktion der Zustandsvariablen Druck, Temperatur und Zusammensetzung. Diese Funktion ergibt sich aus den Gleichungen [II-4] bis [II-10] zu:

$$d\mu_i = \left(\frac{\delta \mu_i}{\delta T}\right)_{P,n_i} dT + \left(\frac{\delta \mu_i}{\delta P}\right)_{T,n_i} dP + \sum_i \left(\frac{\delta \mu_i}{\delta n_i}\right)_{P,T,n_j} dn_i, \qquad \text{[II-11]}$$

$$(i, j = 1, 2, 3 \ldots n, \; i \neq j).$$

Durch Koeffizientenvergleich mit Gleichung [II–10] ergibt sich die grundlegende Beziehung für das chemische Potential einer Komponente i als Funktion von Druck, Temperatur und Zusammensetzung:

$$d\mu_i = S_i \, dT + V_i \, dP + \sum_i \left(\frac{\delta \mu_i}{\delta n_i}\right)_{P,T,n_j} dn_i. \qquad \text{[II-12]}$$

Der letzte Term in Gleichung [II-12] beschreibt die Abhängigkeit des chemischen Potentials von der Zusammensetzung.

Bei konstantem Druck und Temperatur ist diese Abhängigkeit durch folgende Beziehung gegeben[1]:

$$d\mu_i = \sum_i \left(\frac{\delta \mu_i}{\delta n_i}\right)_{P,T,n_j} dn_i = RT \, d\ln a_i. \qquad \text{[II-13]}$$

Hier ist a_i die Aktivität der Komponente i, R die Gaskonstante und T die absolute Temperatur. Wird eine elektrische Potentialdifferenz wirksam und befinden sich geladene Teilchen im System, muß das chemische Potential durch das elektrochemische Potential ersetzt werden.

Befinden sich zwei Systeme im Gleichgewicht, so ist das chemische bzw. elektrochemische Potential in beiden Phasen gleich. Es findet weder ein Stoff- noch Energieaustausch zwischen den beiden Phasen statt und es gilt die Beziehung:

$$d\mu_i = O \quad \text{bzw.} \quad d\,n_i = O. \qquad \text{[II-14]}$$

Mit den in den Gleichungen [II-1] bis [II-14] dargestellten grundlegenden Beziehungen der klassischen Thermodynamik können nun die verschiedenen Membranprozesse beschrieben werden.

2. Das osmotische Phänomen und das chemische Gleichgewicht

Im klassischen osmotischen Versuch werden zwei homogene, flüssige Phasen, die aus einem Lösungsmittel und einer gelösten Komponente bestehen, durch eine Membran, die nur für das Lösungsmittel durchlässig ist, getrennt. Eine solche Versuchsanordnung ist in der Abbildung II-1 schematisch dargestellt. Es bedeuten C' und C'' die Konzentrationen der gelösten Komponente in den beiden durch die Membran getrennten Phasen, P' und P'' die auf die beiden Phasen wirkenden hydrostatischen Drücke, π' und π'' die durch die Konzentrationen C' und C'' verursachten osmotischen Drücke der beiden Lösungen, μ' und μ'' die chemischen Potentiale des Lösungsmittels in den beiden durch die Membran getrennten Phasen. Sind, wie im Fall (a) dargestellt, die Konzentrationen und die hydrostatischen Drücke in beiden Phasen gleich, so herrscht ein natürliches Gleichgewicht, bei dem auch das chemische Potential in beiden Phasen gleich ist. Sind die Konzentrationen in den beiden Phasen ungleich, die hydrostatischen Drücke aber gleich, so sind auch die chemischen Potentiale des Lösungsmittels ungleich, und es tritt ein osmotischer Volumenfluß von der verdünnteren in die konzentriertere Phase ein. Dies ist

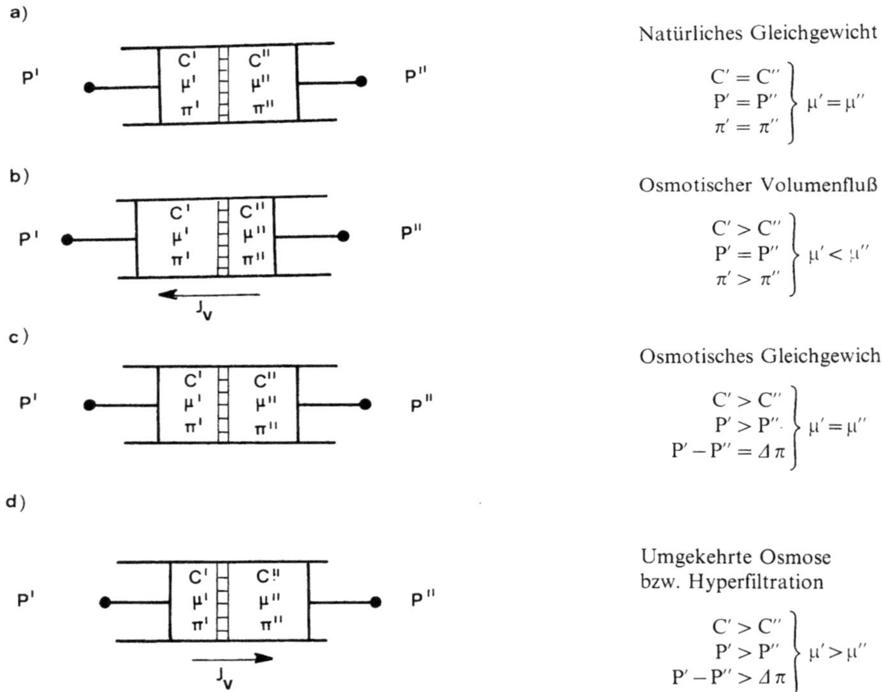

C = Konzentration der gelösten Komponente
μ = Chemisches Potential des Lösungsmittels
π = Osmotischer Druck der Lösung
P = Hydrostatischer Druck

Abb. II-1: Schematische Darstellung des osmotischen Phänomens und chemischer Gleichgewichte

im Fall (b) dargestellt. Der Fall (c) beschreibt das osmotische Gleichgewicht, in dem sowohl die Konzentration als auch die hydrostatischen Drücke in den beiden Phasen ungleich sind. Die hydrostatische Druckdifferenz entspricht genau der osmotischen Druckdifferenz, damit ist das chemische Potential des Lösungsmittels in beiden Phasen gleich, und es tritt keinerlei Stofftransport auf. Im letzten Fall (d) sind ebenfalls die Konzentration und die hydrostatischen Drücke gleich. Die hydrostatische Druckdifferenz ist jedoch größer als die osmotische Druckdifferenz. Damit ist auch das chemische Potential des Lösungsmittels in der konzentrierten Phase größer als in der verdünnten Phase. Damit tritt ein Volumenfluß auf, der in umgekehrter Richtung verläuft als der osmotische Volumenfluß. Daher wird dieser Vorgang als Umgekehrte Osmose bzw. Hyperfiltration bezeichnet.

Die Bedingungen für das osmotische Gleichgewicht sind in den folgenden fünf Beziehungen zusammengestellt:

1. Chemisches Gleichgewicht zwischen Phase′ und Phase″

$$\mu_l' = \mu_l'' \,. \qquad\qquad\qquad\text{[II-15a]}$$

2. Thermisches Gleichgewicht zwischen Phase′ und Phase″

$$T' = T'' \,. \qquad\qquad\qquad\text{[II-15b]}$$

3. Mechanisches Gleichgewicht zwischen Phase′ und Phase″

$$dn_g' = dn_g'' = O \,. \qquad\qquad\qquad\text{[II-15c]}$$

4. Unterschiedliche hydrostatische Drücke in Phase′ und Phase″

$$P' \neq P'' \,. \qquad\qquad\qquad\text{[II-15d]}$$

5. Unterschiedliche Zusammensetzung von Phase′ und Phase″

$$X_l' \neq X_l'' \,. \qquad\qquad\qquad\text{[II-15e]}$$

Hier sind X_l der Molenbruch, μ_l das chemische Potential des Lösungsmittels und n_g die Molzahl der gelösten Komponente. T ist die absolute Temperatur und P der hydrostatische Druck. $^{(\prime)}$ und $^{(\prime\prime)}$ bezeichnen die durch die Membran getrennten homogenen Phasen.

Durch Einsetzen der thermodynamischen Beziehung für das chemische Potential des Lösungsmittels läßt sich der osmotische Druck als Funktion der Konzentration einer gelösten Komponente ausdrücken. Das chemische Potential des Lösungsmittels in der Phase′ bzw. in der Phase″ ergibt sich durch Einsetzen von Gleichung [II-13] in Gleichung [II-12] und Integration:

$$\mu_l' = V_l P' + RT \ln a_l' + \mu_l^0 \qquad\qquad\qquad\text{[II-16]}$$

bzw.

$$\mu_l'' = V_l P'' + RT \ln a_l'' + \mu_l^0 \,. \qquad\qquad\qquad\text{[II-17]}$$

In diesen Gleichungen ist μ_l^0 eine Integrationskonstante, die als das Standardpotential der reinen Phase bezeichnet wird. Subtrahiert man Gleichung [II-16] von Gleichung [II-17], so ergibt sich unter der Randbedingung, daß die Lösungsmittelaktivität in der Phase′ gleich 1 ist und die chemischen Potentiale des Lösungsmittels in beiden Phasen gleich sind, die Beziehung:

$$V_l(P'' - P') + RT \ln a'' = O \,. \qquad\qquad\qquad\text{[II-18]}$$

Nimmt man weiterhin an, daß die Aktivität des Lösungsmittels seinem Molenbruch proportional ist, und führt als Proportionalitätsfaktor den osmotischen Koeffizienten g ein[4], so ergibt sich:

$$ln\, a_l'' = g\, ln\, X_l''. \qquad [\text{II-19}]$$

Für verdünnte Lösungen, d. h. für $X_l \gg X_g$ läßt sich die folgende Vereinfachung einführen[1]:

$$g \ln X_l = g \ln (1 - X_g'') \approx - g X_g'', \qquad [\text{II-20}]$$

wobei X_g der Molenbruch der gelösten Komponente ist.

Durch Einsetzen von Gleichung [II-19] und [II-20] in die Gleichung [II-18] ergibt sich der osmotische Druck als Funktion der Konzentration der gelösten Komponente:

$$\pi = (P'' - P') = g\frac{RT}{V_l} X_g''. \qquad [\text{II-21}]$$

Für verdünnte Lösungen ist der Molenbruch der gelösten Komponente in erster Näherung durch die Beziehung:

$$X_g \approx \frac{n_g}{n_l} \text{ gegeben,} \qquad [\text{II-22}]$$

und das Gesamtvolumen wird durch das Volumen des Lösungsmittels nach

$$n_l \cdot V_l \approx V \qquad [\text{II-23}]$$

bestimmt.

Dann ist

$$\frac{n_g}{V} = C_g. \qquad [\text{II-24}]$$

Hier ist C_g die molare Konzentration der gelösten Komponente, und n_g bzw. n_l sind die Molzahlen der gelösten Komponente bzw. des Lösungsmittels; V ist das Volumen der Lösung. Durch Kombination der Gleichungen [II-21] bis [II-24] ergibt sich der osmotische Druck einer verdünnten Lösung als eine Funktion der Konzentration der gelösten Komponente:

$$\pi = g\, RT\, C_g. \qquad [\text{II-25}]$$

In den oben beschriebenen Experimenten wird vorausgesetzt, daß die Membran streng semipermeabel ist. In der Praxis ist dies nicht häufig der Fall. Daher ist die experimentelle Bestimmung des osmotischen Gleichgewichts oft schwierig.

Selbst wenn der osmotische Druck experimentell korrekt bestimmt wird, ergeben sich häufig noch erhebliche Abweichungen von Werten, die nach Gleichung [II-25] berechnet werden. Dabei können die experimentell bestimmten Werte sowohl größer als auch kleiner als die theoretisch berechneten Werte sein. Diese Diskrepanz wird als anormale Osmose bezeichnet, und zwar als positiv anormale Osmose, wenn die experimentellen Werte größer, und als negativ anormale Osmose, wenn die experimentellen Werte kleiner als die theoretisch berechneten Werte sind[5]. Gewöhnlich findet man anormale Osmose bei Elektrolytlösungen und elektrisch geladenen Membranen[6].

3. Das Donnan-Potential und das elektrochemische Gleichgewicht

In dem vorher diskutierten Fall eines osmotischen Gleichgewichtes waren zwei homogene Phasen durch eine Membran getrennt. Während die eine Phase aus dem reinen Lösungsmittel bestand, setzte sich die zweite Phase aus einer Mischung von Lösungsmittel und einer gelösten Komponente zusammen. Die Membran war jedoch nur für das Lösungsmittel durchlässig. Im osmotischen Gleichgewicht war das chemische Potential in beiden Phasen gleich, während sich der hydrostatische Druck und die Zusammensetzung der beiden Phasen unterschieden. Besitzen nun beide Phasen mehr als einen Elektrolyten und ist die Membran für wenigstens eine Ionenart undurchlässig, dann gilt für die Bedingung des Gleichgewichtes, daß das elektrochemische Potential aller Komponenten, die die Membran permeieren können, in beiden Phasen identisch ist. Dabei können sowohl die Zusammensetzung, der hydrostatische Druck und das elektrische Potential in den beiden Phasen unterschiedlich sein.

Ein solches Gleichgewicht ist zuerst von *Donnan*[7] formuliert worden und wird daher als *Donnan*-Gleichgewicht bezeichnet, während die elektrische Potentialdifferenz über dem Querschnitt einer Membran als *Donnan*-Potential bezeichnet wird.

Die Bedingungen für ein elektrochemisches Gleichgewicht sind in den folgenden sechs Beziehungen zusammengestellt:

1. Elektrochemisches Gleichgewicht zwischen Phase′ und Phase″

$$\eta_i' = \eta_i'' = \mu_i' + z_i F \, \varphi' = \mu_i'' + z_i F \, \varphi'' \, . \tag{II-26a}$$

2. Thermisches Gleichgewicht zwischen Phase′ und Phase″

$$T' = T'' \, . \tag{II-26b}$$

3. Mechanisches Gleichgewicht zwischen Phase′ und Phase″

$$d \, n_i' = d \, n_i'' = O \, . \tag{II-26c}$$

4. Unterschiedliche hydrostatische Drücke in Phase′ und Phase″

$$P' \neq P'' \, . \tag{II-26d}$$

5. Unterschiedliche Potentiale in Phase′ und Phase″

$$\varphi' \neq \varphi'' \, . \tag{II-26e}$$

6. Unterschiedliche Zusammensetzung von Phase′ und Phase″

$$X_i' \neq X_i'' \tag{II-26f}$$

$$(i = 1, 2, 3 \ldots n) \, .$$

Hier sind μ_i und η_i das chemische bzw. das elektrochemische Potential, z_i, X_i und n_i die elektrochemische Wertigkeit, der Molenbruch und die Molzahl einer Komponente i, T ist die absolute Temperatur, P der hydrostatische Druck und φ das elektrische Potential; ′ und ″ bezeichnen die beiden durch die Membran getrennten Phasen.

Durch Einführen der im Vorhergehenden dargestellten thermodynamischen Beziehung in Gleichung [II-26a] erhält man die sich im elektrochemischen Gleichgewicht zwischen zwei durch eine Membran getrennte Phasen einstellende Potentialdifferenz als Funktion der Zusammensetzung und des osmotischen Druckes. Die elektrische Potentialdifferenz wird als *Donnan*-Potential bezeichnet und ist durch die folgende Beziehung gegeben[9]:

$$E_{Don} = \varphi' - \varphi'' = \frac{1}{z_i F}\left[RT\ln\frac{a_i'}{a_i''} - V_i(P' - P'')\right].$$ [II-27]

Hier sind E_{Don} das *Donnan*-Potential, z_i, a_i und V_i die elektrochemische Wertigkeit, die Aktivität und das partielle Volumen einer gelösten Komponente i; F ist die Faradaykonstante, R die Gaskonstante, T die absolute Temperatur und P der hydrostatische Druck; $^{(')}$ und $^{('')}$ bezeichnen die beiden durch die Membran getrennten Phasen.

Das *Donnan*-Potential entspricht einer „Galvanispannung" zwischen zwei Lösungen und ist ebenso wie die Aktivitäten von einzelnen Ionen einer direkten Messung nicht zugänglich[8].

Bei Membranstofftrennprozessen spielt das *Donnan*-Potential bzw. das elektrochemische Gleichgewicht insofern eine besondere Rolle, als hierdurch die Ionenverteilung zwischen einer Salzlösung und einer mit ihr im Gleichgewicht stehenden Ionenaustauschermembran bestimmt wird. Die Ionenverteilung in Ionenaustauschermembranen bestimmt wiederum weitgehend die Permselektivität dieser Membranen. Dies ist von besonderer Bedeutung für die Elektrodialyse, da deren Wirtschaftlichkeit weitgehend von der Permselektivität von Anionen- und Kationenaustauschermembranen abhängt, wie später noch ausführlich gezeigt werden wird.

Das elektrochemische Gleichgewicht zwischen einer Salzlösung und einem Ionenaustauscher bzw. einer Ionenaustauschermembran ist von *Helfferich*[9] ausführlich diskutiert worden. Es läßt sich ebenfalls durch die Gleichung [II-27] beschreiben. Dabei entspricht die eine homogene Phase der Elektrolytlösung und die andere dem Ionenaustauscher. Die Druckdifferenz $P' - P''$ in Gleichung [II-27] entspricht dem sogenannten Quelldruck bei Ionenaustauschern. Wenn man davon ausgeht, daß in dem Gesamtsystem Elektroneutralität herrscht, läßt sich sowohl der Quelldruck als auch die Ionenverteilung zwischen der Elektrolytlösung und dem Ionenaustauscher aus Gleichung [II-27] als Funktion der Konzentration der Elektrolytlösung und der Festionenkonzentration des Ionenaustauschers berechnen. Danach ist der Quelldruck umso größer, je höher die Festionenkonzentration des Ionenaustauschers ist und je geringer die Elektrolytkonzentration ist. Bei der Ionenverteilung ist besonders die Konzentration der Co-Ionen in einer Ionenaustauschermembran von besonderem Interesse, da diese die Permselektivität der Membran bestimmt. Unter Co-Ionen versteht man dabei die Ionensorte, die die gleiche Ladung trägt wie die Festionen der Ionenaustauschermembran.

Die Co-Ionenkonzentration in einer Membran ist umso höher, je geringer die Festionenkonzentration der Membran ist und je höher die Konzentration der Elektrolytlösung ist. Die Co-Ionenkonzentration läßt sich für eine Membran, die mit einer Elektrolytlösung im Gleichgewicht steht, die zwei einwertige Ionen enthält, z. B. Na$^\pm$ und Cl$^-$-Ionen, in erster Näherung durch die folgende Beziehung ausdrücken[9]:

$$C_{co} = \frac{C_0^2}{C_{fest}}\left(\frac{\gamma_\pm^0}{\gamma_\pm^M}\right)^2$$ [II-28]

Hier ist C_{co} die Co-Ionenkonzentration in der Membran; C_o ist die Salzkonzentration in der Elektrolytlösung; C_{fest} ist die Festionenkonzentration in der Membran; $\gamma_\pm^0$ und $\gamma_\pm^M$ sind die mittleren Aktivitätskoeffizienten des Salzes in der Lösung und in der Membran.

22

Bei der Ableitung der Gleichung [II-28] aus Gleichung [II-27] wurde der Einfluß des
Druckterms vernachlässigt, und die nicht direkt meßbaren Einzelaktivitäten der Ionen
wurden durch die des Salzes ersetzt. Der Einfluß des Druckterms auf die Ionenverteilung
ist relativ gering, und für die Ermittlung der Permselektivität einer Ionenaustauschermembran reicht die näherungsweise Berechnung der Co-Ionenkonzentration nach
Gleichung [II-28] im allgemeinen aus. Für eine exakte Diskussion der Ionenverteilung
zwischen einer Elektrolytlösung und einem Ionenaustauscher, vor allem in einem System
mit mehreren und nicht gleichwertigen Ionensorten, muß auf die entsprechende
Spezialliteratur verwiesen werden[9].

4. Membranstofftrennprozesse und die Thermodynamik der irreversiblen Prozesse

Die klassische Thermodynamik beschreibt nur Gleichgewichtszustände. Eine Stoff-
trennung aber ist notwendigerweise mit Materieflüssen durch die Membran verbunden.
Dazu müssen jedoch treibende Kräfte vorhanden sein, d. h. die beiden durch die
Membran getrennten Außenphasen können sich dabei nicht im Gleichgewicht befinden.
Die klassische Thermodynamik ist daher nur bedingt geeignet einen Stofftransport durch
Membranen zu beschreiben. Eine Erweiterung der klassischen Thermodynamik auf
Nichtgleichgewichtszustände stellt die Thermodynamik der irreversiblen Prozesse dar.
   Sie trifft eine Aussage über die Größe und Richtung von Materie- und Energieströmen
sowie über mögliche Wechselwirkungen der einzelnen Teilchenströme, die simultan im
System ablaufen. Ihre konsequente Anwendung erlaubt eine vollständige Beschreibung
aller Membranphänomene. Die Grundlagen der Thermodynamik der irreversiblen
Prozesse sind in einer Reihe von Lehrbüchern z. B. von *De Groot*[10], *Prigogine*[11], *Haase*[12]
und *Fitts*[13] ausführlich beschrieben. Im Rahmen dieser Ausführungen sollen nur die
wichtigsten Beziehungen, soweit sie für ein Verständnis der Membrantransportphänome-
ne notwendig sind, kurz diskutiert werden.

4.1. Grundlagen der Thermodynamik der irreversiblen Prozesse

a) Die Entropieproduktion bei irreversiblen Prozessen und die Dissipationsfunktion

Die grundlegenden Theoreme der klassischen Thermodynamik, das sind das Massen-
und Energieerhaltungsgesetz und die *Gibbs*'schen Hauptgleichungen, gelten auch für die
irreversiblen Prozesse. Der prinzipielle Unterschied zwischen der klassischen Thermodynamik und der Thermodynamik der irreversiblen Prozesse besteht darin, daß die
Entropie bei reversiblen Prozessen im Gleichgewicht konstant ist, während sie bei
irreversiblen Prozessen zunimmt. Dabei muß zwischen einer Entropieströmung und einer
Entropieproduktion unterschieden werden. Die gesamte Entropieänderung in einer
Zeiteinheit ergibt sich nach der folgenden Beziehung:

$$dS = d_a S + d_i S.$$

[II-29]

Hier ist dS die gesamte Entropieänderung, $d_a S$ die Entropieänderung durch Stoff- und
Wärmeaustausch mit der Umgebung und $d_i S$ die Entropieänderung auf Grund von

Vorgängen, die sich im Innern des Systems abspielen. Die Gesamtentropieänderung dS und die Entropieströmung d_aS können – je nach Richtung und Größe der Wärme- und Materieströme, durch die das System mit der Umgebung in Verbindung steht – positiv, negativ oder null sein. Die Entropieerzeugung d_iS hingegen ist niemals negativ und geht nur im reversiblen Grenzfall gegen null.

Für irreversible Prozesse ist

$$d_iS > O\,.\tag{II-30}$$

Die Entropieproduktion wird im allgemeinen als σ bezeichnet; sie stellt, mit der absoluten Temperatur multipliziert, die sogenannte Dissipationsfunktion ψ dar, die sich aus der Summe aller generalisierten Flüsse J_k, multipliziert mit den zugehörigen treibenden Kräften X_k, ergibt[12]. Es gilt daher für irreversible Prozesse die folgende grundlegende Beziehung:

$$Td_iS = T\sigma = \psi = \sum_k J_k X_k > O\,,$$

$$(k = 1, 2, 3 \ldots n)\,.\tag{II-31}$$

Unter den generalisierten Flüssen in Gleichung [II-31] versteht man nicht nur die Materieströme, sondern auch Wärme- und elektrische Ströme sowie chemische Reaktionen.

Die Gleichung [II-31] stellt die grundlegende Beziehung für die Anwendung der Thermodynamik der irreversiblen Prozesse auf Transportvorgänge in Membranen dar.

b) Die phänomenologischen Gleichungen und die Onsager-Reziprozitätsbeziehung

In einem System, das aus n simultanen Flüssen und n zugehörigen treibenden Kräften besteht, kann bei Prozessen in der Nähe des thermodynamischen Gleichgewichtes eine lineare Beziehung zwischen Flüssen und Kräften angenommen werden. Diese lineare Beziehung resultiert in einem Satz von phänomenologischen Gleichungen, die in folgender Form geschrieben werden können:

$$J_1 = L_{11}X_1 + L_{12}X_2 + L_{13}X_3 + \cdots + L_{1n}X_n,$$

$$J_2 = L_{21}X_1 + L_{22}X_2 + L_{23}X_3 + \cdots + L_{2n}X_n,$$

$$J_3 = L_{31}X_1 + L_{32}X_2 + L_{33}X_3 + \cdots + L_{3n}X_n,$$

$$\vdots$$

$$J_n = L_{n1}X_1 + L_{n2}X_2 + L_{n3}X_3 + \cdots + L_{nn}X_n,\tag{II-32}$$

$$J_i = \sum_{k=1}^{n} L_{ik}X_k \quad (i, k = 1, 2, 3 \ldots n)\,.\tag{II-33}$$

Hier sind J_i die Flüsse, X_k die treibenden Kräfte und L_{ik} die sogenannten phänomenologischen Koeffizienten. Dabei werden die Koeffizienten L_{ii} als Diagonalkoeffizienten bezeichnet, da sie auf der Diagonalen der Matrix in Gleichung [II-32] erscheinen. Sie verbinden die Flüsse mit den konjugierten treibenden Kräften. Die Koeffizienten L_{ik} bzw. L_{ki} werden als Kreuzkoeffizienten bezeichnet. Die phänomenologischen Koeffizienten sind kinetische Größen. Sie können eine beliebige Funktion der Zustandsvariablen Temperatur, Druck und Zusammensetzung sein, hängen jedoch definitionsgemäß nicht von den Flüssen und treibenden Kräften ab. Die absoluten Werte der phänomenologischen Koeffizienten werden dadurch bestimmt, daß die Entropieproduktion bei irreversiblen Prozessen immer positiv ist:

$$\psi = \sum_i \sum_k L_{ik} X_k > O\,. \qquad [\text{II-34}]$$

Hieraus ergeben sich eine Reihe von Ungleichungen, aus denen sich eine Aussage über die Werte der phänomenologischen Koeffizienten machen läßt. In der Annahme, daß ein System aus zwei Flüssen und zwei treibenden Kräften besteht, ergibt sich aus Gleichung [II-34]:

$$\psi = L_{11} X_1{}^2 + (L_{12} + L_{21}) X_1 X_2 + L_{22} X_2{}^2 > O\,. \qquad [\text{II-35}]$$

Da für alle positiven oder negativen Werte für X_1 und X_2 die Entropieproduktion positiv sein muß, müssen die phänomenologischen Koeffizienten den folgenden Ungleichungen genügen:

$$L_{11} \cdot L_{22} - L_{12} \cdot L_{21} > O\,, \qquad [\text{II-36}]$$

$$L_{11} > O \qquad [\text{II-37}]$$

und

$$L_{22} > O\,. \qquad [\text{II-38}]$$

Das bedeutet, daß die Diagonalkoeffizienten immer positiv sind, während die Kreuzkoeffizienten sowohl positiv als auch negativ sein können. Es besteht jedoch noch eine weitere Beziehung zwischen den Kreuzkoeffizienten, die als *Onsager*'sche Reziprozitätsbeziehung bezeichnet wird, da sie von *Onsager*[14] im Jahre 1931 zum ersten Mal formuliert wurde. Diese Beziehung postuliert, daß die Matrix der phänomenologischen Koeffizienten in Gleichung [II-32] symmetrisch ist, d. h., es ist:

$$L_{ik} = L_{ki}, \; (i, k = 1, 2, 3, \ldots n). \qquad [\text{II-39}]$$

Die Reziprozitätsbeziehung, die die Verbindung zweier simultan ablaufender irreversibler Prozesse beschreibt, wurde von *Onsager* aus der statistischen Mechanik abgeleitet und gilt exakt, ebenso wie die phänomenologische Gleichung selbst, nur in der Nähe des Gleichgewichtes. Zahlreiche experimentelle Untersuchungen haben jedoch gezeigt, daß für viele Transportvorgänge, wie sie z. B. bei der Diffusion, der Dialyse, der Elektrodialyse und der Osmose stattfinden, die *Onsager*'sche Reziprozitätsbeziehung durchaus Gültigkeit besitzt, obgleich diese Prozesse nicht in Gleichgewichtsnähe ablaufen. Die praktische Anwendbarkeit dieser Beziehung geht offensichtlich weit über das hinaus, was von der Theorie her gerechtfertigt erscheint.

c) Transformation der phänomenologischen Gleichungen

In der phänomenologischen Gleichung [II-32] sind die Flüsse als lineare Funktion der treibenden Kräfte dargestellt. Ebenso können jedoch die treibenden Kräfte als Funktion der Flüsse dargestellt werden, ohne daß die *Onsager*-Beziehung ihre Gültigkeit verliert oder andere Gesetzmäßigkeiten der phänomenologischen Gleichungen beeinträchtigt werden. Dies ist in der Gleichung [II-40] dargestellt:

$$X_i = \sum_{k=1}^{n} R_{ik} J_k, \ (i, k = 1, 2, 3 \ldots n). \qquad \text{[II-40]}$$

Während die Koeffizienten L_{ik} die Bedeutung einer verallgemeinerten Leitfähigkeit bzw. Beweglichkeit haben, besitzen die Koeffizienten R_{ik} die Dimension eines Widerstandes.

Welche Form der phänomenologischen Beziehung zur Beschreibung eines bestimmten Anwendungsfalles am günstigsten ist, hängt von der Zugänglichkeit der meßbaren Größen ab. Bei Membranprozessen werden beide Beziehungen verwandt.

4.2. Allgemeine Beschreibung von Membrantransportvorgängen mit Hilfe der Thermodynamik der irreversiblen Prozesse

Ein Membransystem, wie es bei Stofftrennprozessen Verwendung findet, besteht im allgemeinen aus zwei homogenen Phasen, die durch eine Membran getrennt sind. Beide Phasen sind hinsichtlich Temperatur, Druck, Zusammensetzung und elektrischem Potential definiert, und die Membran setzt dem Transport verschiedener Komponenten unterschiedlichen Widerstand entgegen. Die Dissipationsfunktion für die Transportvorgänge in einem solchen System ergibt sich durch eine Bilanz für den Austausch von Materie, Energie und elektrischer Ladung zwischen den beiden durch die Membran getrennten, homogenen Phasen und der Anwendung der *Gibb*'schen Hauptgleichung.

Bezeichnet man die eine Phase mit $^{(\prime)}$ und die andere mit $^{(\prime\prime)}$, so ergibt die Massenbilanz für den Stoffaustausch zwischen den beiden Phasen durch die Membran die Beziehungen:

$$dn_k' + dn_k'' = O \qquad \text{[II-41]}$$

bzw.

$$\frac{dn_k'}{dt} = -\frac{dn_k''}{dt} = J_k, \ (k = 1, 2, 3, \ldots n). \qquad \text{[II-42]}$$

Hier sind dn_k' und dn_k'' die Änderungen der Molzahlen in der Phase' und der Phase", und J_k ist der Materiefluß von der Phase' in die Phase" durch die Membran.

Die Energiebilanz ist durch die Beziehungen

$$d U' + d U'' = O \qquad \text{[II-43]}$$

bzw.

$$\frac{d U'}{dt} = -\frac{d U''}{dt} = \frac{d Q'}{dt} = -\frac{d Q''}{dt} = J_Q \qquad \text{[II-44]}$$

gegeben.

Hier sind dU' und dU'' die Änderungen der inneren Energie, die durch die Änderung der Wärmemengen dQ' und dQ'' in der Phase' und der Phase" bzw. durch den Wärmestrom durch die Membran hervorgerufen werden.

Die Entropieänderung in einem System wird durch die *Gibbs*'sche Hauptgleichung beschrieben[12].

26

Für die beiden durch die Membran getrennten Phasen ergeben sich die folgenden Beziehungen:

$$T' dS' = dU' + P' dV' - \sum_k \mu'_k dn'_k \qquad \text{[II-45]}$$

bzw.

$$T'' dS'' = dU'' + P'' dV'' - \sum_k \mu''_k dn''_k , \qquad \text{[II-46]}$$

$$(k = 1, 2, 3, \ldots n).$$

Hier ist T die absolute Temperatur, dS und dU sind die Änderungen der Entropie bzw. der inneren Energie, P ist der Druck, dV ist die Volumänderung, μ_k das chemische Potential und dn_k die Änderung der Molzahl einer Komponente k; $^{(')}$ und $^{('')}$ bedeuten die beiden durch die Membran getrennten Phasen. Die gesamte Entropieänderung in dem Membransystem setzt sich aus der Summe der Änderungen in den einzelnen Phasen zusammen:

$$dS = dS' + dS'' . \qquad \text{[II-47]}$$

Da für die Entropieproduktion in diesem System nur Stoff- und Wärmeaustausch durch die Membran berücksichtigt werden sollen, bleibt eine mögliche Volumenarbeit unberücksichtigt, d. h. $P dV$ ist null.

Die Entropieänderung des Gesamtsystems ergibt sich damit aus den Gleichungen [II-45], [II-46] und [II-47] zu:

$$dS = \frac{dU'}{T'} - \frac{dU''}{T''} - \sum_k \frac{\mu'_k dn'_k}{T'} - \sum_k \frac{\mu''_k dn''_k}{T''} , \qquad \text{[II-48]}$$

$$(k = 1, 2, 3, \ldots n).$$

Durch Einsetzen der Gleichungen [II-42] und [II-44] in Gleichung [II-48] ergibt sich die Entropieproduktion für das Gesamtsystem:

$$\frac{dS}{dt} = \sigma = J_Q \left(\frac{1}{T'} - \frac{1}{T''} \right) - \sum_k J_k \left(\frac{\mu'}{T'} - \frac{\mu''}{T''} \right) , \qquad \text{[II-49]}$$

$$(k = 1, 2, 3, \ldots n).$$

Setzt man $T'' - T' = \Delta T$, $\mu''_k - \mu'_k = \Delta \mu_k$ und nimmt man an, daß in erster Näherung $T' = T$ und $T \gg \Delta T$ ist, so ergibt sich mit $T + \Delta T \approx T$ aus Gleichung [II-49] die folgende Beziehung für die Dissipationsfunktion:

$$\psi = T\sigma = T\frac{dS}{dt} = J_Q \frac{\Delta T}{T} + \sum_k J_k \Delta \mu_k . \qquad \text{[II-50]}$$

Handelt es sich bei der durch die Membran transportierten Materie um geladene Teilchen, so kommt es noch zu einem Stromfluß. Um dies zu berücksichtigen, muß das chemische Potential nach Gleichung [II-3] durch das elektrochemische Potential ersetzt werden, dann ergibt sich die Dissipationsfunktion unter Berücksichtigung eines Stromflusses durch die folgende Beziehung:

$$\psi = T\sigma = T\frac{dS}{dt} = J_Q\frac{\Delta T}{T} + \sum_k J_k \Delta\mu_k + I\Delta\varphi, \qquad \text{[II-51]}$$

$$(k = 1, 2, 3, \ldots n).$$

Hier ist ψ die Dissipationsfunktion; σ bzw. dS/dt ist die Entropieproduktion; J_Q ist der Wärmestrom; ΔT und $\Delta\mu$ sind die Unterschiede in der Temperatur bzw. im chemischen Potential, und $\Delta\varphi$ ist die elektrische Potentialdifferenz zwischen den beiden Phasen; J_k ist der Materiestrom, und I ist der elektrische Strom durch die Membran, der mit dem Materiestrom durch die folgende Beziehung gekoppelt ist:

$$I = F\sum_k z_k J_k, \qquad \text{[II-52]}$$

$$(k = 1, 2, 3, \ldots n).$$

Hier ist I der elektrische Strom, F ist die Faradaykonstante, z_k ist die elektrochemische Wertigkeit und J_k die Filtrationsstromdichte der Komponente k. Ersetzt man $\Delta T/T$ durch X_T als treibende Kraft für den Wärmestrom, $\Delta\mu_k$ durch X_k als treibende Kraft für den Materiestrom und $\Delta\varphi$ durch X_E als treibende Kraft für den elektrischen Strom, so wird die Gleichung [II-51] identisch mit Gleichung [II-31] und kann somit als die grundlegende Beziehung für die Diskussion von Membrantransportvorgängen mit Hilfe der Thermodynamik der irreversiblen Prozesse angesehen werden.

4.3. Membranstofftransportvorgänge in einfachen binären Systemen ohne Temperaturgradienten

Als erstes Beispiel soll der Stofftransport in einem isothermen System, das aus zwei durch eine Membran getrennten flüssigen Phasen besteht, diskutiert werden. Beide Phasen bestehen aus nur zwei Komponenten und zwar aus einem Lösungsmittel und einer gelösten Substanz. In einem solchen System sind unter der Voraussetzung, daß entsprechende treibende Kräfte vorhanden sind, zwei unabhängige Materieströme durch die Membran möglich:

$$J_l = C_l(v_l - v_M), \qquad \text{[II-53]}$$

$$J_g = C_g(v_g - v_M). \qquad \text{[II-54]}$$

Hier sind J_l und J_g die Flüsse, C_l und C_g die Konzentrationen und v_l und v_g die linearen Geschwindigkeiten des Lösungsmittels und der gelösten Komponente, während v_M die Membrangeschwindigkeit ist, die jedoch null ist, da die Membran als Bezugssystem gewählt wurde.

Die Dissipationsfunktion ergibt sich hiermit aus der Summe der unabhängigen Ströme, multipliziert mit den zugehörigen treibenden Kräften:

$$\psi = J_l \Delta\mu_l + J_g \Delta\mu_g. \qquad \text{[II-55]}$$

Daraus ergeben sich die folgenden phänomenologischen Gleichungen:

$$J_l = L_{ll}\ \Delta\mu_l + L_{lg}\ \Delta\mu_l, \qquad \text{[II-56]}$$

$$J_g = L_{gl}\ \Delta\mu_l + L_{gg}\ \Delta\mu_g, \qquad \text{[II-57]}$$

wobei $\Delta\mu_l$ und $\Delta\mu_g$ die Differenzen im chemischen Potential des Lösungsmittels bzw. der gelösten Komponente zwischen den beiden durch die Membran getrennten Phasen sind.

Nach den Gleichungen [II-12] und [II-13] lassen sich die Gradienten im chemischen Potential durch die entsprechenden Druck- und Konzentrationsdifferenzen ausdrücken, wenn man voraussetzt, daß es sich um ideal verdünnte Lösungen handelt und die Aktivitäten durch Konzentrationen ersetzt werden können:

$$d\mu_i = V_i\, dP + RT\, d\ln C_i\,; \qquad\qquad [\text{II-58}]$$

mit

$$d\ln C_i = \frac{dC_i}{C_i} \qquad\qquad [\text{II-59}]$$

ergibt sich

$$d\mu_i = V_i\, dP + \frac{RT}{C_i}\, dC_i, \qquad\qquad [\text{II-60}]$$

bzw., wenn lineare Gradienten vorausgesetzt werden,

$$\Delta\mu_i = V_i \Delta P + \frac{RT}{C_i}\, \Delta C_i, \qquad\qquad [\text{II-61}]$$

$$(i = 1, 2, 3, \ldots n).$$

Hier bedeutet C_i eine mittlere Konzentration, die sich aus den Konzentrationen der beiden durch die Membran getrennten Phasen ergibt.

Der Zusammenhang der phänomenologischen Gleichungen [II-56] und [II-57] mit dem einfachen *Fick*'schen Gesetz läßt sich zeigen, wenn man isobare Verhältnisse, d. h. $\Delta P = O$, annimmt und voraussetzt, daß keine Kopplung zwischen den Teilchenströmen stattfindet, d. h. $L_{ik} = L_{ki} = O$.

Damit ergibt sich aus den Gleichungen [II-56], [II-57] und [II-61] der Strom der Komponente i:

$$J_i = L_{ii}\frac{RT}{C_i}\, \Delta C_i. \qquad\qquad [\text{II-62}]$$

Durch Koeffizientenvergleich mit dem *Fick*'schen Gesetz läßt sich der Zusammenhang zwischen dem Diffusionskoeffizienten und dem phänomenologischen Koeffizienten darstellen.

Das *Fick*'sche Gesetz beschreibt einen Materiestrom unter der treibenden Kraft eines Konzentrationsgradienten durch die folgende Gleichung:

$$J_i = -D_i \Delta C_i. \qquad\qquad [\text{II-63}]$$

Durch Vergleich mit Gleichung [II-62] ergibt sich

$$-D_i = L_{ii}\frac{RT}{C_i}, \qquad\qquad [\text{II-64}]$$

wobei D_i und C_i der Diffusionskoeffizient bzw. die Konzentration der Komponente i in der Membran sind.

Der Vergleich zwischen den phänomenologischen Gleichungen und dem *Fick*'schen Gesetz zeigt deutlich, wie viele einschränkende Annahmen gemacht werden müssen, wenn das *Fick*'sche Gesetz in seiner einfachen Form auf Membranstofftransportprozesse angewandt werden soll.

Der Zusammenhang der phänomenologischen Koeffizienten mit dem Diffusionskoeffizienten wird noch offensichtlicher, wenn man die phänomenologischen Koeffizienten mit Hilfe von Reibungskoeffizienten ausdrückt.

Diese molekularkinetische Interpretation der phänomenologischen Koeffizienten ist von *Spiegler*[15], *Meares*[16] und vor allem von *Kedem*[17] und *Katchalsky*[18] diskutiert worden.

Sie beruht auf der Annahme, daß im stationären Zustand die thermodynamische treibende Kraft durch die Summe aller Reibungskräfte aufgehoben wird. Für das oben beschriebene, aus zwei Komponenten bestehende System wird das Kräftegleichgewicht im stationären Zustand durch die folgenden Beziehungen beschrieben:

$$\Delta\mu_l = -F_{lg} - F_{lM}, \qquad\qquad [\text{II-65}]$$

$$\Delta\mu_g = -F_{gl} - F_{gM}. \qquad\qquad [\text{II-66}]$$

Hier sind F_{lg} und F_{gl} Kräfte, die die Reibung der Komponenten untereinander und F_{lM} und F_{gM} Kräfte, die die Reibung mit der Membran ausdrücken.

Nach der klassischen Mechanik sind die Reibungskräfte den Relativgeschwindigkeiten proportional. Unter der Annahme, daß diese Beziehung auch im molekularen Bereich gültig ist, ergeben sich die folgenden Gleichungen:

$$F_{lg} = -f_{lg}(v_l - v_g), \qquad\qquad [\text{II-67}]$$

$$F_{lM} = -f_{lM}(v_l - v_M), \qquad\qquad [\text{II-68}]$$

$$F_{gl} = -f_{gl}(v_g - v_l), \qquad\qquad [\text{II-69}]$$

$$F_{gM} = -f_{gM}(v_g - v_M). \qquad\qquad [\text{II-70}]$$

Hier sind f_{lg}, f_{gl}, f_{gM} und f_{lM} mechanische Reibungskoeffizienten, die die Wechselwirkung der diffundierenden Teilchen untereinander und mit der Membran beschreiben; v_l, v_g und v_M sind die relativen Geschwindigkeiten der Teilchen bzw. der Membran, die hier als Bezugssystem gewählt wurde, und daher ist v_M definitionsgemäß null.

Durch Einsetzen der Gleichungen [II-67] bis [II-70] in Gleichung [II-65] und [II-66] ergibt sich

$$\Delta\mu_l = f_{lg}(v_l - v_g) + f_{lM}v_l, \qquad\qquad [\text{II-71}]$$

$$\Delta\mu_g = f_{gl}(v_g - v_l) + f_{gM}v_g. \qquad\qquad [\text{II-72}]$$

Nach Gleichung [II-53] und [II-54] sind bei der Membran als Bezugssystem die Teilchenströme durch die Beziehungen

$$J_l = C_l v_l \qquad\qquad [\text{II-73}]$$

und

$$J_g = C_g v_g \qquad\qquad [\text{II-74}]$$

gegeben.

Kombination der Gleichungen [II-71] bis [II-74] führt zu den Beziehungen:

$$\Delta\mu_l = \frac{f_{lg} + f_{lM}}{C_l} \cdot J_l - \frac{f_{lg}}{C_g} J_g, \qquad\qquad [\text{II-75}]$$

30

$$\Delta\mu_g = -\frac{f_{gl}}{C_l}\cdot J_l + \frac{f_{gl}+f_{gM}}{C_g}J_g, \qquad\qquad [\text{II-76}]$$

aus denen sich durch einen Koeffizientenvergleich mit den phänomenologischen Gleichungen [II-33] und [II-40] die im folgenden dargestellten Beziehungen zwischen den phänomenologischen Koeffizienten und den molekularkinetisch interpretierten Reibungskoeffizienten herleiten lassen:

$$R_{11} = \frac{f_{lg}+f_{lM}}{C_l}, \qquad\qquad [\text{II-77}]$$

$$R_{lg} = -\frac{f_{lg}}{C_g}, \qquad\qquad [\text{II-78}]$$

$$R_{gl} = -\frac{f_{gl}}{C_l}, \qquad\qquad [\text{II-79}]$$

$$R_{gg} = \frac{f_{gl}+f_{gM}}{C_g}, \qquad\qquad [\text{II-80}]$$

$$L_{11} = \frac{C_l}{f_{lg}+f_{lM}-\dfrac{f_{lg}\cdot f_{gl}}{f_{gl}+f_{lM}}}, \qquad\qquad [\text{II-81}]$$

$$L_{lg} = \frac{C_g\cdot f_{gl}}{f_{lM}\cdot f_{gl}+f_{gM}\cdot f_{lg}+f_{lM}\cdot f_{gM}}, \qquad\qquad [\text{II-82}]$$

$$L_{gl} = \frac{C_l\cdot f_{lg}}{f_{lM}\cdot f_{gl}+f_{gM}\cdot f_{lg}+f_{lM}\cdot f_{gM}}, \qquad\qquad [\text{II-83}]$$

$$L_{gg} = \frac{C_g}{f_{gl}+f_{gM}-\dfrac{f_{lg}\cdot f_{gl}}{f_{lg}+f_{gM}}}. \qquad\qquad [\text{II-84}]$$

Die *Onsager*-Beziehung besagt, daß

$$R_{gl} = R_{lg}\ \text{bzw.}\ L_{lg} = L_{lg}\ \text{oder}\ \frac{f_{gl}}{C_l} = \frac{f_{lg}}{C_g} \qquad\qquad [\text{II-85}]$$

ist, d. h. die Reibungskoeffizienten f_{gl} und f_{lg} sind nicht identisch, da f_{gl} der Reibungskoeffizient von einem Mol der Komponente l in einer unbegrenzten Menge der Komponente g ist bzw. umgekehrt.

Die Gleichungen [II-77] bis [II-84] zeigen außerdem, daß die phänomenologischen Koeffizienten eine strenge Funktion der Konzentration und sehr komplex in ihrer physikalischen Bedeutung sind.

Der Zusammenhang zwischen dem Diffusionskoeffizienten, wie er im *Fick*'schen Gesetz benutzt wird, und dem mechanischen Reibungskoeffizienten läßt sich zeigen, wenn man jegliche Wechselwirkung der einzelnen, die Membran permeierenden Komponenten ausschließt, so daß die Reibungskoeffizienten f_{lg} und f_{gl} null sind.

Damit vereinfachen sich die Gleichungen [II-75] und [II-76] zu:

$$\Delta \mu_i = \frac{f_{iM}}{C_i} J_i, \qquad\qquad\qquad\qquad \text{[II-86]}$$

$(i = l, g)$.

Setzt man Gleichung [II-61] in Gleichung [II-86] ein und löst nach J_i auf, so ergibt sich für eine isobare Versuchsanordnung:

$$J_i = \frac{RT}{f_{iM}} \Delta C_i. \qquad\qquad\qquad\qquad \text{[II-87]}$$

Durch Koeffizientenvergleich mit dem *Fick*'schen Gesetz in Gleichung [II-63] ergibt sich der Zusammenhang zwischen dem mechanischen Reibungskoeffizienten und dem Diffusionskoeffizienten:

$$- D_i^M = \frac{RT}{f_{iM}} \qquad\qquad\qquad\qquad \text{[II-88]}$$

$(i = l, g)$.

Hier ist D_i^M der Diffusionskoeffizient der Komponente i in der Membran, f_{iM} stellt den mechanischen Reibungskoeffizienten dar, der die Wechselwirkung der Komponente i mit der Membran wiedergibt. Dieser Reibungskoeffizient ist identisch mit dem in der *Nernst-Einstein*'schen Beziehung[19, 20] für den Diffusionskoeffizienten in einer ideal verdünnten Lösung.

Diese Beschreibung eines Membransystems anhand der phänomenologischen Beziehungen macht deutlich, wie komplex bereits ein System ist, das aus einem Gemisch von nur zwei Komponenten besteht. Es zeigt weiter, wie viele vereinfachten Annahmen gemacht werden müssen, wenn solch ein System mit dem einfachen *Fick*'schen Gesetz beschrieben werden soll. Das *Fick*'sche Gesetz beruht auf der Annahme, daß ein Stofftransport durch eine Konzentrationsdifferenz hervorgerufen wird und einzelne Materieströme unabhängig voneinander sind. Beides ist in der Praxis meist nicht der Fall.

Obgleich die phänomenologischen Gleichungen Membrantransportvorgänge äußerst vollständig beschreiben, ist ihr Wert in der Praxis begrenzt und zwar dadurch, daß die phänomenologischen Koeffizienten als äußerst komplexe Parameter experimentell nur sehr schwer zu bestimmen sind. Daher können in der Praxis auch nur relativ einfache Membransysteme mit Hilfe der Thermodynamik der irreversiblen Prozesse beschrieben werden.

Für ein Zwei-Komponenten-System und verdünnte Lösungen sind die Transportgleichungen ausführlich von *Kedem*[21], *Katchalsky*[18], *Schlögl*[6] und anderen[22] diskutiert worden. Um zu experimentell besser zugänglichen Größen zu kommen, wurde die Dissipationsfunktion dahingehend transformiert, daß nicht mehr in die Ströme der einzelnen Komponenten, sondern in einen Volumenstrom und in einen Diffusionsstrom unterschieden wird. Für ein Zwei-Komponenten-System ergibt sich unter isothermen Bedingungen und unter Ausschluß einer elektrischen Potentialdifferenz die folgende Dissipationsfunktion:

$$\psi = J_l \, \Delta \mu_l + J_g \, \Delta \mu_g > O, \qquad\qquad\qquad\qquad \text{[II-89]}$$

wobei die Indizes l und g das Lösungsmittel und die gelöste Komponente bezeichnen.

Wird vorausgesetzt, daß es sich um eine verdünnte Lösung handelt ($C_l \gg C_g$), läßt sich eine Konzentrationsdifferenz in den durch die Membran getrennten Phasen mit Hilfe einer osmotischen Druckdifferenz ausdrücken.

Nach Gleichung [II-16] und [II-17] gilt:

$$\Delta \mu_l = \mu_l'' - \mu_l' = V_l(P'' - P') + RT\,(\ln a_l'' - \ln a_l')\,. \qquad [\text{II-90}]$$

Setzt man für die Aktivität des Lösungsmittels die in den Gleichungen [II-18] bis [II-24] hergeleiteten Beziehungen für den osmotischen Druck ein, so ergibt sich der Gradient im chemischen Potential für das Lösungsmittel durch die folgende Beziehung:

$$\Delta \mu_l = V_l(\Delta P - \Delta \pi) \qquad [\text{II-91}]$$

mit

$$\frac{RT}{V_l}\ln a_l = \pi\,. \qquad [\text{II-92}]$$

Hier ist $\Delta \mu_l$ die Differenz im chemischen Potential des Lösungsmittels, ΔP und $\Delta \pi$ sind die Unterschiede im hydrostatischen bzw. osmotischen Druck in den beiden durch die Membran getrennten Phasen; V_l ist das partielle molare Volumen des Lösungsmittels; R ist die Gaskonstante, T die absolute Temperatur und a_l die Aktivität des Lösungsmittels.

In einem geschlossenen isothermen System ohne Volumenarbeit gilt nach Gleichung [II-8]

$$\sum_i n_i \, d\mu_i^c = 0\,, \qquad [\text{II-93}]$$

$$(i = 1, 2, 3, \ldots n)\,,$$

wobei $d\mu_i^c$ nur den konzentrationsabhängigen Term des chemischen Potentials darstellt.

Für ein Zwei-Komponenten-System in sehr verdünnter Lösung gilt:

$$n_l \gg n_g\,, \qquad [\text{II-94}]$$

wobei n_l die Molzahl des Lösungsmittels und n_g die der gelösten Komponente darstellen. Damit ist in erster Näherung

$$\frac{n_g}{V_l n_l + V_g n_g} \approx \frac{n_g}{V_l n_l} \approx C_g \text{ und } \frac{n_l}{V_l n_l + V_g n_g} \approx \frac{n_l}{V_l n_l} \approx C_l\,. \qquad [\text{II-95}]$$

Hier sind C_l und C_g die Konzentrationen von Lösungsmittel und gelöster Komponente.

Durch Kombination der Gleichungen [II-92] bis [II-95] ergibt sich für das chemische Potential der gelösten Komponente

$$\Delta \mu_g = V_g \Delta P + \frac{\Delta \pi}{C_g}\,. \qquad [\text{II-96}]$$

Durch Einsetzen der Gleichungen [II-92] und [II-96] in Gleichung [II-87] ergibt sich die Dissipationsfunktion in neuer Form:

$$\psi = (J_l V_l + J_g V_g)\,\Delta P + (J_g/C_g - V_l \cdot J_l)\Delta \pi\,. \qquad [\text{II-97}]$$

Der erste Term in Gleichung [II-97] stellt den gesamten Volumenfluß J_V dar:

$$J_V = J_l \cdot V_l + J_g \cdot V_g\,. \qquad [\text{II-98}]$$

Der zweite Term in Gleichung [II-97] beschreibt den Transport der gelösten Komponente relativ zum Lösungsmittel. Er hat die Bedeutung eines Diffusionsstromes, der hier mit J_D bezeichnet ist:

$$J_D = \frac{J_g}{C_g} - V_l \cdot J_l.$$ [II-99]

Damit ergeben sich die Dissipationsfunktion als

$$\zeta = J_V \cdot \Delta P + J_D \cdot \Delta \pi$$ [II-100]

und die phänomenologischen Gleichungen als

$$J_V = L_P \Delta P + L_{PD} \Delta \pi,$$ [II-101]

$$J_D = L_{DP} \Delta P + L_D \Delta \pi.$$ [II-102]

Für die phänomenologischen Koeffizienten L_P, L_D, L_{PD} und L_{DP} gelten die bekannten Randbedingungen, daß

$$L_{PD} = L_{DP} \text{ und } L_P \cdot L_D > L^2_{DP} \text{ ist.}$$ [II-103]

Die Ströme von Lösungsmitteln und gelöster Komponente unter der treibenden Kraft eines hydrostatischen Druckes und einer Konzentrationsdifferenz werden demnach durch drei unabhängige Koeffizienten beschrieben, deren physikalische Bedeutung aus einer Diskussion verschiedener experimenteller Bedingungen klar wird[6, 23, 24].

Wird z. B. eine isobare Versuchsanordnung vorausgesetzt ($\Delta P = O$), so ergibt sich der Koeffizient L_D als Leitwert für den diffusiven Stofftransport:

$$(J_D)_{\Delta P = O} = L_D \Delta \pi.$$ [II-104]

Der Koeffizient L_{DP} beschreibt den osmotischen Volumenfluß

$$(J_V)_{\Delta P = O} = L_{PD} \Delta \pi.$$ [II-105]

Ändert man die experimentellen Bedingungen dahingehend, daß nur ein Druckgradient, aber kein Konzentrationsgradient vorgegeben ist, so erhält man den hydrodynamischen Volumenfluß und den Druckdiffusionsstrom, wie aus den Gleichungen [II-101] und [II-102] zu ersehen ist.

Die Koeffizienten L_P und L_{DP} beschreiben daher die hydrodynamische Permeabilität der Membran:

$$(J_V)_{\Delta \pi = O} = L_P \Delta P \text{ und } (J_D)_{\Delta \pi = O} = L_{DP} \Delta P.$$ [II-106]

Die Anwendung der *Onsager*beziehung bzw. der Gleichung [II-103] liefert einen weiteren Zusammenhang zwischen dem osmotischen Fluß und dem Druckdiffusionsstrom, der besagt, daß diese beiden Flüsse, bezogen auf normierte Bedingungen, gleich sind.

$$\left(\frac{J_V}{\Delta \pi}\right)_{\Delta P = 0} = L_{PD} = L_{DP} = \left(\frac{J_D}{\Delta P}\right) \Delta \pi = 0.$$ [II-107]

Eine weitere wertvolle Aussage über die Transporteigenschaften ergibt sich aus der Bestimmung des hydrostatischen Druckes bei vorgegebener Konzentrationsdifferenz und verschwindendem Volumenstrom aus Gleichung [II-101]

$$(\Delta P)_{J_V = 0} = - \frac{L_{PD}}{L_P} \Delta \pi.$$ [II-108]

34

Die Gleichung [II-108] besagt, daß bei verschwindendem Volumenfluß, d. h. im osmotischen Gleichgewicht, die hydrostatische Druckdifferenz nur dann gleich der osmotischen Druckdifferenz ist, wenn $L_{PD} = L_P$ ist, d. h. wenn die Membran streng semipermeabel ist. Für nicht streng semipermeable Membranen nimmt L_{PD}/L_P im allgemeinen Werte an, die zwischen 0 und 1 liegen. Das Verhältnis von L_{PD}/L_P ist identisch mit dem sogenannten *Staverman*'schen Reflexionskoeffizienten[22]:

$$-\frac{L_{PD}}{L_P} = \sigma.$$
[II-109]

Der *Staverman*'sche Reflexionskoeffizient ist ein Maß für die Selektivität einer Membran. Bei der normalen Osmose besitzt er Werte zwischen 0 und 1. Im Fall einer anormalen Osmose kann er allerdings auch Werte annehmen, die größer als 1 oder auch negativ sind[25, 26].

Setzt man den Reflexionskoeffizienten aus Gleichung [II-109] in die Gleichungen [II-101] und [II-99] ein, so erhält man eine einfache Beziehung für den Volumenstrom und den Strom der gelösten Komponente:

$$J_V = L_P(\Delta P - \sigma \Delta \pi),$$
[II-110]

$$J_g = C_g(1 - \sigma) J_V + \omega \Delta \pi,$$
[II-111]

wobei ω die Permeabilität der gelösten Komponente bei verschwindendem Volumenstrom darstellt und durch die folgende Beziehung gegeben ist:

$$\left(\frac{J_g}{\Delta \pi}\right)_{J_V = 0} = \omega = \frac{C_g(L_P L_D - L_{PD}^2)}{L_P}.$$
[II-112]

Die Gleichungen [II-110] und [II-111] enthalten nur noch experimentell gut bestimmbare Größen. Sie sind für eine thermodynamische Beschreibung der Transportvorgänge in Membranen mit Lösungen, die aus nur zwei Komponenten bestehen, in der Literatur aufgeführt.

Analog können auch wesentlich kompliziertere Systeme mit einer Vielzahl von Komponenten und weiteren treibenden Kräften, wie Temperatur- und elektrischen Potentialdifferenzen oder auch chemischen Reaktionen, vollständig beschrieben werden. Eine theoretische Behandlung komplizierter Membransysteme, vor allem auch die Diskussion elektrokinetischer Effekte und des aktiven, d. h. mit chemischen Reaktionen verbundenen Stofftransportes würde jedoch über den Rahmen der vorliegenden Monographie, die sich im wesentlichen mit heute technisch relevanten Membranstofftrennverfahren befaßt, hinausgehen.

5. Membranmodelle

Die Beschreibung von Membranvorgängen mit Hilfe der Thermodynamik der irreversiblen Prozesse ist zwar äußerst umfassend, sie hat allerdings den Nachteil, daß sie völlig abstrakt ist und keinerlei Aussagen über molekulare Wechselwirkungen zwischen der Membranmatrix und den transportierten Teilchen trifft und daß die Vielzahl der zur Beschreibung notwendigen Koeffizienten meßtechnisch nur sehr schwer zugänglich sind.

Für die praktische Entwicklung von Membranen und Membranstofftrennprozessen ist es daher häufig günstig, mit Membranmodellen zu arbeiten. Da die einzelnen Modelle idealisierte Grenzfälle darstellen, ist auch die mathematische Behandlung der Transportvorgänge relativ einfach. Allerdings muß berücksichtigt werden, daß die praktische Membran fast immer mehr oder weniger stark von den postulierten Modellen abweicht und die durch die Modelle gemachten Aussagen nur beschränkte Gültigkeit haben.

Es gibt eine Reihe von Membranmodellen, von denen das Modell einer idealen Porenmembran und das einer idealen Löslichkeitsmembran die beiden einfachsten und gleichzeitig wichtigsten sind. Beide Membranmodelle stellen Grenzfälle dar, die in der Praxis meist nicht realisierbar sind.

Eine ideale Porenmembran entspricht einem konventionellen Faserfilter. Sie besitzt eine feste Struktur mit statistisch verteilten Poren. Ihre Selektivität beruht auf einem reinen Siebeffekt und wird durch den mittleren Durchmesser der Poren bestimmt. Daher können mit einer idealen Porenmembran nur Stoffe voneinander getrennt werden, die sich erheblich in ihren Molekül- oder Partikelradien unterscheiden.

Eine ideale Löslichkeitsmembran besteht aus einem homogenen Polymerfilm, in dem verschiedene Komponenten gelöst und wie in einer Flüssigkeit durch Diffusion transportiert werden. Die Selektivität einer Löslichkeitsmembran beruht auf den unterschiedlichen Diffusionskoeffizienten und vor allem auf der unterschiedlichen Löslichkeit der permeierenden Komponenten im Membranmaterial. In einer idealen Löslichkeitsmembran bewegen sich alle Teilchen wie in einer Flüssigkeit nach einer statistischen Verteilung. Es gibt keine strukturbedingte Vorzugsrichtung.

In einem Polymer allerdings haben die Polymerketten eine gewisse Ausrichtung, und es gibt bevorzugte Wege, entlang denen sich die diffundierenden Moleküle bewegen. Bei kristallinen oder teilkristallinen Polymeren sind die Polymerketten in einer Matrix so fixiert, daß die bevorzugten Diffusionswege praktisch permanent vorgegeben sind. Der Übergang von einer solchen Struktur mit bevorzugten Diffusionswegen in einer Membranmatrix zu einer Porenmembran ist kontinuierlich, und eine scharfe Differenzierung zwischen einer Poren- und einer Löslichkeitsmembran ist in vielen Fällen problematisch. Oft ist es so, daß sich verschiedene experimentelle Ergebnisse an ein und derselben Membran einmal besser mit dem Modell einer Löslichkeitsmembran und in anderen Fällen besser mit dem einer Porenmembran beschreiben lassen.

5.1. Das Modell einer Porenmembran

Die ideale Porenmembran besteht aus einem starren Gerüst und einem Netzwerk von feinen Poren. Man geht davon aus, daß die Permeabilität in der festen, das Membrangerüst bildenden Phase viel geringer ist als in den mit einer Flüssigkeit oder einem Gas gefüllten Poren, so daß der gesamte Stofftransport durch die Membran praktisch ausschließlich durch die Poren erfolgt. Wird zunächst als treibende Kraft nur eine Konzentrationsdifferenz in den beiden durch die Membran getrennten Außenphasen zugelassen, so kann der Stofftransport als ein Diffusionsvorgang in einer konvektionsfreien Schicht angesehen werden und in erster Näherung durch das *Fick*'sche Gesetz in modifizierter Form beschrieben werden:

$$ J_i = \frac{D_i^M \cdot k_i \cdot \varepsilon}{\tau} \frac{\Delta C_i}{\Delta x}, \qquad \text{[II-113]} $$

$$ (i = 1, 2, 3 \ldots n). $$

In dieser Gleichung ist J_i der Diffusionsstrom einer Komponente i durch die Porenmembran, D_i^M ist der Diffusionskoeffizient dieser Komponente in dem Porenmedium, ΔC_i ist die Konzentrationsdifferenz der Komponente i in den durch die Membran getrennten Außenphasen, k_i ist ein Verteilungskoeffizient, der angibt, ob die Konzentration der Komponente i in der Membran höher oder niedriger als in den Außenphasen ist, ε gibt die Porosität der Membran an, d. h. ε gibt an, welcher Anteil des gesamten Membranvolumens von den Poren eingenommen wird. ε ist immer < 1. Δx ist die Dicke der Membran, und τ ist ein Korrekturfaktor, der aussagt, daß eine Pore die Membran nicht unbedingt senkrecht durchdringt, sondern oft vielfach gewunden sein kann, so daß die Porenlänge größer ist als die Dicke der Membran, d. h. τ ist immer > 1. Die Konstanten ε und τ sind reine Membrangrößen, während der Diffusionskoeffizient D_i^M und der Verteilungskoeffizient k_i von den äußeren Phasen und den durch die Membran transportierten Stoffen abhängig sind.

Da der Diffusionskoeffizient in Flüssigkeiten nur relativ wenig von der Molekülgröße abhängt – er ist der dritten Wurzel aus dem Molekulargewicht eines Stoffes umgekehrt proportional $(D \sim MW^{-1/3})$ — kann eine Stofftrennung über die Diffusionsgeschwindigkeit nur schwer erreicht werden. Die Selektivität der Membran kann daher nur wirksam über die Konzentration der einzelnen Komponenten in den Membranporen beeinflußt werden. Diese Konzentration wird im wesentlichen durch das Verhältnis der Radien der diffundierenden Teilchen zum Porenradius bestimmt. Dieser Einfluß ist bereits 1935 von *Ferry*[27] untersucht worden und in einem einfachen Modell, das in der Abbildung II-2 schematisch dargestellt ist, beschrieben worden.

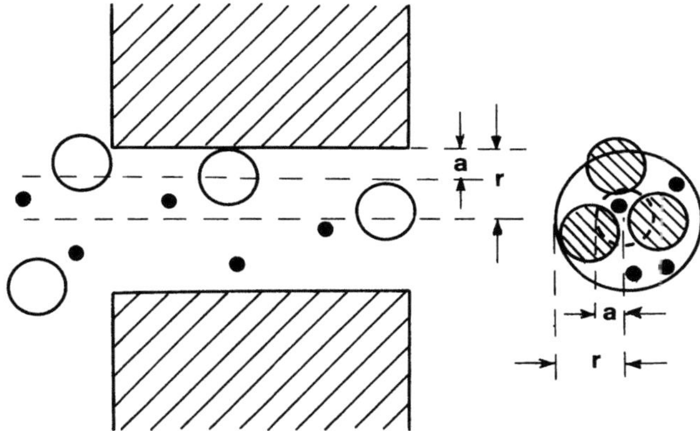

Abb. II-2: Schematische Darstellung einer Membranpore im Längs- und Querschnitt zur Veranschaulichung des wirklichen und scheinbaren Porenradius für Teilchen verschiedener Größe

Die Abbildung II-2 zeigt eine Pore mit dem Radius r, in der sich ein Partikel mit dem Radius a, sowie ein weiteres Teilchen, dessen Radius gegenüber dem Porenradius vernachlässigbar gering ist, bewegen.

Für die kleinen Teilchen steht praktisch der gesamte Porenquerschnitt für den Transport zur Verfügung. Für größere Teilchen verringert sich der zur Verfügung stehende Porendurchmesser um den Teilchendurchmesser, d. h., die Porosität der Membran wird scheinbar verringert. Der Zusammenhang zwischen scheinbarer und wirklicher Porosität und Poren- und Teilchenradius ist in der folgenden Gleichung ausgedrückt:

$$\varepsilon_a = \frac{\varepsilon (r - a)^2}{r^2}.$$ [II-114]

Hier sind ε_a die scheinbare oder wirksame Porosität und ε die wahre Porosität, a ist der Teilchen- und r der Porenradius. Wird $a \geq r$, verschwindet die wirksame Porosität der Membran bzw. wird negativ, d. h. die Membran wird für die entsprechenden Teilchen undurchlässig. Das *Ferry*-Modell ist von *Renkin*[28] modifiziert worden, in dem noch ein weiterer Term eingeführt worden ist, der die zusätzliche Reibung berücksichtigt, die durch die Porenwand auf ein Teilchen wirkt, dessen Durchmesser etwa die gleiche Größenordnung besitzt wie der Porendurchmesser.

Das *Ferry*- bzw. *Ferry-Renkin*-Modell beschreibt die Schärfe der Trenngrenze einer Membran, bei der alle Poren den gleichen Radius besitzen, für Stoffe mit unterschiedlichen Partikelgrößen. Es gibt eine theoretische Erklärung dafür, daß es eine Membran mit absolut scharfer molekularer Trenngrenze nicht geben kann, selbst wenn alle Poren den gleichen Radius besitzen würden.

Bei der Diskussion von experimentellen Untersuchungen von Membranprozessen gehen die von *Ferry* beschriebenen und gedeuteten Effekte in den Verteilungskoeffizienten bzw. den Diffusionskoeffizienten ein, die beide experimentell bestimmbare Größen sind, so daß die Gleichung [II-113] weiterhin ihre Gültigkeit behält.

Wird statt der Konzentrationsdifferenz ein Druckgradient als treibende Kraft vorgegeben, so kann der Stofftransport in einer idealen Porenmembran in erster Näherung als eine Volumenströmung angesehen werden, die bei flüssigen Medien durch das *Hagen-Poiseuille*'sche Gesetz beschrieben werden kann, das, angewandt auf Membranen, die folgende Form besitzt[6]:

$$J_V = \frac{\varepsilon r^2}{8\eta\tau}\frac{\Delta P}{\Delta x}.$$ [II-115]

Hier sind J_V die Volumenstromdichte, ε die Porosität der Membran, η die Viskosität, r ist der Porenradius, τ ist ein Korrekturfaktor, der berücksichtigt, daß die Porenlänge meist größer als die Membrandicke ist. ΔP ist die Differenz eines hydrostatistischen Druckes zwischen den beiden durch die Membran getrennten Außenphasen, und Δx ist die Membrandicke.

Soll die Stromdichte einer einzelnen Komponente ermittelt werden, so muß die Volumenstromdichte mit der Konzentration dieser Komponente in der Porenflüssigkeit multipliziert werden:

$$J_i = J_V \cdot C_i^M.$$ [II-116]

Hier ist J_i die Stromdichte einer Komponente i durch die Membran, J_V ist die Volumenstromdichte, und C_i^M ist die Konzentration der Komponente i im Volumenstrom.

Wird eine Druck- und Konzentrationsdifferenz zwischen den beiden durch die Membran getrennten Phasen als treibende Kraft angenommen, so ist dem Volumenstrom noch ein Diffusionsstrom überlagert, und die Stromdichte einer einzelnen Komponente kann durch die folgende Beziehung beschrieben werden:

$$J_i = J_V \cdot C_i^M - D_i^M \frac{dC_i^M}{dx}.$$ [II-117]

Hier ist J_i die Filtrationsstromdichte einer Komponente i, C_i^M und D_i^M sind ihr

Konzentrations- bzw. Diffusionskoeffizient in einer Membranpore, J_V ist der Volumenstrom, und dC_i^M/dx ist der Konzentrationsgradient der Komponente i im Volumenstrom.

Ein Konzentrationsgradient bei gleichzeitig als treibende Kraft wirkendem Druckgradienten kommt dadurch zustande, daß die Membran eine gewisse Selektivität besitzt. Unter der Annahme, daß das System aus einem Lösungsmittel und einer gelösten Komponente besteht, kann die Membranselektivität durch das sogenannte Rückhaltevermögen ausgedrückt werden, das durch die folgende Beziehung gegeben ist:

$$R = 1 - \frac{C_f}{C_o}. \qquad\qquad \text{[II-118]}$$

Hier ist R das Rückhaltevermögen der Membran für die gelöste Komponente, C_f ist die Konzentration der gelösten Komponente auf der Filtratseite der Membran, d. h. auf der Seite mit dem niedrigeren hydrostatischen Druck, C_o ist die Ausgangskonzentration, die sich in der Phase mit dem höheren hydrostatischen Druck befindet.

Für eine streng semipermeable Membran ist $C_f = O$ und $R = 1$.

Für eine Membran, die die gleiche Permeabilität für Lösungsmittel und gelöste Komponente besitzt, ist $C_f = C_o$ und $R = O$.

Für eine verdünnte Lösung ist die Lösungsmittelstromdichte in erster Näherung mit der Volumenstromdichte identisch. Dabei ist der als treibende Kraft wirksame Druck gleich dem angewandten hydrostatischen Druck, vermindert um die Differenz der osmotischen Drücke der beiden Außenphasen. Der Volumenstrom bzw. bei verdünnten Lösungen der Lösungsmittelstrom durch eine Porenmembran kann in erster Näherung durch die folgende Gleichung beschrieben werden[29]:

$$J_l \approx J_V = \frac{\varepsilon r^2}{8\eta\tau\Delta x}(\Delta P - \sigma\Delta\pi). \qquad\qquad \text{[II-119]}$$

Hier ist J_l die Stromdichte des Lösungsmittels, σ ist der *Staverman*'sche Reflexionskoeffizient, der die Selektivität der Membran ausdrückt und bei streng semipermeabler Membran 1 ist[22], und $\Delta\pi$ ist die Differenz der osmotischen Drücke in den beiden durch die Membran getrennten Phasen. Im übrigen ist die Gleichung [II-119] identisch mit Gleichung [II-110], wobei der phänomenologische Koeffizient L_p eine physikalische Interpretation erfahren hat, die durch die Porosität der Membran ε, den Porenradius r, die Viskosität der Porenflüssigkeit η und den Korrekturfaktor für die Porenlänge τ zum Ausdruck kommt.

Für die gelöste Komponente ergibt sich die Stromdichte direkt aus Gleichung [II-117] mit

$$J_g = J_V C_s^M - D_g^M \frac{dC_g^M}{dx}. \qquad\qquad \text{[II-120]}$$

Integration von Gleichung [II-120] über die gesamte Porenlänge und Auflösung nach J_g ergibt:

$$J_g = J_v \frac{C_g^{M'} \cdot \exp\dfrac{J_v \cdot \tau \cdot \Delta x}{D_g^M} - C_g^{M''}}{\exp\dfrac{J_v \cdot \tau \cdot \Delta x}{D_g^M} - 1}. \qquad\qquad \text{[II-121]}$$

Hier bedeuten J_g die Stromdichte der Komponente g und J_V die Volumenstromdichte;

$C_g^{M''}$ die Konzentration der gelösten Komponente in der Membran an der Niederdruckseite; $C_g^{M'}$ ist die Konzentration der gelösten Komponente in der Membran, die im Gleichgewicht mit der Phase mit dem höheren hydrostatischen Druck steht. Der Windungsfaktor τ mal der Dicke der Membran Δx ergibt die gesamte Diffusionsstrecke; D_g^M ist der Diffusionskoeffizient der gelösten Komponente in der Membran.

Die Stromdichte der gelösten Komponente hängt demnach, bedingt durch den Diffusionsterm, nicht linear von der Volumengeschwindigkeit ab.

Interessant sind zwei Grenzwerte, und zwar einmal für den Fall eines verschwindenden Volumenstromes; dann gilt

$$\lim_{J_V \to O} J_g = \frac{D_g^M}{\tau\,\Delta x}\left(C_g^{M'} - C_g^{M''}\right); \qquad\qquad \text{[II-122]}$$

und zum anderen für einen sehr großen Volumenstrom, dann gilt

$$\lim_{J_V \to \infty} J_g = C_g^{M'} \cdot J_V. \qquad\qquad \text{[II-123]}$$

Die Gleichungen [II-122] und [II-123] besagen, daß für den Fall eines verschwindenden Volumenstromes die Stromdichte der gelösten Komponente ausschließlich durch die Diffusion in der Porenflüssigkeit bestimmt wird und daß, wenn der Volumenstrom sehr große Werte annimmt, die Stromdichte der gelösten Komponente ausschließlich durch Konvektion bestimmt wird.

Der Zusammenhang zwischen dem Rückhaltevermögen einer Porenmembran und der Volumenstromdichte ergibt sich aus Kombination der Gleichungen [II-118] und [II-121] durch die Beziehung:

$$R = 1 - \frac{k'\exp\dfrac{J_v\cdot\tau\cdot\Delta x}{D_g^M}}{k'' - 1 + \exp\dfrac{J_v\cdot\tau\cdot\Delta x}{D_g^M}}. \qquad\qquad \text{[II-124]}$$

Dabei wurde angenommen, daß

$$C_g^{M''} = k''\,C_f, \qquad\qquad \text{[II-125]}$$

$$C_g^{M'} = k'\,C_o \qquad\qquad \text{[II-126]}$$

und

$$J_g = C_f\cdot J_V \text{ ist.} \qquad\qquad \text{[II-127]}$$

Hier ist R das Rückhaltevermögen der Membran, C_o und C_f sind die Konzentrationen der gelösten Komponente in der Rohlösung, d.h. der Phase mit dem höheren hydrostatischen Druck und im Filtrat, d.h. der Phase mit dem niedrigeren hydrostatischen Druck, k'' und k' sind die Verteilungskoeffizienten der gelöstem Komponente zwischen der Membran und den Außenphasen.

Gleichung [II-124] besagt, daß das Rückhaltevermögen einer Porenmembran verschwindet, wenn der Konvektionsstrom J_V bzw. die hydrostatische Druckdifferenz ΔP gegen Null geht.

$$\lim_{\Delta P \to O} R = O. \qquad\qquad \text{[II-128]}$$

Für den Fall, daß der Volumenstrom bzw. die hydrostatische Druckdifferenz einen sehr großen Wert erreicht, strebt das Rückhaltevermögen der Membran einem Grenzwert zu, der durch die folgende Beziehung gegeben ist:

$$\lim_{J_V \to \infty} R = (1 - k'). \tag{II-129}$$

Der Zusammenhang zwischen hydrostatischem Druck und Rückhaltevermögen ist an verschiedenen Porenmembranen und Lösungen experimentell untersucht und in der Literatur beschrieben worden[30].

Neben dem Rückhaltevermögen und der Filtrationsstromdichte wird eine Porenmembran noch durch ihre molekulare Trenngrenze und die Schärfe der Trenngrenze charakterisiert. Die Trenngrenze wird durch den mittleren Porenradius und die Schärfe der Trenngrenze durch die Porengrößenverteilung bestimmt. Dabei werden alle Moleküle, deren Durchmesser größer als der der größten Poren sind, quantitativ zurückgehalten. Alle Moleküle, deren Durchmesser kleiner sind als der der kleinsten Poren, können die Membran mehr oder weniger ungehindert passieren. Alle Moleküle, deren Durchmesser kleiner ist als der der größten Poren, aber größer ist als der der kleinsten Poren, werden entsprechend der Porendurchmesserverteilung von einer Membran zurückgehalten. Die Trenngrenze wird im allgemeinen durch die Kennlinie einer Membran dargestellt[31]

Dies ist in der Abbildung II-3 dargestellt. Hier ist das Rückhaltevermögen einer Porenmembran mit einer scharfen und einer diffusen Trenngrenze gegen das Molekulargewicht der Lösungsinhaltsstoffe aufgetragen. Eine Membran mit absolut scharfer molekularer Trenngrenze gibt es nicht. Selbst bei genau gleichen Porenradien tritt eine gewisse Selektion auf, die durch das *Renkin*-Modell bereits beschrieben wurde.

Die meisten heute verwendeten asymmetrischen Ultrafiltrationsmembranen besitzen meist eine so scharfe Trenngrenze, daß sich Stoffe, die sich im Molekulargewicht um den Faktor 2 unterscheiden, noch gut voneinander trennen lassen.

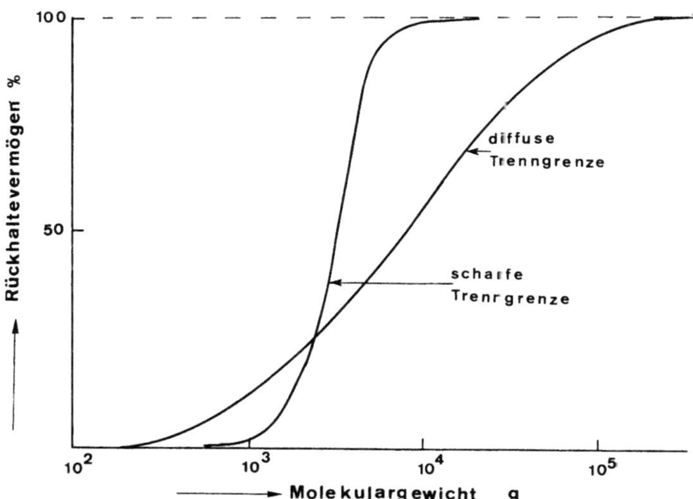

Abb. II-3:   Schematische Darstellung der Kennlinie einer Porenmembran mit scharfer und diffuser molekularer Trenngrenze

5.2. Das Modell einer Löslichkeitsmembran

Das Modell einer Löslichkeitsmembran ist bereits sehr alt[32]. Für die Membranfiltration jedoch ist es von *Lonsdale*, *Merten* und *Riley*[33] entsprechend formuliert und experimentell untersucht worden. Die ideale Löslichkeitsmembran besteht im wesentlichen aus einer homogenen Polymerschicht, in der sich die unterschiedlichen, molekularen Komponenten wie in einer Flüssigkeit lösen und per Diffusion fortbewegen. Die Permeabilität einer Löslichkeitsmembran für verschiedene chemische Komponenten wird durch deren Konzentration und Beweglichkeit in der Membranmatrix bestimmt. Allgemein kann also die Stromdichte irgendeiner chemischen Komponente durch eine Löslichkeitsmembran durch die folgende Beziehung beschrieben werden:

$$J_i = C_i^M \cdot m_i^M \frac{d\mu_i}{dx}, \qquad\qquad \text{[II-130]}$$

wobei J_i die Filtrationsstromdichte der Komponente i ist; C_i^M und m_i^M sind ihre Konzentration bzw. ihre Beweglichkeit in der Membranmatrix, und $\frac{d\mu_i}{dx}$ ist der Gradient im chemischen Potential in der Membranmatrix, bezogen auf die Komponente i.

Hier wird vorausgesetzt, daß die Absorptions- bzw. Desorptionsvorgänge an der Membranoberfläche gegenüber der Diffusion in der Membranmatrix schnell verlaufen und daß eine kinetische Kopplung der einzelnen Teilchenströme in der Membran vernachlässigt werden kann.

Geht man wieder von einer verdünnten Lösung mit einer gelösten Komponente in einem Lösungsmittel aus und soll als treibende Kraft nur eine Konzentrationsdifferenz zugelassen sein, so vereinfacht sich die Gleichung [II-130], da nur der druckabhängige Term des chemischen Potentials zu berücksichtigen ist. Unter der Voraussetzung, daß die Aktivitäten durch Konzentrationen ersetzt werden können, ergibt sich durch Einsetzen der Gleichung [II-60] in [II-130]:

$$(J_i)_{P,T} = C_i^M \cdot m_i^M \frac{RT}{C_i^M} \cdot \frac{\Delta C_i^M}{\Delta x}. \qquad\qquad \text{[II-131]}$$

Hier ist $(J_i)_{P,T}$ die Stromdichte einer Komponente i unter isothermen und isobaren Versuchsbedingungen, Δx ist die Dicke der Membran, ΔC_i^M ist der Konzentrationsgradient über dem Membranquerschnitt, R ist die Gaskonstante und T die absolute Temperatur.

Setzt man außerdem für

$$m_i^M \cdot RT = -D_i^M, \qquad\qquad \text{[II-132]}$$

so erhält man eine Beziehung, die mit dem *Fick*'schen Gesetz für eine freie Diffusion identisch ist:

$$J_i = -D_i^M \cdot \frac{\Delta C_i^M}{\Delta x}, \qquad\qquad \text{[II-133]}$$

wobei D_i^M den Diffusionskoeffizienten und ΔC_i^M die Konzentrationsdifferenz der Komponente i in der Membranmatrix der Dicke Δx darstellen. Dabei ist es gleichgültig, ob die Komponente i das Lösungsmittel oder die gelöste Komponente darstellt.

Die Konzentration C_i^M in der Membran kann mit der Konzentration in der Außenphase durch einen Verteilungskoeffizienten k_i in Beziehung gebracht werden:

$$C_i^M = k_i C_i,$$ [II-134]

wobei C_i die Konzentration in der Außenphase ist. Durch Einsetzen von Gleichung [II-134] in Gleichung [II-133] erhält man für die Stromdichte J_i durch die Membran unter der treibenden Kraft einer Konzentrationsdifferenz die folgende Beziehung:

$$J_i = -k_i D_i^M \cdot \frac{\Delta C_i}{\Delta x}.$$ [II-135]

Die Stromdichte J_1 wird außer durch den Diffusionskoeffizienten D_i^M wesentlich durch den Verteilungskoeffizienten k_i bestimmt.

Gleichung [II-135] gilt streng nur für ideal verdünnte Lösungen, in denen keine Kopplung der Teilchenströme auftritt.

Wirkt als treibende Kraft außerdem noch eine hydrostatische Druckdifferenz, so muß auch der druckabhängige Term des chemischen Potentials berücksichtigt werden und die Filtrationsstromdichte einer Komponente i ergibt sich aus der Gleichung [II-130] unter Berücksichtigung von Gleichung [II-60]:

$$J_i = \frac{C_i^M m_i^M}{\Delta x} \left(V_i \, \Delta P + \frac{RT}{C_i^M} \Delta C_i^M \right),$$ [II-136]
$$(i = l, g).$$

Hier ist ΔP die Druckdifferenz zwischen den beiden durch die Membran getrennten Außenphasen, und V_i ist das partielle molare Volumen der Komponente i in der Membran.

Betrachtet man zunächst das Lösungsmittel, so kann der konzentrationsabhängige Term des chemischen Potentials durch den osmotischen Druck beschrieben werden, wie ausführlich in Kapitel II-2. gezeigt wurde. Für eine ideal verdünnte Lösung ist in erster Näherung

$$\frac{RT}{V_l} \ln \frac{a'}{a''} \approx \frac{RT}{V_l C_l^M} \Delta C_l^M \approx \Delta \pi.$$ [II-137]

Hier sind a' und a'' die Aktivitäten des Lösungsmittels in den beiden durch die Membran getrennten Phasen, V_l ist das partielle molare Volumen des Lösungsmittels und C_l^M seine Konzentration in der Membran; $\Delta \pi$ ist die Differenz der osmotischen Drücke in den beiden durch die Membran getrennten Phasen; ΔC_l^M ist die Konzentrationsdifferenz zwischen den beiden Membranoberflächen; R ist die Gaskonstante und T die absolute Temperatur.

Damit ergibt sich der Lösungsmittelstrom durch die Membran bei einer Konzentrations- und Druckdifferenz zu

$$J_l = \frac{C_l^M m_l^M V_l}{\Delta x} (\Delta P - \Delta \pi).$$ [II-138]

Da nach Gleichung [II-134] die Konzentration in der Membran mit der in der Außenphase durch einen Verteilungskoeffizienten verbunden ist und für verdünnte Lösungen das Produkt aus Konzentration und partiellem, molarem Volumen für das Lösungsmittel näherungsweise 1 ist, d. h.

$$C_l^M = k_l C_l \quad \text{und} \quad C_l V_l \approx 1,$$ [II-139]

ergibt sich mit Gleichung [II-132] die Stromdichte für das Lösungsmittel durch folgende Beziehung:

$$J_l = \frac{k_l D_l^M}{RT\Delta x}(\Delta P - \Delta\pi).$$

[II-140]

Hier ist J_l die Stromdichte des Lösungsmittels durch die Membran, D_l^M ist der Diffusionskoeffizient des Lösungsmittels in der Membran, und k_l ist der Verteilungskoeffizient für das Lösungsmittel zwischen der Membran und den Außenphasen; Δx ist die Dicke der Membran, R ist die Gaskonstante, T die absolute Temperatur, und ΔP und $\Delta\pi$ sind die Unterschiede im hydrostatischen und osmotischen Druck in den beiden durch die Membran getrennten Außenphasen.

Bei einer Löslichkeitsmembran ist, wie bei einer Porenmembran, die Filtrationsstromdichte in einer verdünnten Lösung dem wirksamen hydrostatischen Druck proportional.

Für die gelöste Komponente kann bei einer verdünnten Lösung der Druckterm in Gleichung [II-136] vernachlässigt werden, wie sich durch eine überschlägige Rechnung leicht zeigen läßt[34]. Damit ergibt sich die Filtrationsstromdichte für die gelöste Komponente aus Gleichung [II-136] unter Berücksichtigung der Gleichungen [II-132] und [II-134] zu:

$$J_g = k_g\, D_g^M\, \frac{\Delta C_g}{\Delta x}.$$

[II-141]

Hier ist J_g die Filtrationsstromdichte der gelösten Komponente, k_g ist der Verteilungskoeffizient der gelösten Komponente zwischen Membran und Außenphase, D_g^M ist ihr Diffusionskoeffizient in der Membran, Δx ist die Dicke der Membran und ΔC_g die Konzentrationsdifferenz in den beiden durch die Membran getrennten Außenphasen.

Die Filtrationsstromdichte für die gelöste Komponente wird in einer Löslichkeitsmembran also im wesentlichen durch die Konzentrationsdifferenz in den beiden durch die Membran getrennten Phasen bestimmt.

Die Selektivität bzw. das Rückhaltevermögen einer Membran für eine bestimmte Komponente ist durch Gleichung [II-118] gegeben. Die Filtrationsstromdichte für die gelöste Komponente ist nach Gleichung [II-127] durch das Produkt aus Volumenstromdichte und Filtratkonzentration gegeben.

Nimmt man an, daß die Volumenstromdichte bei verdünnten Lösungen in erster Näherung gleich der Lösungsmittelstromdichte ist, so ergibt sich die Selektivität bzw. das Rückhaltevermögen einer Membran für eine bestimmte Komponente aus der Kombination der Gleichungen [II-118], [II-127], [II-140] und [II-141] zu:

$$R_g = \left(1 - \frac{C_f}{C_0}\right) \approx \left(1 - \frac{J_g}{J_l C_0}\right) = 1 - \frac{k_g D_g^M \Delta C_g RT}{k^l C_0 D_l^M (\Delta P - \Delta\pi)}.$$

[II-142]

Hier sind C_0 und C_f die Konzentrationen der gelösten Komponente in der Ausgangslösung und im Filtrat. R^g ist das Rückhaltevermögen der Membran für die gelöste Komponente g; J_l und J_g sind die Filtrationsstromdichten von Lösungsmittel und gelöster Komponente; k_l und k_g sind ihre Verteilungskoeffizienten zwischen den Außenphasen und der Membran, und D_l^M und D_g^M sind ihre Diffusionskoeffizienten in der Membran; ΔC_g, ΔP und $\Delta\pi$ sind der Konzentrationsunterschied und die Druck- bzw. osmotische Druckdifferenz zwischen den beiden durch die Membran getrennten Phasen; R ist die Gaskonstante und T die absolute Temperatur. Nimmt man weiterhin an, daß $\Delta C_g = C_0 - C_f$ und $C_0 \gg C_f$ ist, was bei einer Membran mit gutem Trennvermögen

zutrifft, so ergibt sich das Rückhaltevermögen in erster Näherung durch eine vereinfachte
Form von Gleichung [II-142]:

$$R_g = 1 - \frac{D_g^M \, k_g \, RT}{D_l^M \, k_l (\Delta P - \Delta \pi)} \, .$$

[II-143]

Die Gleichung [II-143] besagt, daß das Rückhaltevermögen einer Löslichkeitsmembran
außer von den Diffusions- und Verteilungskoeffizienten von Lösungsmitteln und gelöster
Komponente noch vom angewandten hydrostatischen Druck bestimmt wird. Das
Rückhaltevermögen verschwindet, sobald die hydrostatische Druckdifferenz gleich oder
kleiner als die osmotische Druckdifferenz wird.

Dies wurde experimentell bestätigt[35, 36] und ist in der Abbildung II-4 dargestellt. Hier
ist das Rückhaltevermögen und die Filtrationsstromdichte von Lösungsmittel und
gelöster Komponente gegen die wirksame hydrostatische Druckdifferenz für eine
Celluloseacetatmembran aufgetragen.

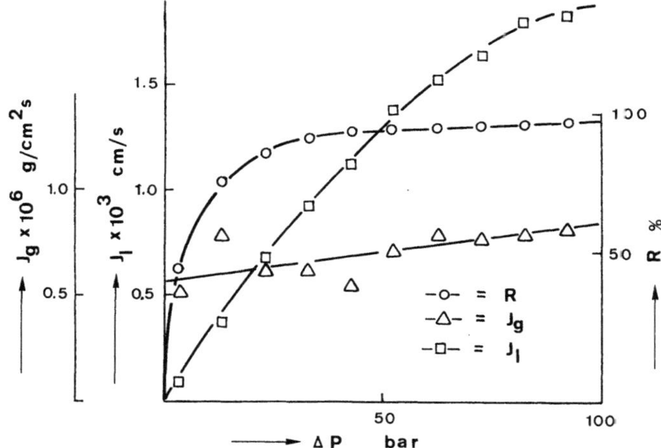

Abb. II-4:   Darstellung der Rückhaltevermögen und der Filtrationsstromdichten von Lösungsmittel und gelösten Komponenten in einer Löslichkeitsmembran als Funktion des
hydrostatischen Druckes (nach Ref. 36)

Für eine Löslichkeitsmembran ist die Abhängigkeit des Rückhaltevermögens vom
hydrostatischen Druck im allgemeinen wesentlich ausgeprägter als für eine Porenmembran.

Die beiden hier beschriebenen Membranmodelle stellen Idealfälle dar, die in praktischen Membranen im allgemeinen selten realisierbar sind. Das Verhalten vieler für eine
Stofftrennung eingesetzter Membranen liegt zwischen den idealisierten Modellen. Es sind
daher noch eine Reihe anderer Membranmodelle in der Literatur beschrieben, die gewisse
Modifikationen der beiden idealen Grenzfälle darstellen.

Das bekannteste Modell geht auf Untersuchungen von *Henderson* und *Sliepcevich*[37]
zurück. Sie haben das Modell einer idealen Porenmembran dahingehend modifiziert, daß
sie durch einen Korrekturfaktor eine Entkopplung von Lösungsmittel und gelöster
Komponente während der Strömung durch eine Pore berücksichtigen. Auch *Michaels*

et al.[38] berücksichtigen in dem von ihnen aufgestellten Modell eine kinetische Kopplung zwischen dem Lösungsmittelstrom und dem Strom der gelösten Komponente.

Die bisher dargestellten Modelle beziehen sich auf neutrale Membranen. Sie sind zwar für die Beschreibung von Membranstofftrennprozessen die wichtigsten, aber die am gründlichsten untersuchten Membranen sind die Ionenaustauschermembranen. Hier sind es besonders die Arbeiten von *Teorell*[39] und *Meyer* und *Sievers*[40], die zu dem Modell der feinporigen Ionenaustauschermembran führten.

Es soll hier jedoch nicht weiter diskutiert werden, da es bei der praktischen Anwendung von Membranstofftrennprozessen von geringerer Bedeutung ist.

6. Diffusion in Polymeren

Die unterschiedlichen Diffusionsgeschwindigkeiten verschiedener chemischer Komponenten in der Polymermatrix sind ein wesentliches Kriterium für die Trennfähigkeit einer Membran. Die Diffusion ist ein Vorgang, bei dem Moleküle durch eine ungerichtete, statistische Bewegung über eine gewisse Distanz transportiert werden. Erst wenn eine treibende Kraft, z. B. ein Konzentrationsgradient, vorhanden ist, kommt es zu einem makroskopischen, gerichteten Materiestrom. Die Größe eines solchen Stromes hängt bei vorgegebener treibender Kraft vom Diffusionskoeffizienten ab. Der Diffusionskoeffizient, wie er im *Fick*'schen Gesetz benutzt wird, ist eine experimentelle Größe. Seine kinetische Deutung erfolgte erst viel später[41].

Die Größenordnung des Diffusionskoeffizienten wird im wesentlichen durch zwei Parameter bestimmt: Durch die Größe des diffundierenden Teilchens und durch die Konsistenz des Mediums, in dem sich das Teilchen bewegt. So sind die Diffusionskoeffizienten von Gasen in gasförmigen Medien um 3 bis 8 Zehnerpotenzen größer als die Diffusionskoeffizienten von Molekülen in Flüssigkeiten, und diese wiederum sind 10 bis 20 Zehnerpotenzen größer als die Diffusionskoeffizienten in Festkörpern, wie die in der folgenden Tabelle zusammengestellten Diffusionskoeffizienten zeigen.

Tab. (II-1): Diffusionskoeffizienten bei 25 °C und Normaldruck

Diffundierende Teilchen	Diffusionsmedium	Diffusionskoeffizient cm^2/sec	Ref.
N_2	N_2	$1,74 \times 10^{-1}$	42)
H_2O	H_2O	$2,13 \times 10^{-5}$	42)
O_2	Siliconkautschuk	$1,7 \times 10^{-5}$	44)
O_2	Polystyrol	$1,1 \times 10^{-7}$	44)
H_2O	Celluloseacetat	$2,10 \times 10^{-7}$	33)
Na^+	NaCl	1×10^{-20}	43)
Ag	Cu	1×10^{-23}	43)

Diffusionsvorgänge in Gasen, Flüssigkeiten und Kristallen oder Metallen sind in der entsprechenden Literatur[43,44] ausführlich diskutiert. Die erheblichen Unterschiede der Diffusionskoeffizienten für eine Diffusion in einer Gasphase, einer Flüssigkeit oder einer festen Phase kommen dadurch zustande, daß bei einer Flüssigkeit bzw. in einem Festkörper im Gegensatz zu einem Gas die Diffusion eines Teilchens auch mit einem

Platzwechsel der Matrixmoleküle verbunden ist. Ein Molekül kann in einer Flüssigkeit nur einen Platzwechsel vornehmen, wenn dieser Platz zuvor von einem anderen Molekül im Zuge seiner eigenen molekularen Bewegung geräumt worden ist. Dies beschränkt die Bewegungsmöglichkeit des diffundierenden Teilchens erheblich. Bei der Diffusion durch eine feste Metall- oder Kristallmatrix sind Platzwechselvorgänge in Folge einer thermischen Molekularbewegung noch viel seltener, und die Diffusion erfolgt praktisch ausschließlich über Fehlstellen in der Matrix. Im Zusammenhang mit dem Stofftransport durch Membranen sind hauptsächlich Diffusionsvorgänge in Flüssigkeiten und amorphen Polymeren interessant.

6.1. Kinetische Deutung des Diffusionskoeffizienten

Die Diffusion in Flüssigkeiten läßt sich nach *Einstein*[41] durch eine einfache Beziehung beschreiben, die auf der Annahme beruht, daß einfache makroskopische Gesetze auch im molekularen Bereich Gültigkeit besitzen. Unter der Annahme, daß sich ein kugelförmiges Teilchen in einem kontinuierlichen, flüssigen Medium bewegt, läßt sich sein Diffusionskoeffizient in erster Näherung durch die folgende Beziehung beschreiben:

$$D_0 = \frac{kT}{6\pi\eta a}. \qquad\qquad \text{[II-144]}$$

Hier ist k die *Boltzmann*konstante, T die absolute Temperatur, η die Viskosität und a der Radius des diffundierenden Teilchens; π hat den Wert 3,14.

Diese als die *Stokes-Einstein*-Gleichung bekannte Beziehung gilt mit guter Näherung nur für relativ große diffundierende Teilchen mit einem Durchmesser von 0.5 bis 1 nm. Eine bedeutende Erkenntnis, die aus der *Stokes-Einstein*'schen Gleichung gewonnen werden kann, ist die Tatsache, daß der Diffusionskoeffizient in einer Flüssigkeit sich nur relativ geringfügig mit dem Molekulargewicht des diffundierenden Teilchens ändert, denn er ist wegen der $1/a$-Abhängigkeit der dritten Wurzel aus dem Molekulargewicht proportional:

$$D_0 \sim \frac{1}{\sqrt[3]{MW}}. \qquad\qquad \text{[II-145]}$$

Abgesehen davon, daß Gleichung [II-144] in guter Näherung nur für relativ große diffundierende Teilchen gilt, wird weiterhin vorausgesetzt, daß die diffundierenden Teilchen kugelförmige Gestalt besitzen. Das ist aber im allgemeinen nicht der Fall. Daher wird in verschiedenen Arbeiten in der Literatur eine Korrektur der *Stokes-Einstein*'schen Gleichung vorgeschlagen, die die Asymmetrie der diffundierenden Teilchen berücksichtigt[45, 46]. Bei allen diesen Beziehungen geht auch die Viskosität als wesentlicher Faktor ein.

Aber gerade bei der Definition der Viskosität des Kontinuums, in dem sich ein Teilchen bewegt, ergeben sich erhebliche Schwierigkeiten. Mit diesem Problem haben sich besonders *Frenkel*[47] und *Eyring*[48] auseinandergesetzt. Beide gehen davon aus, daß auch Flüssigkeiten in gewisser Weise strukturiert sind und die Diffusion ähnlich wie bei Festkörpern über „Löcher" erfolgt.

Ganz sicher kann vor allem bei hochviskosen Lösungen die makroskopisch meßbare Viskosität nicht ohne weiteres zur Berechnung des Diffusionskoeffizienten in Gleichung [II-144] eingesetzt werden. So ändert sich der Diffusionskoeffizient von Rohrzucker in einer wässrigen Lösung nur um den Faktor 4, wenn durch Hinzufügen von Polyvinylpyrrolidon die Viskosität der Lösung um mehrere Zehnerpotenzen erhöht wird[49]. Zu ähnlichen Ergebnissen kommt auch *Tanner*[50], der die Diffusionskoeffizienten von Stoffen verschiedenen Molekulargewichtes in einer Reihe von Silikonölen mit zunehmender Viskosität experimentell ermittelt hat. Dabei zeigt sich, daß von einer bestimmten Viskosität an der Diffusionskoeffizient unabhängig von der Viskosität wird. Dabei wird diese Unabhängigkeit bei kleinen diffundierenden Teilchen eher erreicht als bei größeren.

Diese Versuche lassen darauf schließen, daß man zwischen einer „mikroskopischen" und einer „makroskopischen" Viskosität unterscheiden kann. Während bei einer üblichen Messung nur die makroskopische Viskosität bestimmt wird, ist für die Diffusion die mikroskopische Viskosität von Bedeutung. Die makroskopische Viskosität wird z. B. bei Polymerlösungen durch die Beweglichkeit der gesamten Polymerkette bestimmt. Für die mikroskopische Viskosität ist jedoch die Beweglichkeit bestimmter Segmente der Polymerkette oder der Flüssigkeit zwischen den Polymerketten ausschlaggebend. Bei einem festen Polymer ist die makroskopische Viskosität extrem hoch, während die mikroskopische Viskosität oft in der Größenordnung von Flüssigkeiten liegt. Für ein kleines, diffundierendes Teilchen braucht sich die Polymerkette unter Umständen überhaupt nicht zu bewegen. Bei größeren Molekülen müssen sich Segmente der Kette bewegen, und nur bei Makromolekülen muß für einen Platzwechselvorgang unter Umständen die ganze Kette ihre Lage verändern.

Die hier skizzierte Vorstellung einer mikroskopischen Viskosität ist bei Transportvorgängen in Polymermembranen von Bedeutung. In einem festen Polymer ist die makroskopische Viskosität extrem hoch, und nach der *Stokes-Einstein*'schen Beziehung müßte die Diffusion extrem langsam verlaufen. Das ist aber häufig nicht der Fall. Allerdings ist in einem Polymer die Abhängigkeit des Diffusionskoeffizienten vom Molekulargewicht des diffundierenden Teilchens viel stärker ausgeprägt als in einer Flüssigkeit.

In der Abb. II-5 sind die Diffusionskoeffizienten von Stoffen mit unterschiedlichem Molekulargewicht in Wasser, in Kautschuk und in Polystyrol dargestellt[43, 44, 51, 53], wobei der Kautschuk ein sehr weiches, amorphes und das Polystyrol ein relativ hartes, teilkristallines Polymer ist. Aus dieser Darstellung geht hervor, daß für kleine Moleküle die Diffusionskoeffizienten im Wasser und in beiden Polymeren etwa von vergleichbarer Größenordnung sind. Während dann in der wässrigen Lösung der Diffusionskoeffizient mit dem Molekulargewicht der diffundierenden Teilchen, wie man es nach der *Stokes-Einstein*'schen Beziehung erwarten würde, nur sehr geringfügig abnimmt, nimmt der Diffusionskoeffizient in den beiden Polymeren mit dem Molekulargewicht der diffundierenden Teilchen sehr stark ab, wobei dieser Effekt in dem relativ steifen Polystyrol noch ausgeprägter ist als im Kautschuk.

Dieser Effekt läßt sich leicht deuten, denn bei einer Diffusion sehr kleiner Moleküle, wie z. B. von Helium oder Wasserstoff, müssen sich nur sehr kleine Volumenelemente bewegen und es steht ihnen in wäßriger Lösung und im Polymer eine annähernd gleich große Zahl freier Volumenelemente zur Verfügung. Bei größeren diffundierenden Teilchen ändern sich diese Verhältnisse jedoch dahingehend, daß bei der Diffusion in einem Polymer nicht nur Kettensegmente, sondern auch Polymerketten bewegt werden müssen. Dies ist für die Trennung von Stoffen unterschiedlichen Molekulargewichtes bei der Vewendung von homogenen Polymermembranen von Bedeutung.

Die mikroskopische Viskosität und auch die Beweglichkeit der Polymersegmente sind sehr häufig vom Quellungsgrad eines Polymers abhängig. In stark gequollenen Polymeren ist der Diffusionskoeffizient auch größerer Moleküle meist wesentlich höher als in

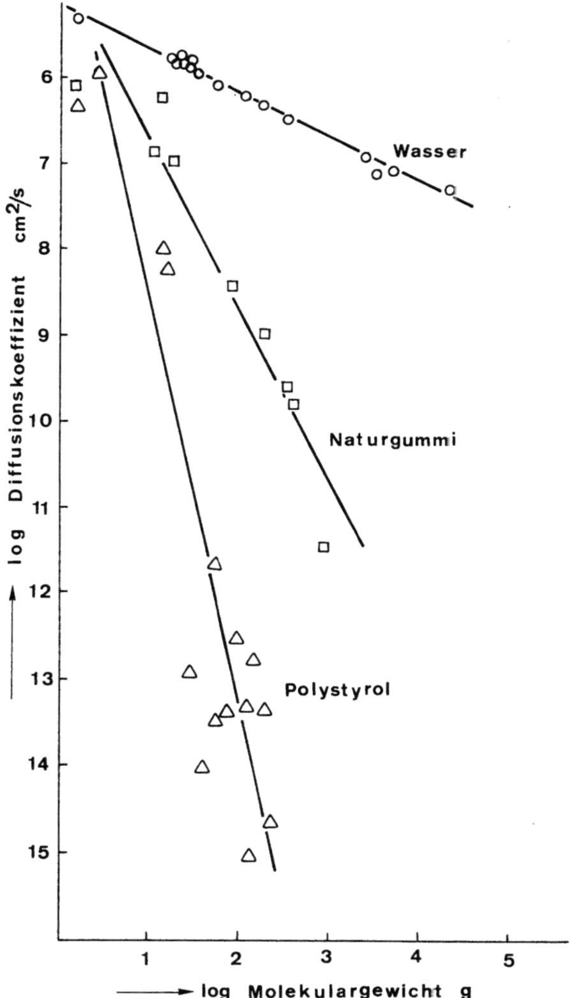

Abb. II-5: Diffusionskoeffizienten verschiedener Komponenten in einer Flüssigkeit, einem amorphen und einem teilkristallinen Polymer, dargestellt als Funktion des Molekulargewichtes der diffundierenden Teilchen

nicht gequollenen Polymeren. Der Diffusionskoeffizient in Abhängigkeit vom Quellungszustand ist an verschiedenen Polymeren untersucht worden[54, 55]. Auch der Vernetzungsgrad und die Kristallinität eines Polymers haben vor allem bei großen Molekülen einen erheblichen Einfluß auf den Diffusionskoeffizienten. Mit zunehmender Vernetzung oder zunehmender Kristallinität nimmt der Diffusionskoeffizient bzw. die Permeabilität eines Polymers stark ab[56 - 58]. Generell kann man sagen, daß alles, was die Beweglichkeit der

Polymerketten beeinträchtigt, auch den Diffusionskoeffizienten verringert, und zwar bei größeren Molekülen stärker als bei kleineren.

Für eine quantitative Beschreibung der Diffusionsvorgänge in Polymeren werden in der Literatur verschiedene Gleichungen angegeben[59-61], denen ganz bestimmte Modellvorstellungen zugrunde liegen. Eine eingehendere Diskussion der einzelnen Diffusionsmodelle würde über den Rahmen dieser Arbeit jedoch weit hinausgehen, und als Entscheidungshilfe für die Auswahl von Polymeren zur Herstellung von Membranen reicht die qualitative Beschreibung der Diffusion völlig aus.

6.2. Thermodynamische Beschreibung des Diffusionskoeffizienten

Bei der bisherigen Diskussion wurde der Diffusionskoeffizient für eine bestimmte Komponente in einem vorgegebenen Kontinuum unter isothermen Versuchsbedingungen als konstant angesehen. Das ist in der Praxis jedoch nicht der Fall, sondern der Diffusionskoeffizient ist eine Funktion der Konzentration oder, exakter formuliert, eine Funktion der Aktivität des diffundierenden Teilchens.

Für den Transport einer Komponente unter isothermen und isobaren Bedingungen in einer homogenen Phase, die ebenfalls aus nur einer Komponente besteht, gilt die folgende thermodynamische Beziehung[12]:

$$J_i = L_i \, \Delta\mu_i,$$
$$(i = 1, 2).$$

[II-145]

Hier ist J_i die Stromdichte der Komponente i, L_i ist ein phänomenologischer Koeffizient und $\Delta\mu_i$ ist der als treibende Kraft wirkende Gradient im chemischen Potential der Komponente i.

Der gleiche Vorgang läßt sich jedoch auch durch das *Fick*'sche Gesetz beschreiben:

$$J_i = - D_i \frac{\Delta C_i}{\Delta x}.$$

[II-146]

Hier ist D_i der Diffusionskoeffizient und ΔC_i der Konzentrationsgradient über eine bestimmte Wegstrecke Δx der Komponente i.

Setzt man für den Gradienten im chemischen Potential die Beziehung [II-13] ein, so ergibt sich

$$J_i = L_i \left(\frac{\delta\mu}{\delta n_i}\right)_{P,T} dn_i = L_i \, RT \, d\ln a_i.$$

[II-147]

Ersetzt man den Aktivitätskoeffizienten a_i durch das Produkt $C_i f_i$, wobei C_i die Konzentration und f_i der Aktivitätskoeffizient der Komponente i ist, so ergibt sich

$$J_i = L_i \frac{RT}{C_i} \left(1 + \frac{d\ln f_i}{d\ln C_i}\right) dC_i.$$

[II-148]

Hier ist der Konzentrationsgradient dC_i identisch mit $\dfrac{\Delta C_i}{\Delta x}$ aus Gleichung [II-146]. Somit ergibt sich durch Kombination der Gleichungen [II-146] und [II-148] die folgende Beziehung für den Diffusionskoeffizienten:

50

$$D_i = L_i \frac{RT}{C_i}\left(1 + \frac{d\ln f_i}{d\ln C_i}\right), \qquad\qquad\qquad \text{[II-149]}$$
$$(i = 1, 2).$$

Gleichung [II-149] besagt, daß der Diffusionskoeffizient von der Änderung des Aktivitätskoeffizienten mit der Konzentration abhängt. Für eine ideale Lösung ist $f_i = 1$ und $\ln f_i = 0$, d. h. der zweite Term in Gleichung [II-149] verschwindet. Bei realen Lösungen und besonders in Polymeren ist der Aktivitätskoeffizient oft von 1 sehr verschieden und der Diffusionskoeffizient stark konzentrationsabhängig.

6.3. Die Temperaturabhängigkeit des Diffusionskoeffizienten

Die Temperaturabhängigkeit des Diffusionskoeffizienten in einer Flüssigkeit ist in der Literatur eingehend diskutiert[43]. Sie wird im allgemeinen durch die folgende einfache Beziehung beschrieben:

$$D = A \cdot e^{-\frac{Q}{RT}}. \qquad\qquad\qquad \text{[II-150]}$$

Hier ist D der Diffusionskoeffizient, A ist eine Konstante, die im wesentlichen kinetische Parameter enthält, und Q ist eine Aktivierungsenergie, die notwendig ist, um die für einen Platzwechselvorgang des diffundierenden Teilchens erforderlichen freien Plätze im Kontinuum zu schaffen, R ist die Gaskonstante, T die absolute Temperatur. Experimentell läßt sich die Aktivierungsenergie durch Bestimmung des Diffusionskoeffizienten bei verschiedenen Temperaturen ermitteln. Bei Polymeren kann die Aktivierungsenergie relativ hoch und damit die Temperaturabhängigkeit des Diffusionskoeffizienten groß sein.

7. Löslichkeit von Stoffen in Polymeren

Neben dem Diffusionskoeffizienten ist vor allem, wie aus den Gleichungen [II-142] bis [II-149] hervorgeht, die unterschiedliche Konzentration der verschiedenen Stoffe in der Polymermatrix für die Filtrationsstromdichte und für das Trennvermögen einer Membran von ausschlaggebender Bedeutung. Je größer die Konzentration des Lösungsmittels in der Polymermatrix ist, d. h. je größer der Verteilungskoeffizient des Lösungsmittels zwischen Polymermatrix und Außenphase ist, desto größer ist die Filtrationsstromdichte, und je größer die Differenz im Verteilungskoeffizienten zweier Komponenten in der Membranmatrix ist, umso besser ist die Trenneigenschaft einer Membran für diese Komponenten. Im Gegensatz zum Diffusionskoeffizienten ist der Verteilungskoeffizient eine Gleichgewichtsgröße. Er wird im wesentlichen durch den chemischen Charakter des Polymers bestimmt. Um eine Voraussage über die Löslichkeit vieler Stoffe ineinander machen zu können, kann man das von *Hildebrand*[62] entwickelte Konzept der Löslichkeitsparameter benutzen, das sich in vielen Bereichen der Polymer- und Lackchemie, aber auch bei der Membranherstellung, als sehr nützlich erwiesen hat.

Grundlage dieses Konzepts ist die Erkenntnis, daß sich Stoffe umso besser ineinander lösen, je ähnlicher sie sich in ihrem chemischen Charakter sind.

7.1. Das Konzept der Löslichkeitsparameter

Gegenseitige molekulare Wechselwirkungen von Stoffen lassen sich durch den Löslichkeitsparameter ausdrücken, dessen quantitative Formulierung in der folgenden Gleichung gegeben ist[62]:

$$\delta_i = \left(\frac{E_v}{V_i}\right)^{1/2}. \qquad\qquad [\text{II-151}]$$

Hier ist δ_i der Löslichkeitsparameter eines Stoffes, E_v seine Verdampfungswärme und V_i sein partielles molares Volumen.

Für viele nichtpolare Lösungsmittel bzw. Polymere ist der Löslichkeitsparameter ein geeignetes Kriterium für die Beschreibung der Löslichkeit. Je geringer die Disparität im Löslichkeitsparameter zweier Stoffe ist, um so besser ist ihre Löslichkeit. Löslichkeitsparameter für die meisten organischen Lösungsmittel und auch für viele Polymere sind in der Literatur tabelliert[63].

Bei vielen polaren Lösungsmitteln oder bei Feststoffen versagt das einfache Konzept des Löslichkeitsparameters. So haben z. B. Benzol ($\delta = 9,2$), Tetrahydrofuran ($\delta = 9,1$), Methylenchlorid ($\delta = 9,7$) und Aceton ($\delta = 9,9$) fast gleiche Löslichkeitsparameter, obgleich ihre Lösungseigenschaften sehr stark differieren. Dies ist im wesentlichen auf ihre unterschiedliche Polarität zurückzuführen. Eine Modifikation des einfachen Konzepts des Löslichkeitsparameters durch *Hansen* et al[64, 65] hat zu einer wesentlich exakteren Beschreibung der Lösungseigenschaften verschiedener Stoffe geführt. Hierbei wird der Löslichkeitsparameter nach der folgenden Beziehung in drei Terme aufgespalten:

$$\delta^2 = \delta_d{}^2 + \delta_p{}^2 + \delta_n{}^2. \qquad\qquad [\text{II-152}]$$

In dieser Gleichung ist der Löslichkeitsparameter durch die Summe dreier Terme dargestellt, und zwar durch den Dispersionsterm δ_d, den Dipolterm δ_p und den Wasserstoffbrückenbindungsterm δ_n.

Eine Darstellung der verschiedenen Stoffe in einem dreidimensionalen Diagramm, wie es von *Teas*[66] vorgeschlagen wurde, erlaubt eine recht gute Voraussage über die Lösungseigenschaften verschiedener Stoffe und kann als Grundlage für die Auswahl von Polymeren zur Membranherstellung dienen.

7.2. Die Verteilung von absorbierten Stoffen im Polymer und die Clusterfunktion

Das Konzept der Löslichkeitsparameter gibt bei den meisten Flüssigkeiten eine vernünftige Beschreibung ihres chemischen Verhaltens. Bei Polymeren hat es jedoch den schwerwiegenden Nachteil, daß es nicht auf die Morphologie des Polymers eingeht. Viele Polymere sind teilkristallin und eine Absorption erfolgt meist nur in den amorphen Bereichen der Polymerstruktur. Häufig ist der Grad der Kristallinität eines Polymers noch sehr stark von der Vorbehandlung, z. B. einer Temperung, abhängig. Teilkristalline Bereiche oder auch nur teilstrukturierte Bereiche in einer Polymermatrix beeinflussen nicht nur die Löslichkeit eines Polymers erheblich, sie haben auch großen Einfluß auf die Verteilung der absorbierten Stoffe in der Polymermatrix, die wiederum die Transporteigenschaften der Membran mitbestimmt.

Die Verteilung der absorbierten Stoffe in der Membranmatrix kann nach einer von *Zimm*[67] und *Lundberg*[68] aus der statistischen Mechanik entwickelten Funktion ermittelt werden. Diese Funktion hat die folgende Form:

52

$$G_{11}/V_1 = -\phi_2 \left[\delta(a_1/\phi_1)/\delta a_1\right]_{P,T} - 1.$$
[II-153]

In dieser Gleichung ist G_{11} das sogenannte Clusterintegral, V_1 ist das partielle molare Volumen des Lösungsmittels, ϕ_1 und ϕ_2 sind die Volumenbrüche von Lösungsmittel bzw. Polymer und a_1 ist die Aktivität des Lösungsmittels. Die sogenannte Clusterfunktion $\phi_1 G_{11}/V_1$ beschreibt die Zahl von Lösungsmittelmolekülen, die sich in unmittelbarer Nachbarschaft eines anderen Lösungsmoleküls befinden.

Der Ausdruck $(1 + \phi_1 G_{11}/V_1)$ ist die mittlere Zahl von Molekülen in einem Cluster. Der partielle Differentialquotient $\delta(a_1/\phi_1)/\delta a_1$ kann graphisch aus der Absorptionsisotherme bestimmt werden, wenn man a_1/ϕ_1 gegen a_1 aufträgt[69, 70]. Für eine ideale Lösung, d. h. eine Lösung, die das *Henry*'sche Gesetz befolgt, ist $\delta(c_1/\phi_1)/\delta a_1$ gleich Null und G_{11}/V_1 ist gleich -1.

Obgleich die Clusterfunktion zunächst für Lösungen in Flüssigkeiten entwickelt wurde, kann sie, wie *Yasuda* und *Stannett*[69] gezeigt haben, auch auf Polymere angewandt werden.

Von besonderer Bedeutung ist die Verteilung der absorbierten Stoffe in der Membranmatrix bei der Auswahl von Polymeren zur Herstellung von Membranen zur Wasserentsalzung, da sie wesentlichen Einfluß sowohl auf die Wasserpermeabilität als auch auf die Salzaufnahme einer Membran besitzt. Der Zusammenhang zwischen Clusterbildung, der Salz- und Wasserabsorption eines Polymers und dem Salzrückhaltevermögen ist experimentell untersucht und in der Literatur beschrieben worden[70].

Benützte Symbole

A	Konstanter Faktor		f	mechanischer Reibungskoeffizient
C	Konzentration		g	osmotischer Koeffizient
D	Diffusionskoeffizient		k	Bolzmannkonstante
E_{Don}	Donnanpotential		k	Verteilungskoeffizient
E_V	Verdampfungswärme		m	Beweglichkeit
F	Faradaykonstante		n	Molzahl
F	Mechanische Reibungskraft		r	Porenradius
G	Clusterfunktion		v	lineare Geschwindigkeit
G	freie Enthalpie		x	Richtungskoordinate
I	elektrischer Strom		z	elektrochemische Wertigkeit
J	Stromdichte		γ	Aktivitätskoeffizient
L	Permeabilitätskoeffizient		Δ	Gradient oder Differenz
L	Phänomenologischer Koeffizient		δ	Löslichkeitsparameter
P	hydrostatischer Druck		η	elektrochemisches Potential
Q	Aktivierungsenergie		η	Viskosität
Q	Wärmemenge		ε	Membranporosität
R	Gaskonstante		μ	chemisches Potential
R	Rückhaltevermögen einer Membran		π	osmotischer Druck
R	Phänomenologischer Koeffizient		φ	elektrisches Potential
S	Entropie		σ	Entropieproduktion
T	Temperatur		σ	Reflexionskoeffizient
U	innere Energie		τ	Umwegfaktor
V	Volumen		ϕ	Volumenbruch
X	Molenbruch		ζ	Dissipationsfunktion
a	Aktivität		ω	Permeabilität bei verschwindendem
a	Partikelradius			Volumenstrom
f	Aktivitätskoeffizient			

Indizes

D	Bezug auf Diffusionsvorgang	j	Bezug auf Komponente j
M	Bezug auf Membranphase	k	Bezug auf Komponente k
P	Bezug auf hydrostatischen Druck	l	Bezug auf Lösungsmittel
Q	Bezug auf Wärmemenge	n	Bezug auf Komponente n
V	Bezug auf Volumen	n	Wasserstoffbrückenbindungsterm des
d	Dispersionsterm des Löslichkeitspa-		Löslichkeitsparameters
	rameters	o	Bezug auf Ausgangszustand
f	Bezug auf Filtrat	p	Dipolterm des Löslichkeitsparameters
g	Bezug auf gelöste Komponente	co	Bezug auf Coionen in einem Ionenaus-
i	Bezug auf Komponente i		tauscher

Literatur

1. *Haase, R.*, „Thermodynamik der Mischphasen", Springer Verlag (Berlin 1956).
2. *Kortüm, G.*, „Einführung in die chemische Thermodynamik", Verlag Chemie (Weinheim 1966).
3. *Guggenheim, E. A.*, „Thermodynamics", North Holland Publishing Co. (Amsterdam 1950).
4. *Robinson, R. A., Stokes, R. H.*, „Electrolyte Solutions", Butterworths (London 1970).
5. *Bartell, F. E.*, J. Amer. Chem. Soc. **36**, 646 (1914) Colloid. Symp. Monogr. **1**, 120 (1923).
6. *Schlögl, R.*, „Stofftransport durch Membranen", Steinkopff Verlag (Darmstadt 1964).
7. *Donnan, F. G.*, Z. Elektrochem. **17**, 572 (1911).
8. *Kortüm, G.*, „Lehrbuch der Elektrochemie", Verlag Chemie (Weinheim 1957).
9. *Helfferich, F.*, „Ionenaustauscher", Verlag Chemie (Weinheim 1959).
10. *De Groot, S. R.*, „Thermodynamics of Irreversible Processes", North Holland Publishing Co. (Amsterdam 1959).
11. *Prigogine, I.*, „Introduction to the Thermodynamics of Irreversible Processes", Thomas (Springfield, Ill. 1955).
12. *Haase, R.*, „Thermodynamik der irreversiblen Prozesse", Steinkopff Verlag (Darmstadt 1963).
13. *Fitts, D. D.*, „Nonequilibrium Thermodynamics", McCraw-Hill (New York 1962).
14. *Onsager, L.*, Phys. Rev. **37**, 405 (1931). **38**, 2265 (1931).
15. *Spiegler, K. S.*, Trans. Faraday Soc. **54**, 1409 (1958).
16. *Meares, P.*, J. Amer. Chem. Soc. **76**, 3415 (1954).
17. *Kedem, O., Katchalsky, A.*, J. Gen. Physiol. **45**, 143 (1961).
18. *Katchalsky, A., Kedem, O.*, Biophys. J. **2**, 53 (1962).
19. *Nernst, W.*, Z. Phys. Chem. **2**, 613 (1888).
20. *Einstein, A.*, Ann. Phys. **19**, 289 (1906).
21. *Kedem, O., Katchalsky, A.*, Trans. Faraday Soc. **59**, 1918 (1963).
22. *Staverman, A. J.*, Trans. Faraday Soc. **48**, 176 (1952).
23. *Pusch, W.*, Chem. Ing. Techn. **45**, 1216, (1973).
24. *Katchalsky, A., Curran, P. T.*, „Nonequilibrium Thermodynamics in Biophysics", Harvard University Press (Cambridge, Mass. 1967).
25. *Staverman, A. J., Kruisink, Ch. A., Pals, D. T. F.*, Trans. Faraday Soc. **61**, 2805, (1965).
26. *Talen, J. L., Staverman, A. J.*, Trans. Faraday Soc. **61**, 2800 (1965).
27. *Ferry, J. D.*, Chem. Rev. **18**, 373 (1936).
28. *Renkin, G. M.*, J. Gen. Physiol. **38**, 225 (1954).
29. *Spiegler, K. S., Kedem, O.*, Desalination **1**, 311 (1966).
30. *Baker, R. W., Eirich, F. R., Strathmann, H.*, J. Phys. Chem. **76**, 238, (1972).
31. *Michaels, A. S.*, in „Advances in Separation and Purification" Ed. *Perry, E. S.;* John Wiley & Sons (New York 1968).
32. *L'Hermite*, Ann. chim. phys. **43**, 420, (1855).
33. *Lonsdale, H. K., Merten, U., Riley, R.*, J. Appl. Polym. Sci. **9**, 1341, (1965).
34. *Clark, W. E.*, Science **138**, 148 (1963).

54

35. *Lonsdale, H. K.*, in „Desalination by Reverse Osmosis" Ed. *Merten, U.*, The M.I.T. Press (Cambridge, Mass. 1966).
36. *Strathmann, H.*, Chem. Ing. Techn. **42**, 1095, (1970).
37. *Henderson, W. E., Sliepcevich, C. M.*, Chem. Eng. Prog. Symposium Series A. J. Ch. E. **55**, 145 (1959).
38. *Michaels, A. S., Bixler, H. J., Hodges, R. M.*, J. Colloid. Interfac. Sci. **20**, 1034 (1965).
39. *Teorell, T.*, Trans. Faraday Soc. **33**, 1053 (1937).
40. *Meyer, K. H., Sievers, J. F.*, Helv. Chim. Acta **19**, 649 (1936).
41. *Einstein, A.*, Ann. Phys. **17**, 549 (1905).
42. *Landolt-Börnstein*, „Zahlenwerke und Funktionen", 5. Teil Springer Verlag (Berlin 1969).
43. *Jost, W.*, „Diffusion in Solids, Liquids, Gases", Academic Press (New York 1970).
44. *Crank, J., Park, G. S.*, „Diffusion in Polymers" Academic Press (New York 1968).
45. *Perrin, F.*, J. Phys. Radium **7**, 1 (1936).
46. *Wilke, C. R.*, Chem. Eng. Progress **45**, 218 (1949).
47. *Frenkel, I.*, „Kinetic Theory of Liquids" (Oxford 1946).
48. *Eyring, H.*, J. Chem. Phys. **4**, 283 (1936).
49. *Nishijima, Y.*, Oster, G., J. Chem. Phys. **27**, 269 (1957).
50. *Tanner, F.*, Macromolecules, **4**, 748 (1971).
51. *Grün, F., Experientia*, **3**, 490 (1947).
52. *Park, G. S.*, Trans. Faraday Soc. **46**, 684 (1950).
53. *Park, G. S.*, Trans. Faraday Soc. **47**, 1007 (1951).
54. *Rehage, G.*, Kunststoffe **53**, 605 (1963).
55. *Black, R., Vieth, W. R.*, J. Appl. Polym. Sci. **13**, 193 (1969).
56. *Barrer, R. M., Skirrow, G.*, J. Polym. Sci. B **3**, 549 (1948).
57. *Michaels, A. S., Bixler, H. J.*, J. Polym. Sci. **41**, 53 (1959).
58. *Strathmann, H., Scheible, P.*, Kolloid-Z. u. Z. Polymere **246**, 669 (1971).
59. *Kumins, C. A., Kwei, T. E.*, in „Diffusion in Polymers" Eds. *Crank, J., Park, G. S.;* Academic Press (London 1968).
60. *Barrer, R. M.*, Trans. Faraday Soc. **39**, 237 (1943).
61. *Frisch, H. L.*, J. Polym. Sci. **3**, 13 (1965).
62. *Hildebrand, J., Scott, R.*, „The Solubility of Nonelectrolytes", Reinhold Publishing Corp. (New York 1949).
63. *Burrel, H., Immergut, B.*, in „Polymer Handbook", Eds. *Bandrup, J., Immergut, E. H.;* Interscience Publishers (New York 1966).
64. *Hansen, C. M.*, Ind. Eng. Chem. Prod. Res. Dev. **8**, 2 (1969). J. Paint Technol. **39**, 104 (1967).
65. *Crowley, J. D., Teague, G. S., Lowe, J. W.*, J. Paint Technol. **38**, 269 (1966).
66. *Teas, J. P.*, J. Paint Technol. **40**, 19 (1968).
67. *Zimm, B. H.*, J. Chem. Phys. **21**, 934 (1953).
68. *Zimm, B. H.*, Lundberg, J. L., J. Phys. Chem. **60**, 425 (1956).
69. *Yasuda, H.*, Stannett, V., J., Polym. Sci. **57**, 907 (1962).
70. *Strathmann, H., Michaels, A. S.*, Desalination **21**, 195 (1977).

III. Technisch und wirtschaftlich relevante Membranstofftrennprozesse

Für die Trennung von molekularen Gemischen können verschiedene Membranprozesse genutzt werden, die sich erheblich in ihrer Verfahrensweise, ihren Anwendungsmöglichkeiten und ihrer wirtschaftlichen Bedeutung unterscheiden. So wird z. B. bei der Hyper- und Ultrafiltration als treibende Kraft für den eigentlichen Stofftrennprozeß ein hydrostatischer Druck eingesetzt. Bei der Dialyse bewirkt eine Konzentrationsdifferenz und bei der Elektrodialyse eine elektrische Potentialdifferenz als treibende Kraft die Stofftrennung. In anderen Fällen ist der Stofftransport durch die Membran an spezielle

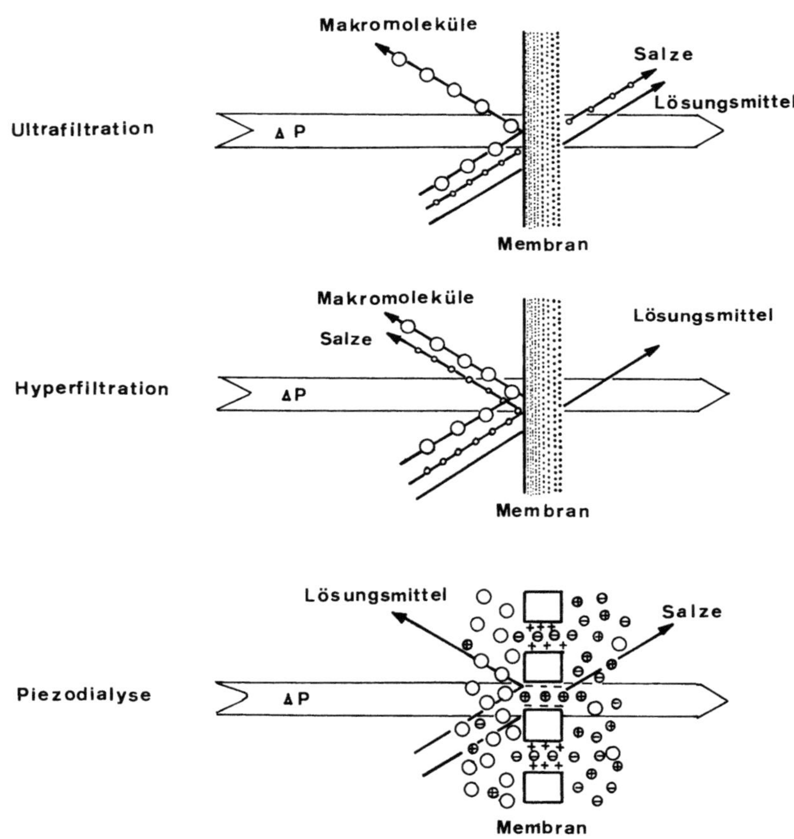

Abb. III-1: Schematische Darstellung von technisch relevanten Membranstofftrennprozessen, bei denen ein hydrostatischer Druck als treibende Kraft wirksam ist

Trägersubstanzen in der Membran gekoppelt. Während die Ultra- und Hyperfiltration, die Dialyse und die Elektrodialyse heute bereits eine erhebliche wirtschaftliche Bedeutung erlangt haben, sind andere Membranprozesse bisher nur von wissenschaftlichem Interesse.

Im folgenden sind die technisch wichtigsten Membranstofftrennprozesse als verfahrenstechnische Grundoperation beschrieben.

1. Membranstofftrennprozesse mit einer Druckdifferenz als treibende Kraft

Die technisch wichtigsten Membranprozesse, bei denen der Stofftransport durch einen hydrostatischen Druck als treibende Kraft bewirkt wird, sind die Ultrafiltration, die Hyperfiltration und die Piezodialyse. Das Prinzip der drei Prozesse ist schematisch in der Abbildung III-1 dargestellt. Ebenso wie bei der konventionellen Filtration wird in allen drei Fällen ein Gemisch aus mehreren Komponenten an die Oberfläche der Membran gebracht. Unter der treibenden Kraft eines hydrostatischen Druckes permeieren im allgemeinen das Lösungsmittel und bestimmte Komponenten die Membran, während andere mehr oder weniger vollständig zurückgehalten werden. Bei der Ultrafiltration werden dabei die Stoffe wie bei einem konventionellen Faserfilter ausschließlich nach ihrer Teilchengröße sortiert.

Bei der Hyperfiltration können auch Stoffe gleichen oder fast gleichen Molekulargewichts getrennt werden. Der Trennmechanismus beruht auf den unterschiedlichen Löslichkeiten und Diffusionskoeffizienten der verschiedenen Stoffe in der Membranmatrix. Bei der Piezodialyse dagegen werden bevorzugt elektrisch geladene Stoffe durch die Membran transportiert. Dieser Transport von ionogenen Komponenten wird durch die bei dem Prozess eingesetzten Mosaikmembranen, die aus makroskopischen Bereichen von Anionen- und Kationenaustauscherharzen bestehen, bewirkt. Die Piezodialyse ist daher speziell auf Salzlösungen anwendbar, und im Gegensatz zu den beiden vorhergehenden Verfahren ist die Salzkonzentration im Filtrat höher als in der Ausgangslösung.

1.1. Die Ultrafiltration

Obgleich der Begriff Ultrafiltration bereits 1908 von *Bechhold* im Zusammenhang mit Membranen benutzt wurde[1], geht die Definition des Verfahrens im wesentlichen auf *Michaels*[2] zurück. Danach ergibt sich die Abgrenzung der Ultrafiltration zur Hyperfiltration auf der einen und zur konventionellen Faserfiltration auf der anderen Seite durch das Molekulargewicht der abzutrennenden Stoffe. Haben die gelösten Komponenten ein Molekulargewicht, das kleiner als ca. 2000 ist, so spricht man von Hyperfiltration. Bei gelösten Stoffen mit Molekulargewichten von ca. 2000 bis zu einigen Millionen wird der Trennvorgang als Ultrafiltration bezeichnet, und wenn der Teilchendurchmesser der abzutrennenden Komponenten ca. 0,5 µm, was in etwa der Wellenlänge des sichtbaren Lichtes entspricht, erreicht, beginnt die konventionelle Faserfiltration. Aber nicht nur hinsichtlich der Größenordnung der abzutrennenden Stoffe unterscheidet sich die Ultrafiltration wesentlich von der Hyperfiltration, sondern auch durch die verwendeten Membranen und die verfahrenstechnischen Parameter.

Bei der Ultrafiltration werden im allgemeinen Porenmembranen benutzt, die einen Porendurchmesser von ca. 1 bis 50 nm besitzen. Die zu behandelnden makromolekularen Lösungen besitzen keinen relevanten osmotischen Druck. Daher können bei der Ultrafiltration auch relativ niedrige hydrostatische Drücke als treibende Kraft verwandt werden. Diese Drücke liegen in der Größenordnung von etwa 1 bis 10 bar. Die Membranen, die bei der Ultrafiltration verwandt werden, sind meist asymmetrisch in ihrer Struktur, d. h. sie tragen eine relativ dünne Schicht an der Oberfläche, die die eigentliche Membran darstellt und von einer hochporösen Unterschicht unterstützt wird, die keinen wesentlichen Einfluß auf die Trenneigenschaften und auch auf die Filtrationsstromdichte der Membran besitzt. Die Entwicklung der asymmetrischen Membran war von entscheidender Bedeutung für die Ultrafiltration, da diese Membranen nicht nur hohe Filtrationsstromdichten, sondern vor allem auch lange Standzeiten garantieren. Beides trägt erheblich zur Wirtschaftlichkeit des Verfahrens bei. Die Struktur und die Herstellung einer asymmetrischen Membran werden im Kapitel IV-2.5. ausführlich beschrieben.

Es gibt heute eine Vielzahl von Ultrafiltrationsmembranen, die aus den unterschiedlichsten Polymeren hergestellt sind und die die unterschiedlichsten Trenneigenschaften besitzen, so daß für viele Stofftrennprobleme speziell angepaßte Membranen vorhanden sind oder aber ohne größeren Aufwand entwickelt werden können. Die Ultrafiltration kann eingesetzt werden, um makromolekulare Lösungen aufzukonzentrieren, sie von niedermolekularen Komponenten zu reinigen oder aber nach ihrem Molekulargewicht zu fraktionieren[3].

1.1.1. *Praktische Durchführung der Ultrafiltration*

Die praktische Durchführung eines Ultrafiltrationsversuches erfolgt im einfachsten Fall diskontinuierlich in einer gerührten Zelle, wie sie in der Abbildung III-2 dargestellt ist.

Hierbei wird eine Zelle, die am Boden mit einer Membran versehen ist, mit der zu filtrierenden, makromolekularen Lösung beschickt. Die Lösung in der Zelle wird mit

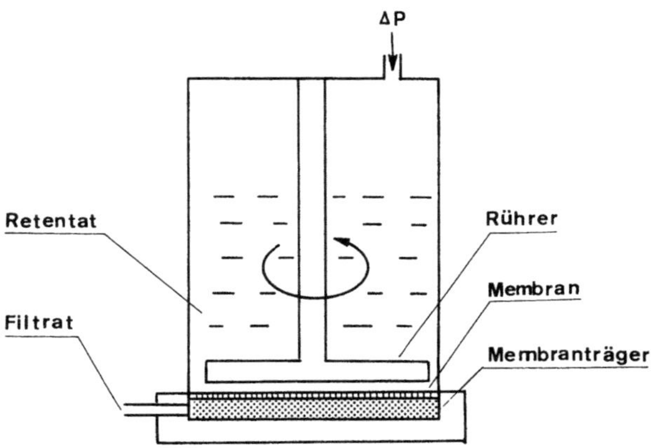

Abb. III-2: Diskontinuierliche Ultrafiltration in einer gerührten Zelle

einem bestimmten hydrostatischen Druck beaufschlagt, der z. B. von einer Druckgasfla-
sche über eine entsprechende Zuleitung in die Zelle eingeführt wird. Unter der treibenden
Kraft dieses hydrostatischen Druckes permeieren Lösungsmittel und niedermolekulare
Komponenten die Membran und werden über eine poröse Membranträgerplatte als
Filtrat abgeführt. Die makromolekularen Bestandteile werden an der Membranoberfläche zurückgehalten und reichern sich als Retentat in der Grenzfläche zwischen Membran
und Lösung an. Um ein Ausfallen dieser Stoffe und damit eine Deckschichtbildung auf der
Membran zu verhindern, müssen sie durch Konvektion entfernt werden. Dies geschieht
im diskontinuierlichen Versuch am einfachsten durch Rühren. Die Filtrationsstromdichte bei der Ultrafiltration ist dem angewandten hydrostatischen Druck direkt proportional
und kann durch die folgende einfache Beziehung beschrieben werden:

$$J_v = \frac{1}{R_P} \Delta P. \qquad\qquad\qquad \text{[III-1]}$$

Hier ist J_v die Filtrationsstromdichte, ΔP ist der hydrostatische Druck und R_P der
hydrodynamische Widerstand.

Wird während der Ultrafiltration eine Deckschichtbildung verhindert, so ist R_P der
hydrodynamische Widerstand der Membran. Kommt es jedoch zu einer Deckschichtbildung, so setzt sich R_P aus dem hydrodynamischen Widerstand der Membran und dem der
Deckschicht zusammen:

$$R_P = R_M + r_D \cdot Y_D. \qquad\qquad\qquad \text{[III-2]}$$

Hier ist R_M der hydrodynamische Widerstand der Membran, r_D der spezifische
hydrodynamische Widerstand der Deckschicht und Y_D die Dicke der Deckschicht.

Während der hydrodynamische Widerstand der Membran mehr oder weniger
unabhängig von der Zusammensetzung der Rohlösung und dem angewandten hydrostatischen Druck ist, wird der hydrodynamische Widerstand der Deckschicht wesentlich von
der Art und Konzentration der Inhaltsstoffe der Rohlösung, vom angewandten
hydrostatischen Druck und von den Strömungsverhältnissen in der Rohlösung an der
Membranoberfläche bestimmt. Der Zusammenhang zwischen der Deckschichtbildung,

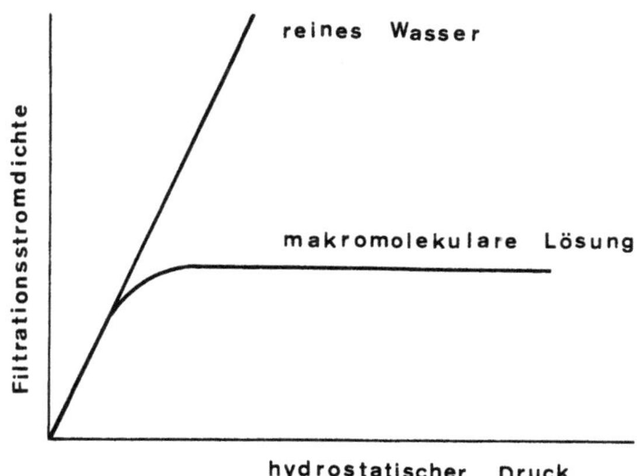

Abb. III-3: Schematische Darstellung der Filtrationsstromdichten bei der Ultrafiltration mit und
ohne Deckschichtbildung

der Filtrationsstromdichte und den Strömungsverhältnissen in der Rohlösung ist in zahlreichen Arbeiten untersucht worden[4,5,9]. Er wird an anderer Stelle noch ausführlich diskutiert.

In der Abbildung III-3 sind die Filtrationsstromdichten einer Ultrafiltrationsmembran für eine Lösung, deren Inhaltsstoffe keine Deckschicht bilden, und für eine makromolekulare Lösung, die eine Deckschicht bildet, als Funktion des hydrostatischen Druckes schematisch dargestellt.

Diese Abbildung zeigt, daß die Filtrationsstromdichte zunächst dem hydrostatischen Druck direkt proportional ist. Sobald es jedoch zu einer Deckschichtbildung kommt, bewirkt eine Erhöhung des hydrostatischen Druckes keine Erhöhung der Filtrationsstromdichte mehr. Es hat sich ein Gleichgewicht zwischen dem durch Konvektion an die Membranoberfläche gebrachten und durch Diffusion von der Membran in die Rohlösung zurücktransportierten Teilchen eingestellt, das nur durch Erhöhung des Diffusionskoeffizienten, z. B. durch Erhöhung der Temperatur und durch Verringerung der laminaren Grenzschicht an der Membran, z. B. durch intensives Rühren, beeinflußt werden kann.

1.1.2. *Fraktionierung von makromolekularen Stoffgemischen*

Sollen Stoffe unterschiedlichen Molekulargewichtes durch Ultrafiltration voneinander getrennt werden, so ist dies prinzipiell nur mit einer Membran möglich, deren Porengröße so gewählt ist, daß der Stoff mit dem höheren Molekulargewicht vollständig zurückgehalten wird, während die Komponente mit dem niedrigen Molekulargewicht die Membran passiert. Aber selbst wenn dies der Fall ist, kann eine Fraktionierung der einzelnen Komponenten durch eine Deckschichtbildung der von der Membran zurückgehaltenen Komponente stark beeinträchtigt werden, da diese Deckschichten oft selbst wie eine Membran wirken und die Komponente mit dem niedrigen Molekulargewicht dann ebenfalls mehr oder weniger stark zurückhalten. Filtriert man z. B. eine verdünnte Albuminlösung durch eine Membran mit einer molekularen Trenngrenze von 100 000, so wird praktisch kein Albumin, das ein Molekulargewicht von ca. 67 000 besitzt, von dieser Membran zurückgehalten. Versucht man jedoch ein Gemisch aus Albumin und γ-Globulin zu trennen, so wird nicht nur das γ-Globulin, seinem Molekulargewicht von ca. 160 000 entsprechend, von der Membran zurückgehalten, sondern auch das Albumin. Dieses Rückhaltevermögen für Albumin wird durch eine Deckschicht hervorgerufen, die von dem an der Membranoberfläche zurückgehaltenen γ-Globulin gebildet wird. Wenn eine wirkungsvolle Trennung von Albumin und γ-Globulin erreicht werden soll, muß daher eine Deckschichtbildung auf der Membranoberfläche vermieden werden. Wie dies im einzelnen zu bewerkstelligen ist, wird an anderer Stelle noch ausführlich diskutiert. Um eine Fraktionierung erfolgreich durchführen zu können, muß im allgemeinen mit möglichst verdünnten Lösungen gearbeitet werden und die Rohlösung an der Membranoberfläche intensiv durchmischt werden[3].

Aber selbst wenn eine Deckschichtbildung ausgeschlossen ist, sind einer Fraktionierung nach dem Molekulargewicht der gelösten Komponenten gewisse Grenzen gesetzt, die einmal durch die Porengrößenverteilung der Membran und zum anderen durch die im *Ferry-Renkin*-Modell beschriebene Änderung der wirksamen Porosität der Membran mit zunehmendem Durchmesser des permeierenden Teilchens gegeben sind. Die allgemeinen Grundlagen für das Trennvermögen einer Porenmembran wurden bereits in Kapitel II-5.1. diskutiert. Als Richtwert für eine praktische Anwendung kann angenommen werden, daß Stoffe, die sich im Molekulargewicht um mehr als das Doppelte unterscheiden, noch voneinander getrennt werden können, wenn die verfahrenstechnischen Voraussetzungen dazu eingehalten werden.

1.1.3. Filtratausbeute und Grenzkonzentrationen bei der Ultra- und Hyperfiltration

Bei der Stofftrennung durch Ultra- und Hyperfiltration ist entweder das Filtrat als gewünschtes Produkt von Interesse, wie z. B. bei der Trinkwassergewinnung und Abwasserreinigung, oder das Konzentrat, wie z. B. bei der Konzentrierung von Proteinen und Enzymen. In jedem Fall sind dem Trennprozeß jedoch Grenzen gesetzt, die bei der Ultrafiltration hauptsächlich durch die Viskosität der aufkonzentrierten Lösung bestimmt werden. Mit zunehmendem Feststoffanteil im Konzentrat nimmt die Viskosität der Lösung zu und erreicht schließlich einen Wert, der die Ultrafiltration unwirtschaftlich werden läßt. Wie weit eine Lösung aufkonzentriert werden kann, hängt in starkem Maße von ihren Inhaltsstoffen ab. In einigen Lösungen kann ein Feststoffanteil im Konzentrat von mehr als 50% erreicht werden. Bei anderen, leicht Gele bildenden Stoffen, führt ein Feststoffgehalt von nur wenigen Prozenten zu einem Versagen der Ultrafiltration.

Die Konzentration irgendeiner von der Membran zurückgehaltenen Komponente im Retentat läßt sich aus einer einfachen Massenbilanz errechnen. Denn zu irgendeinem Zeitpunkt der Filtration gilt

$$V_o C_o = V_r C_r + V_f \cdot \overline{C}_f. \qquad \text{[III-3]}$$

Hier sind V_o, V_r und V_f die Volumina und C_o, C_r und $\overline{C}_f$ die Konzentrationen der Ausgangslösung, des Retentats und des Filtrats, wobei $\overline{C}_f$ eine mittlere Konzentration, die auch als „mixing cup concentration" bezeichnet wird, darstellt. Führt man in Gleichung [III-3] das Rückhaltevermögen der Membran ein, das hier durch die Beziehung

$$R = 1 - \frac{C_f}{C_r} \qquad \text{[III-4]}$$

gegeben ist, und die sogenannte Filtratausbeute, die durch die Beziehung

$$\Delta = \frac{V_f}{V_o} \qquad \text{[III-5]}$$

gegeben ist, so erhält man aus der Massenbilanz durch Integration über die Versuchsdauer die folgende Beziehung für die Konzentration im Retentat:

$$C_r = C_o (1 - \Delta)^{-R}. \qquad \text{[III-6]}$$

Hier sind C_o und C_r die Konzentrationen in der Ausgangslösung und im Retentat, R ist das Rückhaltevermögen der Membran, und Δ ist die Filtratausbeute. In der Abbildung III-4 sind die nach Gleichung [III-6] berechneten Retentatkonzentrationen für verschiedene Rückhaltewerte einer Membran als Funktion der Filtratausbeute dargestellt.

Das Diagramm in der Abbildung III-4 zeigt, daß das Rückhaltevermögen einer Membran recht hoch sein muß, wenn eine hohe Retentatkonzentration gewünscht wird.

Bei der Ultrafiltration wird die maximal erreichbare Retentatkonzentration in der Praxis jedoch durch die Löslichkeit der Lösungsinhaltsstoffe bestimmt.

Ein schlechtes Membranrückhaltevermögen beeinträchtigt nicht nur die maximal erreichbare Retentatkonzentration, sondern bestimmt auch die Konzentration im Filtrat.

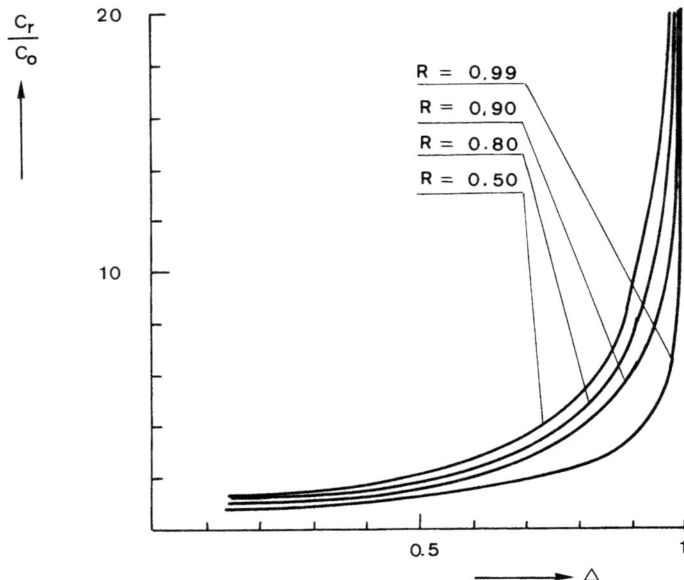

Abb. III-4: Nach Gleichung [III-6] für verschiedene Membranrückhaltevermögen berechnete Retentatkonzentrationen als Funktion der Filtratausbeute

Die Filtratkonzentration ergibt sich aus den Gleichungen [III-4] und [III-6] als Funktion des Rückhaltevermögens und der Filtratausbeute.

$$C_f = C_o(1 - R)(1 - \Delta)^{-R}. \tag{III-7}$$

Hier ist C_o die Ausgangskonzentration der Rohlösung, R ist das Rückhaltevermögen der Membran. Δ ist die Filtratausbeute und C_f die Konzentration im Filtratstrom.

In der Abbildung III-5 sind die nach Gleichung [III-7] berechneten Filtratkonzentrationen für verschiedene Rückhaltevermögen als Funktion der Filtratausbeute dargestellt. Aus diesem Diagramm wird ersichtlich, welche maximale Filtratausbeute bei vorgegebenem Membranrückhaltevermögen erreicht werden kann, wenn eine bestimmte Filtratkonzentration nicht überschritten werden soll.

Die Gleichung [III-7] beschreibt die Filtratkonzentration zu einer ganz bestimmten Zeit bei einer ganz bestimmten Filtratausbeute. Bei einem praktischen Aufkonzentrierungsversuch ändert sich jedoch die Filtratausbeute und damit die Filtratkonzentration mit der Versuchsdauer, und dabei ist es häufig interessanter, die mittlere Filtratkonzentration über eine bestimmte Versuchsdauer zu kennen, als die zu einer ganz bestimmten Zeit. Die mittlere Filtratkonzentration, die auch als „mixing cup"-Konzentration bezeichnet wird[6], erhält man durch Einsetzen von Gleichung [III-6] in Gleichung [III-3].

$$\overline{C}_f = \frac{C_o}{\Delta}\left[1 - (1 - \Delta)^{1 - R}\right]. \tag{III-8}$$

Hier ist $\overline{C}_f$ die mittlere Filtratkonzentration, Δ die Filtratausbeute, R das Rückhalte-

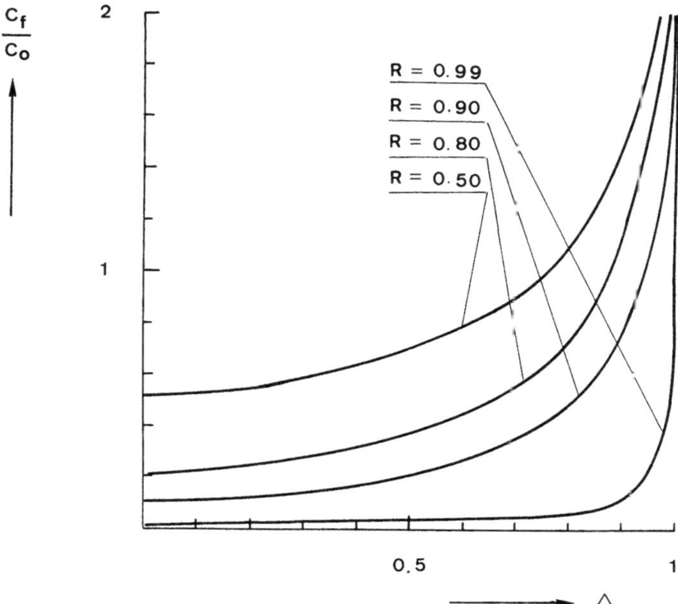

Abb. III-5: Nach Gleichung [III-7] für verschiedene Membranrückhaltevermögen berechnete Filtratkonzentrationen als Funktion der Filtratausbeute

vermögen der Membran und C_o die Konzentration der Rohlösung. Die Bedeutung der mittleren Filtratkonzentration läßt sich an einem einfachen Beispiel zeigen: Als maximal zulässige Salzkonzentration im Trinkwasser werden im allgemeinen 500 ppm angenommen. Möchte man bei der Entsalzung von Meerwasser, das einen Salzgehalt von 35 000 ppm hat, diesen Wert nicht überschreiten und setzt ein Membranrückhaltevermögen von 99% voraus, so ergibt sich nach Gleichung [III-8], daß eine Filtratausbeute von 75% nicht überschritten werden darf.

In der Abbildung III-6 sind nach Gleichung [III-8] berechnete mittlere Filtratkonzentrationen als Funktion der Filtratausbeute bei verschiedenen Membranrückhaltevermögen dargestellt. Hier zeigt sich wiederum, daß bei der Ultra- und Hyperfiltration Membranen mit möglichst hohem Rückhaltevermögen eingesetzt werden müssen, wenn eine hohe Filtratausbeute gewünscht wird.

1.1.4. Produktverluste bei der Ultrafiltration

Bei der Ultrafiltration ist in vielen Fällen nicht das Filtrat, sondern die von der Membran zurückgehaltene Komponente als Produkt von Interesse. Oft handelt es sich um wertvolle Stoffe, deren Konzentration in der Ausgangslösung niedrig ist.

Um durch Ultrafiltration die gewünschte Aufkonzentrierung zu erreichen, sind hohe Filtratausbeuten notwendig. Dies kann bei nicht streng semipermeablen Membranen zu

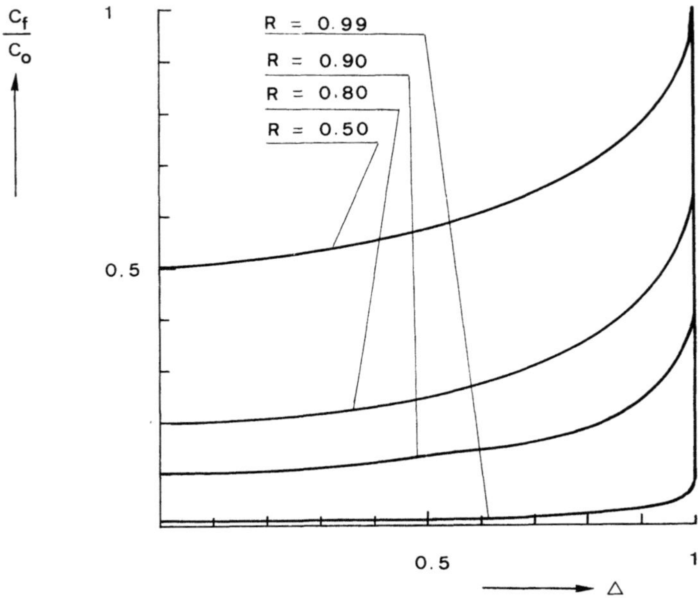

Abb. III-6: Nach Gleichung [III-8] für verschiedene Membranrückhaltevermögen berechnete Filtratkonzentrationen als Funktion der Filtratausbeute

einem erheblichen Verlust an dem abzutrennenden Produkt führen, wie sich mit Hilfe einer Stoffbilanz zeigen läßt.

Der Anteil des ursprünglich in der Rohlösung vorhandenen Stoffes, der durch den Filtrationsprozeß mit dem Filtrat verloren geht, wird durch die folgende Gleichung bestimmt:

$$\frac{V_f \cdot \overline{C}_f}{V_o \cdot C_o} = \delta = \frac{\Delta \overline{C}_f}{C_o}. \qquad [\text{III-9}]$$

Hier ist δ der Anteil des Stoffes, der bei nicht streng semipermeablen Membranen mit dem Filtrat verloren geht, V_f und V_o sind die Volumemmengen des Filtrates bzw. der Ausgangslösung, und Δ ist die Filtratausbeute.

Durch Kombination der Gleichungen [III-8] und [III-9] ergibt sich der anteilige Produktverlust als Funktion des Membranrückhaltevermögens und der Filtratausbeute:

$$\delta = 1 - (1 - \Delta)^{1-R}. \qquad [\text{III-10}]$$

In der Abbildung III-7 ist der nach Gleichung [III-10] berechnete Produktverlust für verschiedene Membranrückhaltevermögen als Funktion der Filtratausbeute dargestellt.

Die Abbildung III-7 zeigt, daß bei Membranen mit geringem Rückhaltevermögen und bei hohen Filtratausbeuten ein ganz beträchtlicher Anteil des ursprünglich in der Rohlösung vorhandenen Produktes mit dem Filtrat verloren geht.

Die Anwendung der Ultrafiltration ist in verschiedenen Übersichtsartikeln diskutiert

64

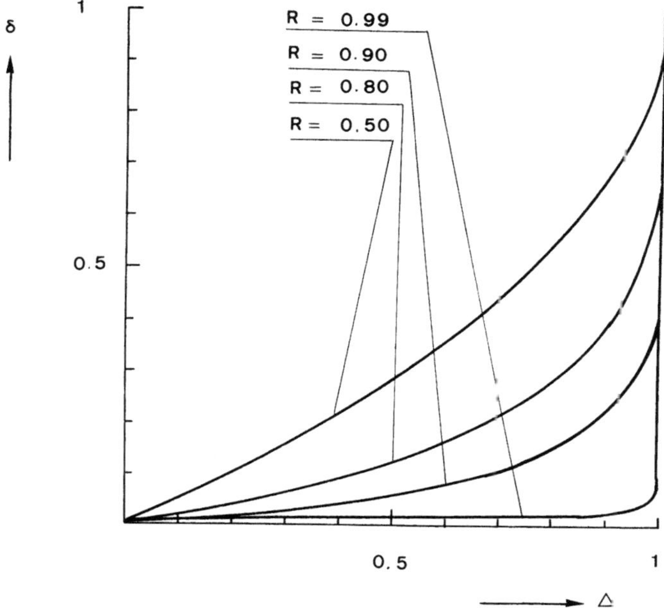

Abb. III-7: Nach Gleichung [III-10] bei verschiedenen Rückhaltevermögen berechneter Produktverlust als Funktion der Filtratausbeute

worden[5,7]. Besonders bei der Konzentrierung, Reinigung und Fraktionierung von
biologischen Flüssigkeiten hat sich die Ultrafiltration als technisch einfaches, wirtschaftliches und für die Produkte schonendes Stofftrennverfahren weitgehend durchgesetzt[8]. Im
Laborbereich erfolgt die Ultrafiltration im allgemeinen diskontinuierlich unter Verwendung von gerührten Zellen, während bei der industriellen Anwendung eine kontinuierliche Verfahrensweise bevorzugt wird. Hier sind die Ultrafiltrationsmembranen in Form
von Schläuchen, Kapillaren oder Folien in entsprechende Apparaturen eingebaut, deren
Konstruktion durch verfahrenstechnische und wirtschaftliche Parameter bestimmt wird.
Die verfahrenstechnische Auslegung sowie die wesentlichen Anwendungsgebiete von
industriellen Ultrafiltrationsanlagen werden an anderer Stelle noch ausführlich diskutiert.

1.2. Die Hyperfiltration

Bei der Hyperfiltration bzw. umgekehrten Osmose handelt es sich ebenso wie bei der
Ultrafiltration um ein Druckfiltrationsverfahren. Der Begriff umgekehrte Osmose hat
sich historisch entwickelt und wird vor allem im angelsächsischen Sprachgebrauch
angewandt, während in der deutschen Literatur häufiger der Begriff Hyperfiltration
benutzt wird. Der eigentliche Unterschied zwischen der Hyperfiltration und der
Ultrafiltration liegt in der Größenordnung der durch den Prozeß abgetrennten Teilchen.

Bei der Hyperfiltration werden im allgemeinen Teilchen oder Moleküle von einem Lösungsmittel abgetrennt, die ein relativ niedriges Molekulargewicht haben. Dies hat gewisse Konsequenzen für den Prozeß, die auch zu dem Namen umgekehrte Osmose geführt haben.

Werden zwei Lösungen unterschiedlicher Konzentration durch eine Membran, die für die gelösten Komponenten undurchlässig ist, gretrennt, so ist das chemische Potential des Lösungsmittels in der verdünnten Lösung höher als in der konzentrierten Lösung und es kommt zu einem Lösungsmitteltransport von der verdünnten in die konzentrierte Lösung.

Dieser als Osmose bezeichnete Vorgang ist in Kapitel II-2. ausführlich diskutiert worden. Erhöht man den hydrostatischen Druck in der Lösung mit der höheren Konzentration, so erniedrigt sich der osmotische Lösungsmittelfluß und kommt völlig zum Erliegen bzw. verläuft in umgekehrter Richtung, wenn der hydrostatische Druck eine bestimmte Größe erreicht hat. Der Zusammenhang zwischen der hydrostatischen Druckdifferenz und dem osmotischen Volumenfluß in einem System mit zwei Lösungen unterschiedlicher Konzentration und einer streng semipermeablen Membran ist schematisch in der Abbildung III-8 dargestellt.

In diesem Diagramm ist die hydrostatische Druckdifferenz zwischen den beiden durch die Membran getrennten Phasen gegen den Lösungsmittelfluß aufgetragen. Solange der hydrostatische Druck kleiner ist als die Differenz der osmotischen Drücke der beiden Lösungen, wird das Lösungsmittel von der verdünnteren in die konzentriertere Seite fließen. Bei gleicher Größe von hydrostatischem Druck und osmotischer Druckdifferenz verschwindet der Lösungsmittelfluß; übersteigt der hydrostatische Druck die osmotische Druckdifferenz, so kehrt sich der Lösungsmittelfluß um und fließt von der konzentrierteren zur verdünnteren Lösung. In diesem Fall wird die konzentriertere Seite noch weiter aufkonzentriert und es kommt zu einer Stofftrennung.

1.2.1. Praktische Durchführung der Hyperfiltration

Die praktische Durchführung eines Hyperfiltrationsversuches erfolgt am einfachsten in einer gerührten Zelle, wie sie in der Abbildung III-2 dargestellt ist und auch zur Ultrafiltration benutzt wird. Da bei der Hyperfiltration im allgemeinen jedoch mit wesentlich höheren Drücken gearbeitet werden muß, sind die Zellen entsprechend ausgelegt. Die Notwendigkeit, bei der Hyperfiltration wesentlich höhere hydrostatische Drücke anzuwenden als bei der Ultrafiltration, hat mehrere Gründe. Einmal haben Lösungen, die durch Hyperfiltration getrennt werden, meist einen vergleichsweise hohen osmotischen Druck.

So beträgt z. B. der osmotische Druck von Meerwasser ca. 20 bis 25 bar. Um mit Hilfe der Hyperfiltration Meerwasser zu entsalzen, muß der hydrostatische Druck auf jeden Fall höher sein als die osmotische Druckdifferenz zwischen Rohlösung und Filtrat. Die Filtrationsstromdichte bei der Hyperfiltration ergibt sich nach Gleichung [II-110] bzw. [II-138] in erster Näherung zu:

$$J_v = L_p \cdot (\Delta P - \Delta \pi). \qquad [\text{III-11}]$$

Hier ist J_v die Filtrationsstromdichte, ΔP ist der hydrostatische Druck, $\Delta \pi$ die osmotische Druckdifferenz zwischen Filtrat und Rohlösung, und L_p entspricht der hydrodynamischen Durchlässigkeit. Der osmotische Druck ist nach Gleichung [II-25] der Konzentra-

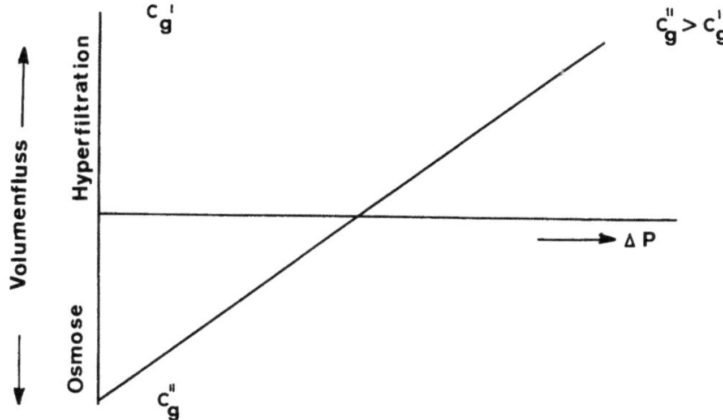

Abb. III-8: Schematische Darstellung der Flußrichtung des Lösungsmittels als Funktion des hydrostatischen Druckes in einem osmotischen Versuch mit einer streng semipermeablen Membran

tion der gelösten Komponente proportional. Daher kann die osmotische Druckdifferenz in erster Näherung durch die folgende Beziehung ausgedrückt werden:

$$\Delta \pi = A(C_o - C_f). \qquad [\text{III-12}]$$

Hier sind C_o und C_f die Konzentrationen der gelösten Komponenten in der Rohlösung und im Filtrat, und A ist ein Proportionalitätsfaktor.

Wird in Gleichung [III-12] die Filtratkonzentration nach Gleichung [II-118] durch das Rückhaltevermögen der Membran ausgedrückt, so ergibt sich die osmotische Druckdifferenz als Funktion der Rohlösung:

$$C_f = (1 - R)C_o, \qquad [\text{III-13}]$$

$$\Delta \pi = ARC_o. \qquad [\text{III-14}]$$

Hier sind A ein Proportionalitätsfaktor und R das Rückhaltevermögen der Membran, das für eine bestimmte Versuchsanordnung ebenfalls als konstant anzusehen ist.

Die Gleichung [III-14] gilt jedoch nur, wenn die Konzentration in der Rohlösung während des gesamten Versuches konstant ist. Dies ist aber im allgemeinen nicht der Fall, da im Verlauf des Versuches eine bestimmte Menge Lösungsmittel der Rohlösung als Filtrat entnommen wird. Die Konzentration der Rohlösung als Funktion der Filtratausbeute ist bereits in Gleichung [III-6] beschrieben worden. Kombiniert man die Gleichungen [III-6], [III-11] und [III-14], so erhält man die Filtrationsstromdichte als Funktion der Ausgangskonzentration der Rohlösung, des Rückhaltevermögens der Membran, des hydrostatischen Druckes und der Filtratausbeute:

$$J_v = L_p\left(\Delta P - \Delta \pi_o(1 - \Delta)^{-R}\right). \qquad [\text{III-15}]$$

Hier ist J_v die Filtrationsstromdichte, L_p entspricht der hydrodynamischen Durchlässigkeit; $\Delta \pi_o$ ist die osmotische Druckdifferenz zwischen der Ausgangskonzentration der Rohlösung und des Filtrats; R ist das Membranrückhaltevermögen und Δ die Filtratausbeute.

Die Bedeutung der Gleichung [III-15] ist aus einem einfachen Beispiel leicht zu ersehen. Soll mit Hilfe der Hyperfiltration Trinkwasser aus Meerwasser gewonnen werden und wird ein Membranrückhaltevermögen von 99%, ein osmotischer Druck des Meerwassers von ca. 25 bar, sowie ein Arbeitsdruck von 50 bar vorausgesetzt, so wird bei einer Filtratausbeute von mehr als 50% die Filtrationsstromdichte Null. Um Lösungen mit hohem osmotischen Druck mit hoher Filtratausbeute behandeln zu können, ist daher ein sehr hoher hydrostatischer Druck notwendig. Ein weiterer Grund, bei der Hyperfiltration mit relativ hohen hydrostatischen Drücken zu arbeiten, ergibt sich dadurch, daß das Rückhaltevermögen einer Membran, deren Transportmechanismus auf einem Löslichkeits- und Diffusionsmechanismus beruht, eine Funktion der Filtrationsstromdichte und damit eine Funktion des hydrostatischen Druckes ist, wie bereits im Kapitel II-5.2. gezeigt wurde.

Da der Stofftransport durch eine Hyperfiltrationsmembran am besten mit dem Löslichkeitsmodell beschrieben werden kann[10,12], ergibt sich das Rückhaltevermögen bei der Hyperfiltration nach Gleichung [II-143] als Funktion des hydrostatischen Druckes:

$$R = 1 - \frac{K}{\Delta P - \Delta \pi}.$$ [III-16]

Hier ist R das Rückhaltevermögen für eine bestimmte Komponente, K ist eine Konstante, deren Wert im wesentlichen durch die unterschiedlichen Diffusions- und Verteilungskoeffizienten von Lösungsmittel und gelöster Komponente bestimmt wird.

Die Druckabhängigkeit des Rückhaltevermögens einer Löslichkeitsmembran ist in Kapitel II-5.2. ausführlich diskutiert worden. Sie liegt darin begründet, daß der Transport von Lösungsmittel und gelöster Komponente in einer Löslichkeitsmembran weitgehend unabhängig voneinander erfolgen. Dieses Verhalten ist experimentell auch an einer Celluloseacetatmembran bestätigt worden, wie das Diagramm in Abbildung II-4 zeigt.

Da die Permeabilität von Löslichkeitsmembranen, bedingt durch den recht langsam verlaufenden Diffusionsvorgang, ziemlich gering ist, sind hohe hydrostatische Drücke notwendig, um Filtrationsstromdichten zu erhalten, die wirtschaftlich noch interessant sind. In technischen Hyperfiltrationsprozessen werden hydrostatische Drücke zwischen 50 und 100 bar verwendet. Hydrostatische Drücke, die 100 bar wesentlich überschreiten, sind wirtschaftlich kaum noch vertretbar. Einmal würden sie apparativ einen hohen Aufwand erfordern und zum anderen wird auch die Filtrationsstromdichte der Membran, die bis zu einem bestimmten maximalen Druck dem hydrostatischen Druck direkt proportional ist, abnehmen, da sich die poröse Membranstruktur unter dem Druck verformt und kompaktiert.

1.2.2. Hyperfiltrationsmembranen- und systeme

Die Voraussetzung für den wirtschaftlichen Einsatz der Hyperfiltration ist die Entwicklung entsprechender Membranen und Filtrationssysteme. Die Membranen müssen nicht nur die für ein bestimmtes Stofftrennproblem geforderten selektiven Eigenschaften besitzen, sie sollten auch möglichst hohe Filtrationsstromdichten aufweisen. Außerdem sollten die Membranen in einem Trägersystem untergebracht sein, das eine möglichst große Membranfläche pro Volumeneinheit aufnehmen kann und in der Herstellung konstengünstig ist. Alle diese Forderungen werden von den heute auf dem Markt angebotenen Hyperfiltrationssystemen schon weitgehend erfüllt. Ausgangspunkt für eine technische Entwicklung der Hyperfiltration war die Suche nach neuen, wirtschaftlichen Verfahren zur Gewinnung von Trinkwasser aus dem Meer. Erst sehr viel später, nachdem auch viele der verfahrenstechnischen Probleme gelöst waren, wurde die Anwendung der Hyperfiltration auf andere Gebiete, wie z. B. die Abwasserreinigung und viele andere Stofftrennprozesse, vor allem der Lebensmittelindustrie, ausgedehnt. Die Entwicklung der Hyperfiltrationsmembran ist eng mit den Arbeiten von *Reid* und *Breton*[10] verbunden, die zum ersten Mal zeigen konnten, daß Salz und Wasser mit Hilfe einer Celluloseacetatmembran getrennt werden können. Wenig später gelang es *Loeb* und *Sourirajan*[11], asymmetrische Membranen zu entwickeln, die bei gleichen Salzrückhaltevermögen eine um ein Vielfaches höhere Filtrationsstromdichte aufwiesen als die bis dahin bekannten symmetrischen Strukturen. Grundlagen der Membranentwicklung sind vor allem von *Lonsdale*[12] diskutiert worden, während die verfahrenstechnischen Aspekte, und zwar besonders die Konzentrationspolarisation, von *Brian*[13] behandelt wurde. Bei der Systementwicklung sind vor allem das von *Riley* und Mitarbeitern[14] entwickelte Roga®-System, bei dem die Membran in Form einer Spirale installiert ist, und das Hohlfasersystem, das eng mit Arbeiten von *Mahon*[15] verbunden ist, zu erwähnen.

Während die für die Hyperfiltration verwandten Membranen zunächst fast ausschließlich aus Celluloseacetat bestanden, finden heute auch chemisch, thermisch und mechanisch stabilere Polymere Verwendung. Hier sind es besonders die aromatischen Polyamide, die das Celluloseacetat als Ausgangsmaterial für Membranen mehr und mehr ersetzt haben. Auch die von *Loeb* und *Sourirajan* entwickelte integralasymmetrische Membran wird heute mehr und mehr von zusammengesetzten asymmetrischen Membranen, den sogenannten Composite-Membranen ersetzt.

1.3. Die Piezodialyse

Die Piezodialyse ist ein weiterer Stofftrennprozeß, bei dem ein hydrostatischer Druck als treibende Kraft eingesetzt wird, um gelöste Komponenten von einem Lösungsmittel abzutrennen. Die Piezodialyse ist allerdings nur auf ionogene Bestandteile anwendbar. Dabei wird im Gegensatz zur Hyperfiltration die gelöste Komponente auf der Niederdruckseite der Membran angereichert. Die Wirkungsweise der Piezodialyse beruht darauf, daß sogenannte Mosaikmembranen für den Trennvorgang verwandt werden. Sie bestehen aus makroskopischen Bereichen von Anionen- und Kationenaustauscherharzen. Aus Gründen der Elektroneutralität müssen Kationen und Anionen eines Salzes gleichzeitig durch die Membran transportiert werden. Das Prinzip der Piezodialyse ist in der Abbildung III-9 schematisch dargestellt. Hierbei sind Kationen- und Anionenaustauscherbereiche in einem engen Gemisch nebeneinander dargestellt. Die Kationen bewegen sich durch die Kationenaustauscherharze und die Anionen durch die Anionenaustauscherharze. Es entstehen dabei Kreisströme, die zu einem Ausgleich der elektrischen Ladungen der Anionen und Kationen führen. Der Transport von Salzen durch eine Mosaikmembran ist ausführlich von *Leitz*[16] und *Kedem* und *Katchalsky*[17] beschrieben worden.

Um eine vertretbare Anreicherung der Salze im Filtrat zu erzielen, ist es notwendig, Mosaikmembranen mit möglichst hoher Festionenkonzentration zu verwenden. Denn die Salzkonzentration im Filtrat ist praktisch mit der in der Membran identisch, und diese wiederum wird durch die Festionenkonzentration im Austauscherharz bestimmt. Die Herstellung solcher Mosaikmembranen ist in der Literatur beschrieben[18,19].

® Handelsname der Universal Oil Corporation

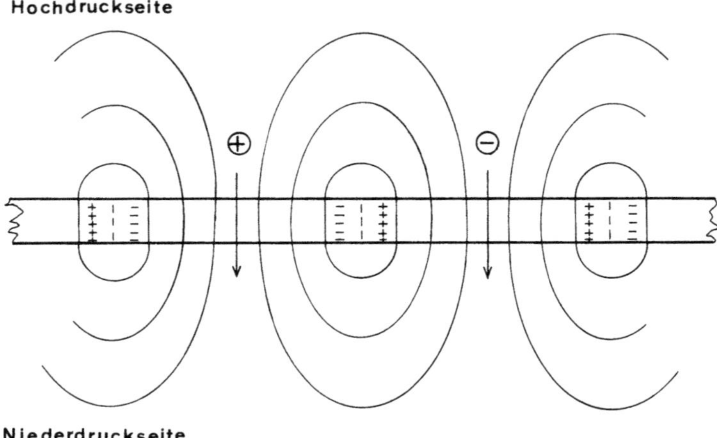

Abb. III-9: Schematische Darstellung des Salztransportes durch eine Mosaikmembran bei der Piezodialyse

Dabei ist es wichtig, daß die Kationen- und die Anionenaustauscherbereiche einer Membran über einen neutralen Bereich miteinander verbunden sind, um den ungehinderten Durchtritt der Ionen zu ermöglichen. Der Aufbau einer typischen Piezodialysemembran ist in der Abbildung III-10 dargestellt. Er setzt sich aus Bereichen von Kationen- und Anionenaustauscherharzen zusammen, die jeweils durch eine Schicht eines neutralen Polymers verbunden sind.

Mit guten Membranen läßt sich in praktischen Versuchen eine Salzanreicherung um den Faktor 2 leicht erreichen. Dabei können bei einem hydrostatischen Druck von 100 bar Filtrationsstromdichten von mehr als 400 l/m^2 pro Tag erzielt werden. Membranen und Apparaturen für die Piezodialyse sind von *Leitz* und *Shorr*[20] entwickelt und in praktischen Tests untersucht worden. Es konnte in Laborversuchen gezeigt werden, daß die Piezodialyse durchaus eine praktische Anwendung finden kann, wenn es darum geht,

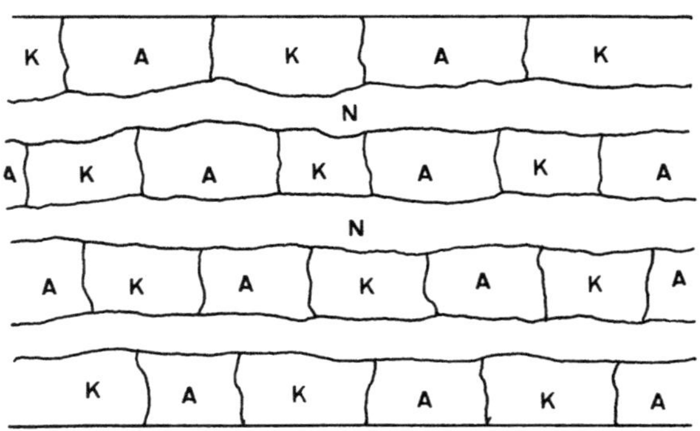

Abb. III-10: Schematische Darstellung des Aufbaues einer Mosaikmembran für die Piezodialyse

z. B. verdünnte Salzlösungen weiter aufzukonzentrieren. Eine praktische Anwendung im technischen Maßstab hat die Piezodialyse heute allerdings noch nicht erreicht. Die bisher durchgeführten Versuche beschränken sich ausschließlich auf den Laborbereich.

2. Membranstofftrennprozesse mit Konzentrationsgradienten als treibende Kraft

Die meisten in der Natur vorkommenden Membrantransportvorgänge finden unter isothermen und isobaren Verhältnisse statt, d. h. es wirken nur Konzentrationsgradienten als treibende Kraft für einen Stofftransport. Auch bei dem Einsatz von synthetischen Membranen waren es ursprünglich die durch Konzentrationsdifferenzen hervorgerufenen Stofftransportvorgänge, die zur Trennung von molekularen Mischungen nutzbar gemacht wurden. Die beiden technisch wichtigen Prozesse, bei denen mit synthetischen Membranen unter Ausnutzung eines Konzentrationsgradienten als treibende Kraft Stoffe getrennt werden, sind die Dialyse und die Gasdiffusion. Die Dialyse z. B. wurde schon vor mehr als fünfzig Jahren in vielen Laboratorien zum Entsalzen von makromolekularen Lösungen eingesetzt. Heute ist ihre Bedeutung gegenüber anderen Membranprozessen, wie Ultrafiltration, Hyperfiltration und Elektrodialyse etwas in den Hintergrund getreten, obgleich sie als künstliche Niere zur Blutdetoxikation eine erhebliche wirtschaftliche Bedeutung erlangt hat.

2.1. Die Dialyse

Unter Dialyse versteht man den Transport einer gelösten Komponente in einem flüssigen Medium von einer homogenen Phase durch eine Membran in eine andere homogene Phase unter der treibenden Kraft eines Konzentrationsgradienten. Die Lösung, aus der die gelöste Komponente entfernt werden soll, wird im allgemeinen als Rohlösung bezeichnet, und die Flüssigkeit, die die Komponente aufnimmt, wird als Dialysat bezeichnet. Der Wirkungsgrad eines Dialysators wird im wesentlichen durch das Verhältnis der Flußraten der beiden homogenen Flüssigkeiten und der Transportgeschwindigkeit der gelösten Komponente durch die Membran bestimmt.

2.1.1. Praktische Durchführung der Dialyse

Bei der praktischen Durchführung eines Dialyseversuches wird eine Rohlösung, aus der eine niedermolekulare Komponente entfernt werden soll, durch eine Membran von dem Dialysat, das diese Komponente aufnehmen soll, getrennt. Um die Dialyse möglichst effektiv zu gestalten, müssen die Lösungen auf beiden Seiten der Membran gut durchgemischt werden, was durch Rühren oder durch turbulente Strömung parallel zur Membranoberfläche erreicht werden kann. Als Membranen werden meist symmetrisch strukturierte, poröse Membranen auf Cellulosebasis, wie z. B. Cuprophan, eingesetzt. Die Membranen sollten möglichst dünn sein, damit die Diffusionsstrecke kurz ist und hohe Stofftransportraten erzielt werden können. Denn der Transport einer Komponente durch die Membran läßt sich durch die folgende Beziehung ausdrücken:

$$J_i = k^* \, \Delta C. \qquad\qquad [\text{III-17}]$$

Hier ist J_i die Stromdichte der Komponente i, k^* ist ein Stoffübergangskoeffizient, der im wesentlichen durch die Diffusionskoeffizienten der Komponente i in der Membran und in den angrenzenden laminaren Grenzschichten und durch die Dicke der Membran und der laminaren Grenzschichten bestimmt wird; ΔC ist die Konzentrationsdifferenz zwischen Rohlösung und Dialysat. In modernen Dialysatoren werden die Membranen ähnlich wie Filter in einer Filterpresse parallel angeordnet, so daß einzelne Zellen entstehen, die alternierend von der Rohlösung und dem Dialysat durchströmt werden.

In der Abbildung III-11 ist der Aufbau eines Plattendialysators schematisch dargestellt:

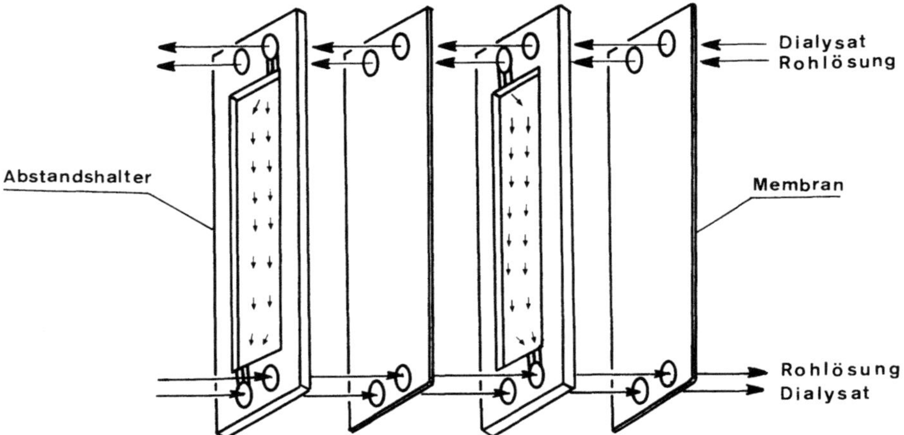

Abb. III-11: Schematische Darstellung eines Plattendialysators

Die Effizienz eines Dialysators wird außer von der verwendeten Membran noch wesentlich von der Strömungsführung von Rohlösung und Dialysat bestimmt. Für eine praktische Anwendung läßt sich ein Wirkungsgrad definieren, in den außer den Membraneigenschaften auch noch die Membranfläche und die Volumenströme der Rohlösung eingehen.

2.1.2. Wirkungsgrad eines Dialysators

Der Wirkungsgrad eines Dialysators läßt sich formell durch eine Massenbilanz ausdrücken, in die die Volumenströme von Rohlösung und Dialysat sowie deren Ein- und Ausgangskonzentrationen für die durch Dialyse zu entfernende Substanz als wesentliche Parameter eingehen. Die Volumenflüsse und Konzentrationen während der Dialyse sind im Funktionsdiagramm der Abbildung III-12 dargestellt.

In dieser Abbildung sind Q der Volumenfluß, C die Konzentration der gelösten Komponente, und die Indices R und D deuten die Rohlösung und das Dialysat an. Die weiteren Indices e und a deuten die Eingangs- und Ausgangsbedingungen der Lösungen an.

72

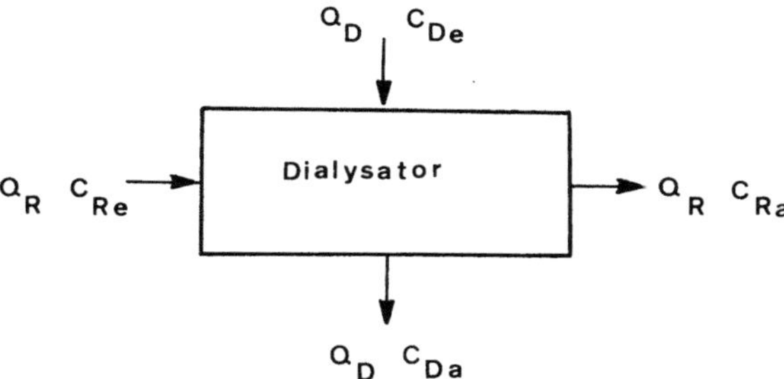

Abb. III-12: Funktionsdiagramm der Dialyse

Der Gesamttransport N der gelösten Komponente in einem Dialysator ergibt sich aus einer Massenbilanz[21]:

$$N = Q_R(C_{Re} - C_{Ra}) = Q_D(C_{Da} - C_{De}).$$
[III-18]

Die Gesamttransportrate N kann natürlich auch durch die in Gleichung [III-17] dargestellte Beziehung ausgedrückt werden:

$$N = A \cdot J_i = A \cdot k^* \, \Delta C.$$
[III-19]

Hier ist A die Membranfläche und J_i die Stromdichte der zu dialysierenden Substanz, ΔC ist die Konzentrationsdifferenz zwischen Rohlösung und Dialysat.

Für den Gesamtdialysevorgang läßt sich ein Wirkungsgrad angeben, der durch die folgende Gleichung beschrieben wird:

$$D_R = \frac{N}{C_{Re} - C_{De}}.$$
[III-20]

Hier ist D_R der Wirkungsgrad eines Dialysesystems. Im allgemeinen wird der Wirkungsgrad auch als die Dialysanz bezeichnet. Das Verhältnis D_R/Q_R gibt den dimensionslosen Parameter für die Dialyseausbeute an.

Der Wirkungsgrad der Dialyse wird außer von der Membran wesentlich durch die Dicke der laminaren Grenzschichten an der Membranoberfläche und damit durch die Strömungsführung von Rohlösung und Dialysat bestimmt. Zur Vermeidung von Konzentrationspolarisationseffekten können im kontinuierlichen Betrieb Rohlösung und Dialysat parallel oder im Gegenstrom an der Membran vorbeigeführt werden. Im diskontinuierlichen Verfahren können Rohlösung und Dialysat turbulent durchmischt werden.

Der Wirkungsgrad der Dialyse läßt sich für die verschiedenen Strömungsverhältnisse durch eine simultane Lösung der Gleichungen [III-18] bis [III-20] berechnen[21].

Danach ergibt sich für eine parallele Strömungsführung das Dialyseverhältnis durch die Beziehung

$$\frac{D_R}{Q_R} = \frac{1}{1 + \dfrac{Q_R}{Q_D}} \left[1 - e^{-\frac{k^*A}{Q_R}\left(1 + \frac{Q_R}{Q_D}\right)} \right].$$
[III-21]

Für eine Gegenstromführung von Rohlösung und Dialysat gilt die Beziehung

$$\frac{D_R}{Q_R} = \frac{1 - e^{-\frac{k^*A}{Q_R}\left(1 - \frac{Q_R}{Q_D}\right)}}{\frac{Q_R}{Q_D} - e^{-\frac{k^*A}{Q_R}\left(1 - \frac{Q_R}{Q_D}\right)}} \cdot \qquad\qquad \text{[III-22]}$$

Im diskontinuierlichen Versuch ergibt sich die Dialyseausbeute durch die Beziehung

$$\frac{D_R}{Q_R} = \frac{1 - e^{-\frac{k^*A}{Q_R}}}{1 + \frac{Q_R}{Q_D}\left(1 - e^{-\frac{k^*A}{Q_R}}\right)} \qquad\qquad \text{[III-23]}$$

Hier ist D_R die Dialysanz, Q_R und Q_D sind die Volumenströme von Rohlösung und Dialysat, A ist die Membranfläche und k^* ist ein Stoffübergangskoeffizient, der den Transport der durch Dialyse zu entfernenden Komponente von der Rohlösung in das Dialysat beschreibt.

2.1.3. Entwicklung der Dialyse

Die Dialyse ist ein verhältnismäßig alter Prozeß und wird seit vielen Jahren benutzt, um Salze und andere niedermolekulare Stoffe aus makromolekularen oder kolloidalen Lösungen zu entfernen. Die ersten technisch relevanten Dialyseversuche wurden mit Cellophanmembranen durchgeführt, die in Form von Schläuchen hergestellt waren. Später wurden Plattendialysatoren verwendet, die eine bessere Strömungsführung an der Membranoberfläche ermöglichten.[22]

Die Probleme der Ausbildung einer laminaren Grenzschicht an der Membranoberfläche bei der Dialyse sind unter anderem von *Craig*[23] untersucht worden. Für analytische Zwecke hat *Craig* ein interessantes Verfahren eingeführt, das in einer stufenweisen Dialyse von Stoffen unterschiedlichen Molekulargewichtes besteht. Durch Eichung der Apparatur mit bekannten Komponenten können unbekannte Stoffe durch einen Dialyseversuch auf Grund ihrer Größe identifiziert werden[24].

Obgleich die Dialyse heute in vielen technischen Bereichen eingesetzt wird, hat sie ihre wirtschaftlich wichtigste Anwendung doch in der künstlichen Niere gefunden. Hier wird die Dialyse benutzt, um niedermolekulare Stoffe, z. B. Harnstoff, Kreatinin und andere toxische, niedermolekulare Stoffe, aus dem Blut zu entfernen. Zu diesem Zweck wird das Blut extrakorporal durch eine Dialysezelle geführt.

Als Dialysat wird eine physiologische Kochsalzlösung verwendet. Die ersten Hämodialysatoren wurden von *Kolff*[25] im zweiten Weltkrieg entwickelt. Sie bestanden im wesentlichen aus einer Cellophanschlauchmembran, die auf eine rotierende Trommel gewickelt war. Das Blut wurde durch das Innere dieser Schläuche gepumpt, während die Trommel in einen großen Behälter mit physiologischer Kochsalzlösung eingesetzt war. Im Laufe der Zeit wurden die Schlauchdialysatoren mehr und mehr durch Plattendialysatoren[26] oder Kapillardialysatoren[27] ersetzt. Diese Hämodialysatoren zeichnen sich durch kompakte Bauart aus, in denen das Volumen des extrakorporal behandelten Blutes gering gehalten werden kann. Die Hämodialyse ist heute zu einer Standardbehandlungsmethode in jedem gut ausgerüsteten Krankenhaus geworden und stellt damit den bei weitem wichtigsten Anwendungsfall für die Dialyse dar.

2.2. Die Gasdiffusion

Ein anderer Membranprozeß, der in den letzten Jahren eine gewisse technische und wirtschaftliche Bedeutung erlangt hat, ist die Gasdiffusion. Unterschiede in der Permeabilität von Gasen in Polymembranen können dazu benutzt werden, um verschiedene Gase voneinander zu trennen. Der Transport von Gasen in Polymeren ist in zahlreichen theoretischen und experimentellen Arbeiten untersucht und diskutiert worden[28,29]. Er kann durch das *Fick*'sche Gesetz beschrieben werden, vorausgesetzt, daß die Absorptions- und Desorptionsvorgänge in den Phasengrenzflächen, verglichen zu dem eigentlichen Transport in der Polymermatrix, schnell verlaufen. Danach ergibt sich die Stromdichte eines Gases durch eine Membran nach der folgenden Beziehung:

$$J_i = - D_i \frac{dC_i}{dx}. \qquad\qquad [\text{III-24}]$$

Hier ist J_i die Stromdichte des permeierenden Gases, D_i ist der Diffusionskoeffizient des Gases und dC_i/dx der Konzentrationsgradient in der Polymermatrix.

Da für die Ab- bzw. Desorption des Gases an der Membranoberfläche Gleichgewicht angenommen wurde, kann die Konzentration im Polymer durch das *Henry*'sche Gesetz ausgedrückt werden, das durch die folgende Beziehung gegeben ist:

$$C_i = kP_i. \qquad\qquad [\text{III-25}]$$

Hier ist C_i die Konzentration des Gases in der Polymermatrix, k ist die *Henry*'sche Konstante, die dem in Gleichung [II-6] beschriebenen Verteilungskoeffizienten entspricht und P_i ist der Partialdruck des Gases in der Außenphase.

Durch Kombination von Gleichung [III-24] und [III-25] und Integration über den Membranquerschnitt ergibt sich

$$J_i = \frac{D_i k (P_i' - P_i'')}{\Delta x}, \qquad\qquad [\text{III-26}]$$

wobei P_i' und P_i'' die Partialdrücke des Gases auf den beiden Seiten der Membran sind und Δx die Dicke der Membran ist.

Das Produkt aus Diffusionskoeffizient und Verteilungskoeffizient ergibt den Permeabilitätskoeffizienten m_i:

$$m_i = D_i k. \qquad\qquad [\text{III-27}]$$

Die Gleichung [III-26] gilt streng nur für ideale Gase und unter der Voraussetzung, daß der Diffusionskoeffizient unabhängig von der Konzentration ist und eine Kopplung verschiedener Ströme nicht eintritt. Unter dieser Voraussetzung kann für die Trennung zweier Gase ein Trennfaktor definiert werden, der durch die Beziehung

$$\alpha_{A/B} = \frac{J_A X_B}{J_B X_A} \qquad\qquad [\text{III-28}]$$

gegeben ist[30].

Hierin sind J_A und J_B die Ströme der Komponenten A und B durch die Membran, X_A und X_B sind die Molenbrüche der Komponenten A und B in der konzentrierten Mischung, und $\alpha_{A/B}$ ist der Trennfaktor. Aus Gleichung [III-28] ergibt sich für den Fall, daß die Partialdrücke an der Permeatseite der Membran praktisch gegen Null gehen, die Permselektivität der Membran zu:

$$S_{A/B} = \frac{m_A}{m_B}. \qquad\qquad\qquad \text{[III-29]}$$

$S_{A/B}$ wird auch als idealer Trennfaktor bezeichnet[31]. Er ist so definiert, daß er immer größer als 1 ist. Das bedeutet, daß die Komponente mit der höheren Permeabilität immer mit A bezeichnet wird.

Für jeden realen Trennvorgang jedoch sind die Partialdrücke an der Niederdruckseite nicht vernachlässigbar klein, und der Trennfaktor wird durch die folgende Beziehung beschrieben[30]:

$$S_{A/B} = \alpha_{A/B} \frac{X_B + \alpha_{A/B} X_A - P_o''/P_o'}{X_B + \alpha_{A/B} X_A - P_o''/P_o' \alpha_{A/B}}. \qquad\qquad \text{[III-30]}$$

Hier sind P_o' und P_o'' die Gesamtdrücke an der Hochdruck- bzw. Niederdruckseite der Membran.

Bei der Gasdiffusion gibt es ebenso wie bei der Dialyse die Möglichkeit, die eigentliche Trennung im Gleichstrom oder im Gegenstrom durchzuführen.

Die verfahrenstechnischen Aspekte einer Gastrennung sind ausführlich von *Weller* und *Steiner*[32, 33] diskutiert worden. Eine Gastrennung kann ebenfalls in einer mikroporösen Membran mit relativ einheitlichen Poren erhalten werden, wenn der Druck niedrig genug ist, so daß die mittlere freie Weglänge der Moleküle groß ist verglichen zum Porendurchmesser. In solchen Fällen sind im allgemeinen mehrstufige Prozesse notwendig[34]. Obgleich die Gaspermeation im Labormaßstab bisher recht erfolgreich gewesen ist, gibt es nur wenige großtechnische Anlagen. Dies liegt im wesentlichen an zwei Faktoren; einmal ist der Fluß durch einen homogenen Polymerfilter, der eine bestimmte Dicke haben muß, relativ niedrig, so daß sehr große Membranflächen notwendig sind, um Einheiten mit einer halbwegs vernünftigen Kapazität zu schaffen; zum anderen ist die Selektivität der meisten Polymere für die verschiedenen Gase nicht sehr ausgeprägt. Das bedeutet, daß vielstufige Verfahren notwendig sind, um die geforderte Trennung zu erreichen. Kommerzielle Anwendung finden die Gasdiffusionsprozesse heute hauptsächlich zur Reinigung von Helium sowie von verschiedenen wasserstoffhaltigen Gasen. Eine begrenzte Anwendung hat die Gastrennung mit mikroporösen Membranen auch bei der Trennung von Uranisotopen durch Diffusion gefunden. Hier allerdings ist der Trennfaktor sehr klein und vielstufige Trennprozesse sind notwendig.

3. Die Elektrodialyse

Unter Elektrodialyse versteht man einen Prozeß, bei dem unter der treibenden Kraft eines elektrischen Feldes mit Hilfe von ionenselektiven Membranen elektrisch geladene Teilchen aus einer Lösung entfernt werden. Die Funktionsweise der Elektrodialyse ist in der Abbildung III-13 schematisch dargestellt.

Eine Elektrodialyseeinheit besteht aus einer Vielzahl von Zellen, die alternierend von Anionen- und Kationenaustauschermembranen begrenzt und zwischen einer Anode und einer Kathode angeordnet sind. Füllt man die einzelnen Zellen mit einer Elektrolytlösung, so wandern die Ionen unter der treibenden Kraft eines elektrischen Feldes zu den Elektroden und zwar die Anionen in Richtung der Anode und die Kationen in Richtung der Kathode. Da jedoch die einzelnen Zellen in alternierender Reihe von Kationen- bzw. Anionenaustauschermembranen begrenzt werden, die jeweils nur für Kationen bzw.

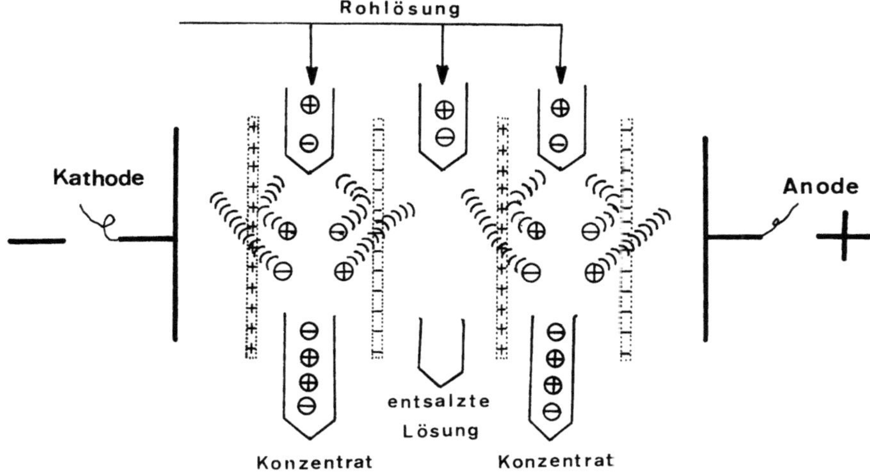

Abb. III-13: Schematische Darstellung der Elektrodialyse

Anionen durchlässig sind, kommt es in den einzelnen Zellen abwechselnd zu einer Verarmung und einer Anreicherung der ionogenen Bestandteile der Lösung.

Während die ersten Elektrodialyseversuche mit neutralen Membranen und einzelligen Elektrodialyseeinheiten durchgeführt wurden[35], erkannten *Manegold* und *Kalauch*[36] die Bedeutung der ionenselektiven Membranen in der Elektrodialyse. Eine mehrzellige Elektrodialyseeinheit wurde von *Meyer* und *Strauss*[37] vorgeschlagen. Durch diese Anordnung konnte der Energiebedarf bei der Elektrodialyse soweit gesenkt werden, daß eine wirtschaftliche Anwendung des Verfahrens im technischen Maßstab möglich wurde.

Im allgemeinen werden heute bei der Elektrodialyse Anionen- und Kationenaustauschermembranen von hoher Permselektivität in vielzelligen Einheiten eingesetzt, und nur in ganz spezifischen Anwendungsfällen werden auch neutrale Membranen verwandt, wenn es darum geht, ein Verstopfen der Membranen durch geladene makromolekulare Stoffe zu verhindern. Die Elektrodialyse ist heute neben der Ultra- und Hyperfiltration der wohl wirtschaftlich interessanteste Membranstofftrennprozeß. Besonders die Entsalzung von Brackwasser und die Gewinnung von Salz aus Meerwasser gehören zu den Hauptanwendungsgebieten der Elektrodialyse.

3.1. Die praktische Durchführung der Elektrodialyse

Die technischen Anwendungsmöglichkeiten und die Wirtschaftlichkeit der Elektrodialyse hängen von verschiedenen Parametern ab, die z. T. durch die Membran und z. T. durch den Aufbau der Dialyseeinheit bestimmt werden. Gute Elektrodialysemembranen sollten eine hohe Permselektivität für Ionen entgegengesetzter Ladung besitzen, sie sollten eine gute elektrische Leitfähigkeit aufweisen und mechanisch, thermisch und chemisch möglichst stabil sein. Eine gute Elektrodialyseeinheit sollte so ausgelegt sein, daß sie aus möglichst vielen Zellen besteht und daß der *Ohm*'sche Widerstand in den

Zellen möglichst gering ist. Weiterhin sollten möglichst wenig Energieverluste durch Kriechströme über die Zellenwandungen auftreten. Von außerordentlicher Bedeutung für den Wirkungsgrad der Elektrodialyse ist die Strömungsführung der Lösungen parallel zur Membranoberfläche, da hierdurch im wesentlichen die Dicke der laminaren Grenzschicht bestimmt wird, die entscheidenden Einfluß auf die Konzentrationspolarisationseffekte an den Membranen und damit auf den Gesamtzellenwiderstand hat. In der Praxis sind 200 bis 300 Zellen in einem sogenannten Zellpaket zwischen zwei Elektroden zusammengefaßt. Ein typischer Zellenaufbau ist in der Abbildung III-14 dargestellt:

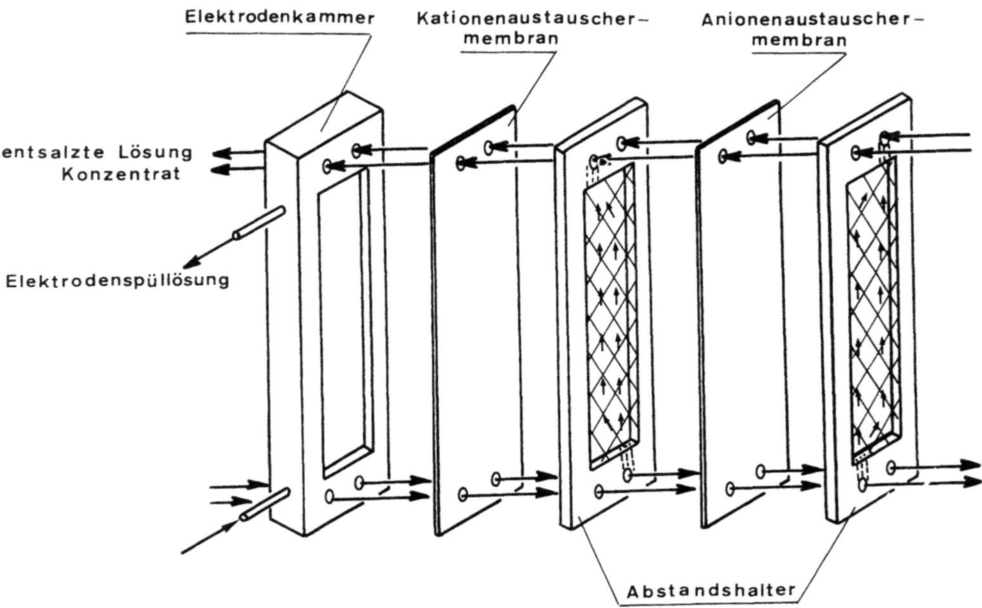

Abb. III-14: Schematische Darstellung des Aufbaues eines Zellpaketes

Eine typische Elektrodialyseanlage besteht im allgemeinen aus einem oder mehreren Zellpaketen, die in vier verschiedenen Kreisläufen mit unterschiedlichen Lösungen beschickt werden. Neben den Kreisläufen für die konzentrierte und die entsalzte Lösung werden der Anoden- und Kathodenraum mit einer Salzlösung beschickt, die keine Chloridionen enthält, um die Bildung von freiem Chlor an der Anode zu vermeiden.

Die Zellen einer Elektrodialyseeinheit werden alternierend mit der entsalzten und der aufkonzentrierten Lösung durchströmt. Den Abschluß eines Zellpaketes bildet eine Elektrodenkammer, die meist mit einer getrennten, chloridionenfreien Lösung durchspült wird, um die Bildung von freiem Chlor, das sowohl die Membranen als auch die Elektroden angreift, zu vermeiden. Der Aufbau einer Elektrodialyseanlage ist in dem Flußdiagramm der Abbildung III-15 dargestellt.

Je nach Zusammensetzung der Rohlösung und der gewünschten Produktwasseraus-

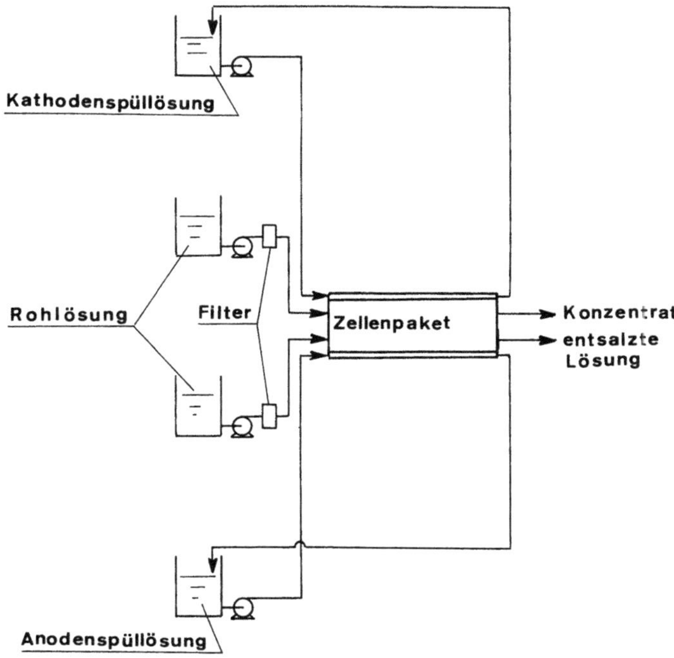

Abb. III-15: Flußdiagramm einer zweistufigen Elektrodialyseanlage

beute können Elektrodialyseanlagen in kontinuierlicher oder diskontinuierlicher Verfahrensweise betrieben werden.

3.2. Beschreibung wichtiger Prozeßparameter

Die Anwendungsmöglichkeit und die Wirtschaftlichkeit der Elektrodialyse wird vom Energiebedarf und den Anlagekosten bestimmt. Der Energiebedarf wiederum hängt vom benötigten elektrischen Strom und dem elektrischen Widerstand der Membranen und der Lösung ab. Nun ist es leider nicht so, daß der gesamte eingesetzte Strom zum Trennen der ionogenen Bestandteile der Lösung ausgenutzt werden kann. Die praktische Stromausbeute wird durch Permselektivitäten der verwendeten Membranen, durch Wassertransport durch die überführten Ionen usw. beeinträchtigt. Die Anlagekosten werden hauptsächlich durch die benötigte Membranfläche bestimmt, und diese hängt von der maximalen Stromdichte ab.

3.2.1. Der Energiebedarf

Betrachtet man zunächst den Energiebedarf bei der Entsalzung von Wasser, so ergibt sich ein Energiebedarf, der sich nach der folgenden Gleichung theoretisch berechnen läßt[38]:

$$E_{th} = (C_r - C_p)\, 1.38 \left[\frac{\ln \dfrac{C_r}{C_k}}{\dfrac{C_r}{C_k} - 1} - \frac{\ln \dfrac{C_r}{C_p}}{\dfrac{C_r}{C_p} - 1} \right].$$ [III-31]

In dieser Gleichung sind E_{th} der theoretische Energiebedarf in Kilowattstunden pro Kubikmeter Filtrat, C_r, C_p und C_k die Salzkonzentrationen der Rohlösung, des Produktwassers und des Konzentrats in Equivalent pro Liter.

Bei der praktischen Anwendung kommen jedoch noch dissipative Effekte hinzu, die sich durch den elektrischen Widerstand bzw. den Spannungsabfall in der Zelle und den Membranen bemerkbar machen. Der Widerstand einer typischen Ionenaustauschermembran in einer 0,1 n KCl-Lösung liegt in der Größenordnung von ca. 5 Ohm cm². Der Widerstand der Lösung hängt von der Konzentration der Lösung und von den Konzentrationspolarisationseffekten an den Membrangrenzflächen ab. Weiterhin wird der praktische Energiebedarf durch den Wirkungsgrad, bzw. die Stromausbeute, beeinflußt. In der Praxis ist der Energiebedarf ungefähr 10 bis 20 mal höher als theoretisch berechnet. Er läßt sich für eine Zelle nach der folgenden Beziehung experimentell ermitteln:

$$E_{pr} = I^2 n R t.$$ [III-32]

Hier ist E_{pr} der experimentell ermittelte Energiebedarf, I ist der durch die Elektrodialyseeinheit fließende Strom, R ist der elektrische Widerstand einer Elektrodialysezelle, n ist die Zahl der Zellen in einem Paket und t ist die Zeit. Der für die Entfernung des Salzes aus der Rohlösung notwendige Strom ergibt sich aus der folgenden Beziehung:

$$I = \frac{zFQ\Delta C}{\zeta}.$$ [III-33]

Hier ist F die Faradaykonstante, z ist die elektrochemische Wertigkeit, Q ist der Volumenstrom der zu entsalzenden Rohlösung, ΔC ist die Konzentrationsdifferenz zwischen der Rohlösung und dem Produktwasser, ausgedrückt in Äquivalenten und ζ ist die sogenannte Stromausbeute, die der Zahl der Zellen in einem Paket proportional ist.

Durch Einsetzen von Gleichung [III-32] in [III-33] ergibt sich der Energiebedarf, um die Salzkonzentration in einer bestimmten Menge Rohlösung um den Betrag ΔC herabzusetzen:

$$E_{pr} = \frac{I n R t z F Q \Delta C}{\zeta}.$$ [III-34]

Dabei ist die aufzuwendende Energie unabhängig davon, ob die Entsalzung in einer einzelnen Zelle oder in einem Paket mit parallel geschalteten Zellen erfolgt. Bei der Verwendung von mehreren parallel angeordneten Zellen erniedrigt sich zwar der benötigte elektrische Strom entsprechend der Anzahl der verwendeten Zellen, der Gesamtwiderstand nimmt jedoch in gleichem Verhältnis zu, so daß das Produkt aus Strom und Gesamtwiderstand, unabhängig von der Zahl der parallel verwendeten Elektrodialysezellen, konstant ist.

3.2.2. Wirkungsgrad und Stromausbeute

Die Diskrepanz zwischen dem theoretisch berechneten und dem praktisch ermittelten Energiebedarf bei der Elektrodialyse läßt sich hauptsächlich auf den Widerstand der Membranen und der Elektrolytlösung zurückführen. Hinzu kommt, daß auch die Stromausbeute praktisch nie 100% ist. Die Stromausbeute wird im wesentlichen durch drei Faktoren beeinflußt, und zwar durch die Überführung von Wasser aus der Rohlösung in das Konzentrat durch die Solvathülle der transportierten Ionen und durch osmotische Effekte, durch Parallelströme über die Zellisolierung und durch die nicht 100%ige Permselektivität der Membranen. Die Stromausbeute läßt sich in erster Näherung durch die folgende Beziehung darstellen:

$$\xi = \eta_w \eta_m n \eta_s. \tag{III-35}$$

Hier ist ξ die Stromausbeute, η_w ist der Verlust an Wirkungsgrad durch den Wassertransport der solvatisierten Ionen, η_m ist der Verlust an Wirkungsgrad durch Parallelströme, d. h. Strom, der nicht auf einen Ionentransport zurückzuführen ist, η_s ist ein Wirkungsgrad, der durch die Permselektivität der Membran bestimmt wird, und n ist die Zahl der Zellen.

Der Effekt des Wassertransportes ist bei verdünnten Lösungen nicht gravierend. Bei konzentrierten Lösungen, aus denen große Mengen Salz entfernt werden müssen, kann der Wassertransport einen erheblichen Einfluß auf den Strombedarf haben. Die Wirkung des Wassertransportes auf den Strombedarf in Form eines Wirkungsgrades anzugeben, ist nicht ganz einfach. *Shaffer* und *Mintz*[39] haben eine Form gewählt, die sowohl plausibel als auch praktisch erscheint.

Danach ist der Einfluß des Wassertransportes auf den Wirkungsgrad durch die folgende Beziehung gegeben:

$$\eta_w = (1 - t_w\, 0{,}018\ C_i/\eta_s). \tag{III-36}$$

Hier ist t_w die Überführungszahl des Wassers in der Membran, C_i die Salzkonzentration der Rohlösung und η_s der Wirkungsgrad bezogen auf die Selektivität der Membranen. Die Wasserüberführungszahl t_w hängt von der verwendeten Membran und den Salzionen in der Lösung ab. Ihre Größenordnung beträgt 5 bis 15 Mol Wasser pro Mol Salz. Der Wirkungsgradverlust durch Wassertransport ist damit im allgemeinen noch relativ gering. Auch der Wirkungsgradverlust durch Parallelströme kann durch eine geeignete Zellenkonstruktion weitgehend eliminiert werden. Anders dagegen verhält sich der durch die Permselektivität der verwendeten Membranen bestimmte Wirkungsgrad. Die Permselektivität einer Membran läßt sich als Funktion der Überführungszahlen von Anionen in einer Kationenaustauschermembran und von Kationen in der Anionenaustauschermembran ausdrücken[40]:

$$\psi_a = \frac{T_-^a - T_-}{T_+}, \tag{III-37}$$

$$\psi_c = \frac{T_+^c - T_+}{T_-}. \tag{III-38}$$

Hier sind ψ_a und ψ_c die Permselektivitäten der Anionen- bzw. Kationenaustauschermembran, T_+^c und T_-^a sind Transportzahlen von Kationen in der Kationenaustauschermembran und Anionen in der Anionenaustauschermembran, und T_+ und T_- sind die Transportzahlen von Kationen und Anionen in der Lösung.

Die Transportzahlen sind dimensionslose Größen und können mit den bekannten Überführungszahlen in Beziehung gebracht werden:

$$T_+ = z\, t_+,$$ [III-39]

$$T_- = z\, t_-.$$ [III-40]

Hier sind t_+ und t_- die Überführungszahlen von Kationen und Anionen, und z ist die elektrochemische Wertigkeit. Die Summe der Überführungszahlen ist 1:

$$t_+ + t_- = 1.$$ [III-41]

Für eine streng selektive Ionenaustauschermembran ist die Überführungszahl des Gegenions, d. h. des Ions mit der entgegengesetzten Ladung, wie die der Festionen der Membranen, 1 und des Coions, d. h. des Ions mit der gleichen Ladung, 0.

Die Überführungszahl einer Ionenaustauschermembran ist jedoch nicht konstant, sondern hängt von der Konzentration der verschiedenen Ionensorten in der Membran ab. Denn die Überführungszahl einer Ionensorte beschreibt das Verhältnis des elektrischen Stromes, der durch diese Ionensorte transportiert wird, zum Gesamtstrom:

$$t_+ = \frac{z_+ J_+}{z_+ J_+ + z_- J_-},$$ [III-42]

$$t_- = \frac{z_- J_-}{z_+ J_+ + z_- J_-}.$$ [III-43]

Hier sind t_+ und t_- die Überführungszahlen von Kationen und Anionen, z_+ und z_- sind ihre elektrochemischen Wertigkeiten und J_+ und J_- ihre Teilchenstromdichten. Die Stromdichte der einzelnen Teilchen durch die Membran ist ihrer Konzentration in der Membranmatrix direkt proportional:

$$J_i = v\, C_i^M.$$ [III-44]

Hier sind J_i die Stromdichte und C_i^M die Konzentration eines Anions oder Kations in einer Membran, v ist seine lineare Geschwindigkeit, die von der Ionenbeweglichkeit und der treibenden Kraft abhängt.

Die Konzentration in der Membran wird durch das elektrochemische Gleichgewicht zwischen Membran und Außenlösung bestimmt. Dieses Gleichgewicht wurde bereits ausführlich im Kapitel II-3. diskutiert. Nach Gleichung [II-28] ergibt sich die Coionenkonzentration in der Membran für einen einwertigen Elektrolyten in erster Näherung durch die folgende Beziehung[41,42]:

$$C_{co}^M = \frac{C_o^2}{C_{fest}^M}\left(\frac{\gamma_\pm^o}{\gamma_\pm^M}\right)^2.$$ [III-45]

Hier ist C_{co}^M die Konzentration der Coionen in der Membran. C_o ist die Konzentration der Coionen in der angrenzenden Lösung, C_{fest}^M ist die Festionenkonzentration der Membran, $\gamma_\pm^o$ und $\gamma_\pm^M$ sind die mittleren Aktivitätskoeffizienten des Salzes in der Außenlösung bzw. in der Membran.

Gleichung [III-45] besagt, daß die Konzentration der Coionen in der Membranmatrix sehr stark von der Salzkonzentration in der Außenphase und von der Festionenkonzentration der Membran abhängt. Nimmt man an, daß die Aktivitätskoeffizienten eines Salzes in der Außenlösung und in der Membran in erster Näherung gleich sind, so wird die Konzentration des Coions in der Membran und der Außenlösung identisch, wenn die Salzkonzentration in der Außenphase gleich der Festionenkonzentration der Membran wird.

Der in Gleichung [III-35] angegebene Wirkungsgrad η_s läßt sich durch die folgende Gleichung mit der Membranpermselektivität in Beziehung setzen[39,43]:

$$\eta_s = \frac{n_c T_- \psi_c + n_a T_+ \psi_a}{n_c T_- + n_a T_+}. \qquad \text{[III-46]}$$

Hier sind n_a und n_c die Anzahl der Anionen- bzw. Kationenaustauschermembranen in einer Einheit, T_- und T_+ sind die Transportzahlen von Kationen und Anionen in der Lösung, und ψ_a und ψ_c sind die Permselektivitäten der Anionen- bzw. Kationenaustauschermembranen. Nimmt man an, daß in einem Zellpaket die Zahl der Kationen- und Anionenaustauschermembranen gleich ist, so ergibt sich für einen 1-wertigen Elektrolyten der durch die Membranselektivität bestimmte Wirkungsgrad aus Gleichung [III-37] bis [III-46] zu

$$\eta_s = 1 - (t^c_- + t^a_+). \qquad \text{[III-47]}$$

Hier sind t^c_- und t^a_+ die Überführungszahlen von Anionen in der Kationenaustauschermembran und Kationen in der Anionenaustauschermembran. Durch Einsetzen von Gleichung [III-47] in Gleichung [III-35] erhält man die Stromausbeute als Funktion der Membranselektivität bzw. der Überführungszahlen der Coionen in den Membranen

$$\xi = n\eta_w \eta_m \left[1 - \left(t^c_- + t^a_+ \right) \right]. \qquad \text{[III-48]}$$

Setzt man Gleichung [III-48] in Gleichung [III-34] ein, so ergibt sich

$$E_{pr} = \frac{IzFQR\Delta Ct}{\eta_w \eta_m \left[1 - \left(t^c_- + t^a_+ \right) \right]}. \qquad \text{[III-49]}$$

Hier ist E_{pr} der Energiebedarf bei einem praktischen Elektrodialyseversuch, I ist der durch ein Zellpaket fließende elektrische Strom, R ist der Widerstand einer einzelnen Zelle, F ist die Faradaykonstante, Q ist der Volumenstrom der Rohlösung durch das Zellpaket, t ist die Zeit, und ΔC ist die Konzentrationsdifferenz zwischen Rohlösung und Produktwasser, η_w und η_m sind der Verlust an Wirkungsgrad durch den Transport von Wasser durch die Membran und Parallelströme über die Zellenrahmen, t^c_- und t^a_+ sind die Überführungszahlen von Anionen in der Kationenaustauschermembran und Kationen in der Anionenaustauschermembran. Während η_w und η_m im allgemeinen nur wenig von 1 verschieden sind, können t^c_- und t^a_+ nur in verdünnten Lösungen und Membranen mit hoher Festionenkonzentration praktisch als Null angesehen werden. Erreicht die Salzkonzentration in der Lösung die gleiche Größenordnung wie die der Festionen in der Membran, so geht die Summe aus t^c_- und t^a_+ gegen 1 und der Energiebedarf gegen Unendlich. Da gute Ionenaustauschermembranen Festionenkonzentrationen von 2–4 Milliäquivalent pro cm³ besitzen, können 2–3 normale Salzlösungen noch mit Hilfe der Elektrodialyse behandelt werden.

3.2.3. Die Grenzstromdichte

Ein weiterer wichtiger Parameter für die Auslegung einer Elektrodialyseeinheit ist die maximal zulässige Stromdichte, da sie die für eine gewünschte Kapazität notwendige Membranfläche bestimmt und somit in die Investitionskosten eingeht. Die maximal zulässige Stromdichte, die auch als Grenzstromdichte bezeichnet wird, hängt von der Salzkonzentration in der Grenzschicht der Lösung an der Membranoberfläche ab. Der Transport von geladenen Teilchen unter der treibenden Kraft eines elektrischen Potentials durch eine Ionenaustauschermembran führt auf der einen Seite der Membran zu einer Konzentrationserhöhung und auf der anderen Seite zu einer Konzentrationserniedrigung. Hierdurch entsteht eine Konzentrationsdifferenz zwischen der Lösung unmittelbar an der Membranoberfläche und im Zentrum einer Elektrodialysezelle. Diese Konzentrationsdifferenz kann durch Konvektion, z. B. intensives Rühren oder turbulente Strömung, weitgehend ausgeglichen werden.

Allerdings bleibt unmittelbar an der Membranoberfläche eine laminare Grenzschicht erhalten, in der sich ein konstantes Konzentrationsprofil ausbildet und in der ein Konzentrationsausgleich nur über eine Diffusion erfolgen kann. In der Abbildung III-16 sind die Konzentrationsprofile in den Grenzschichten an einer Kationenaustauschermembran schematisch dargestellt.

Hier sind C_m^p und C_b^p die Salzkonzentrationen an der Membranoberfläche und in der Zelle mit der verdünnten Lösung und C_m^k und C_b^k die entsprechenden Konzentrationen in der Zelle mit der konzentrierten Lösung, Y_b ist die Dicke der laminaren Grenzschicht. Die Konzentrationsprofile lassen sich aus einer Massenbilanz, die sich aus dem Gesamttransport ergibt, und Integration über die Dicke der laminaren Grenzschicht berechnen[39].

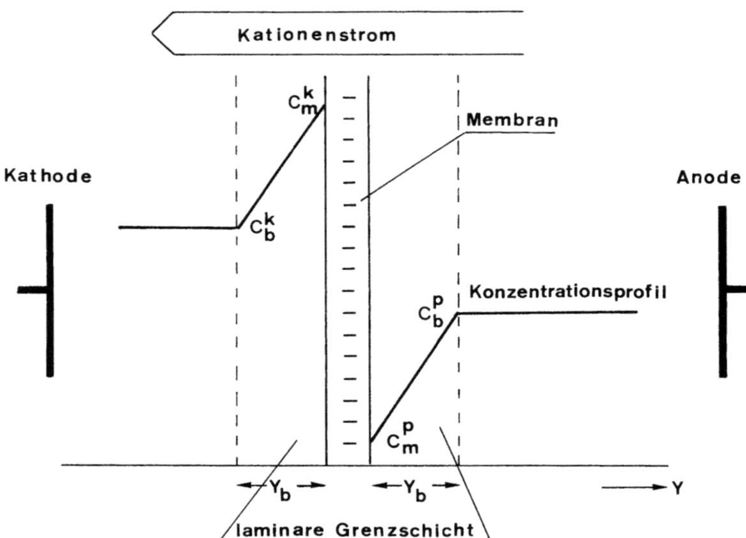

Abb. III-16: Schematische Darstellung der Konzentrationsprofile in den laminaren Grenzschichten an der Oberfläche einer Kationenaustauschermembran während der Elektrodialyse

Betrachtet man die Konzentration eines Kations in der laminaren Grenzschicht, so wird diese durch drei Teilströme bestimmt:

1. Ein Transport von Kationen durch die Membran unter der Einwirkung des elektrischen Stromes:

$$^M J^e_+ = T^M_+ \frac{i}{z_+ F}.$$ [III-50]

2. Ein Transport von Kationen in der laminaren Grenzschicht, ebenfalls unter Einwirkung des elektrischen Stromes:

$$J^e_+ = T_+ \frac{i}{z_+ F}.$$ [III-51]

3. Ein Transport von Kationen und Anionen in der laminaren Grenzschicht durch Diffusion:

$$J^D_\pm = -D \frac{dC}{dy}.$$ [III-52]

In diesen Gleichungen sind $^M J^e_+$ und J^e_+ die Kationenströme durch die Membran und in der laminaren Grenzschicht, hervorgerufen durch eine elektrische Potentialdifferenz, $J^D_\pm$ ist der Diffusionsstrom in der laminaren Grenzschicht, T^M_+ und T_+ sind die Transportzahlen für die Kationen in der Membran und in der Lösung, i ist die elektrische Stromdichte, F die Faradaykonstante, z_+ die Ladungszahl, D der Diffusionskoeffizient des Salzes in der Lösung und dC/dy der Konzentrationsgradient in der laminaren Grenzschicht. Da in einer Kationenaustauschermembran im allgemeinen $T^M_+ > T_+$ ist, tritt in den Grenzschichten an der Membran auf der einen Seite eine Ionenverarmung und auf der anderen Seite eine Ionenanreicherung ein, die durch Diffusion teilweise ausgeglichen wird. Im stationären Zustand ergibt sich damit die folgende Massenbilanz für den Gesamttransport von Kationen durch die Membran:

$$J^e_+ + J^D_\pm = T^M_+ \frac{i}{F z_+} = -D \frac{dC}{dy} + T_+ \frac{i}{F z_+}.$$ [III-53]

Durch Integration über die laminare Grenzschicht erhält man die Salzkonzentrationen unmittelbar an der Membranoberfläche als

$$C^P_m = C^P_b - (T^M_+ - T_+) \frac{i y_b}{DF z_+} \quad \text{und}$$ [III-54]

$$C^k_m = C^k_b + (T^M_+ - T_+) \frac{i y_b}{DF z_+}.$$ [III-55]

Hier sind C^P_m, C^P_b, C^k_m, C^k_b die Ionenkonzentrationen an der Membranoberfläche und im einheitlich durchmischten Teil der Lösung in der Zelle mit der verdünnten und der konzentrierten Lösung, T^M_+ und T_+ sind die Transportzahlen des Kations in der Membran und in der Lösung, i ist die Stromdichte, Y_b die Dicke der laminaren Grenzschicht, F ist die Faradaykonstante, z_+ die Ladungszahl und D der Diffusionskoeffizient des Salzes in der laminaren Grenzschicht.

Durch Erhöhung der Stromdichte wird nach Gleichung [III-54] die Ionenkonzentration an der Membranoberfläche herabgesetzt. Wenn die Ionenkonzentration Null wird, ist die für ein wirtschaftliches Verfahren maximal zulässige Stromdichte erreicht, da eine höhere Stromdichte nur zu einer Wasserzersetzung, nicht aber zu einem verstärkten

Ionentransport führen würde. Diese Grenzstromdichte ergibt sich mit Gleichung [III-54] aus der Bedingung, daß $C_m^P = O$ ist:

$$i_{\text{lim}} = \frac{C_b^P\, D\, F\, z_+}{Y_b\, (T_+^M - T_+)}.$$ [III-56]

Hier ist i_{lim} die Grenzstromdichte, bei der die Salzkonzentration an der Membranoberfläche Null wird.

Die bei der praktischen Durchführung der Elektrodialyse benutzten Stromdichten liegen immer unter der Grenzstromdichte. Bei der Entsalzung von Brackwasser verwendet man z. B. Stromdichten von einigen Milliampere pro cm^2.

3.3. Auslegung von Elektrodialyseanlagen

Für die Auslegung einer Elektrodialyseanlage ist, wie bei kaum einem anderen Membranverfahren, die Kenntnis der Zusammensetzung der Rohlösung und auch die gewünschte Restsalzkonzentration von Wichtigkeit. Wie die Gleichung [III-34] zeigt, ist die aufzuwendende Energie der zu entfernenden Salzmenge direkt proportional. Für eine vorgegebene Konzentration in Rohlösung und Produkt ist, wie ebenfalls aus der Gleichung [III-34] zu ersehen ist, der Energieverbrauch der Stromdichte direkt proportional. Danach sollten Elektrodialyseprozesse bei möglichst geringer Stromdichte betrieben werden, wenn minimale Energiekosten angestrebt werden. Allerdings erhöhen sich damit die notwendige Membranfläche und damit die Investitionskosten. Die für die Entfernung einer bestimmten Menge Salz notwendige Membranfläche berechnet sich aus der folgenden Beziehung:

$$A = \frac{z\, F\, Q\, \Delta C\, n}{i\, \zeta}.$$ [III-57]

Hier ist A die Membranfläche, F ist die Faradaykonstante, ΔC ist die Konzentrationsdifferenz zwischen Rohlösung und Produkt, i ist die Stromdichte, n ist die Anzahl der Zellen, und ζ ist die Stromausbeute. Aus den Gleichungen [III-34] und [III-57] ergibt sich, daß für einen möglichst wirtschaftlichen Betrieb der Elektrodialyse ein Kompromiß zwischen der eingesetzten Membranfläche und der Stromdichte gefunden werden muß. In der folgenden Abbildung III-17 sind die Prozeßkosten der Elektrodialyse gegen die Stromdichte aufgetragen. Danach nehmen die Energiekosten linear mit der Stromdichte zu, während die Investitionskosten entsprechend abnehmen, so daß die Gesamtprozeßkosten ein Minimum durchlaufen. Allerdings ist zu beachten, daß die Stromdichte durch die in Gleichung [III-56] beschriebene Grenzstromdichte begrenzt wird.

Die Grenzstromdichte wird im wesentlichen durch die Strömungsverhältnisse an der Membranoberfläche und durch die Restelektrolytkonzentration in der entsalzten Lösung bestimmt. Soll diese Restelektrolytkonzentration extrem niedrig sein, so liegt auch die Grenzstromdichte fast immer unterhalb der in Abbildung III-17 dargestellten optimalen Stromdichte, so daß mit überhöhten Investitionskosten zu rechnen ist.

Um Konzentrationspolarisationseffekte an der Membranoberfläche niedrig zu halten, müssen die Zellen mit hoher Geschwindigkeit durchströmt werden. Um den elektrischen Widerstand, der die Energiekosten mitbestimmt, gering zu halten, sollte der Abstand zwischen den Membranen möglichst gering sein. Da jedoch der hydraulische Widerstand mit abnehmendem Abstand entsprechend zunimmt, muß in der Praxis ein optimaler

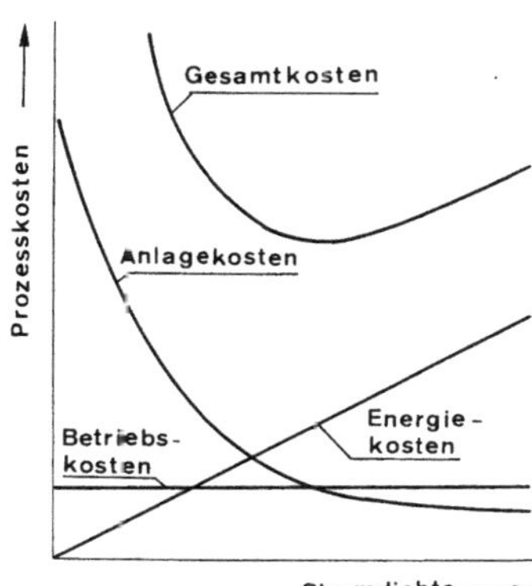

Abb. III-17: Schematische Darstellung der Prozeßkosten
bei der Elektrodialyse als Funktion der
Stromdichte

Membranabstand festgelegt werden, bei dem mit geeigneter Strömungsführung und Strömungsgeschwindigkeit die Effekte der Konzentrationspolarisation und der hydraulische und der elektrische Widerstand minimal sind. Die Konstruktion und die Auslegung von Elektrodialyseeinheiten, sowie die Auswahl der Membranen, richten sich wesentlich nach dem Anwendungsfall und sind in der Literatur ausführlich diskutiert[41−45]. Das bei weitem interessanteste Anwendungsgebiet der Elektrodialyse ist heute die Entsalzung von Brackwasser. Aber auch bei der Abwasserreinigung und in der Nahrungsmittelindustrie wird die Elektrodialyse mehr und mehr als einfache Methode zur Abtrennung ionogener Bestandteile herangezogen[46].

4. Andere Membranstofftrennprozesse

Die bisher diskutierten Stofftrennprozesse sind alle schon seit mehreren Jahren als Standardverfahren eingeführt. Daneben gibt es noch eine Reihe von neueren Membranprozessen, die erst in jüngster Zeit entwickelt wurden oder sich heute noch in der Entwicklung befinden. Einige dieser Prozesse sollen im folgenden kurz diskutiert werden.

4.1. Die Diafiltration

Die Diafiltration ist im Prinzip eine Ultrafiltration, bei der niedermolekulare Stoffe, z. B. Salze, von makromolekularen Komponenten abgetrennt werden. Gleichzeitig wird die dem Filtrat entsprechende Menge reinen Lösungsmittels nachgefüllt, so daß ein kontinuierlicher „Auswaschprozeß" stattfindet, bei dem alle Komponenten, die die Membran passieren, aus der Lösung entfernt werden.

4.1.1. Praktische Durchführung der Diafiltration

Die Diafiltration ist ein Prozeß, der in direkter Konkurrenz mit der Dialyse steht. Will man beide Prozesse hinsichtlich ihrer Wirtschaftlichkeit vergleichen, so muß ermittelt werden, welcher Aufwand notwendig ist, die Konzentration der zu eliminierenden

Komponente in der Rohlösung auf einen bestimmten Wert herabzusenken. Diese Restkonzentration der zu entfernenden Komponente ist bei der Diafiltration von der durchgesetzten Menge Waschflüssigkeit abhängig. Sie läßt sich aus einer einfachen Massenbilanz als Funktion der als Waschflüssigkeit zugegebenen Lösungsmittelmenge ermitteln. Das Verfahren der Diafiltration ist in der Abbildung III-18 schematisch dargestellt.

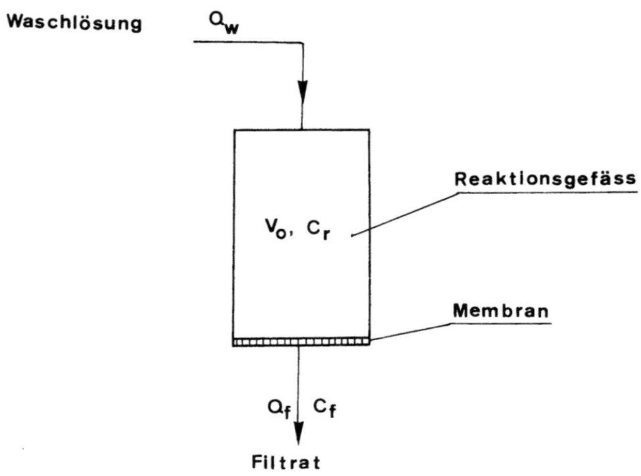

Abb. III-18: Schematische Darstellung der Diafiltration

Hier sind Q_w und Q_f die pro Zeiteinheit zugegebene Waschflüssigkeit bzw. das erhaltene Filtrat, V_o ist das Volumen der Rohlösung, C_r und C_f sind die Konzentrationen einer auszuwaschenden Komponente in der Rohlösung und im Filtrat.

Die zeitliche Änderung der Konzentration einer auszuwaschenden Komponente ergibt sich aus der Massenbilanz

$$Q_f\,C_f = -\,V_o\frac{dC_r}{dt}. \qquad\qquad [\text{III-58}]$$

Setzt man voraus, daß das Volumen der Rohlösung konstant und die Konzentration der auszuwaschenden Komponente im Filtrat der Konzentration im Filtrationsgefäß proportional ist, so gelten die Beziehungen:

$$Q_w = Q_f \qquad\qquad [\text{III-59}]$$

und

$$C_f = (1 - R)\,C_r, \qquad\qquad [\text{III-60}]$$

wobei R das Rückhaltevermögen der Membran für die auszuwaschende Komponente darstellt.

Einsetzen der Gleichungen [III-59] und [III-60] in Gleichung [III-58] und Integration mit den Randbedingungen, daß für

$$t = O\,;\, C_r = C_r^o$$

und

$$t = t_x; C_r = C_r^t \text{ ist,}$$

ergibt

$$\frac{C_r^t}{C_r^o} = e^{-\frac{Q_w t_x (1 - R)}{V_0}} \qquad \text{[III-61]}$$

Hier sind C_r^o und C_r^t die Anfangs- und Endkonzentrationen einer Komponente im Filtrationsgefäß, und t_x ist die Laufzeit des Versuchs.

Weiterhin ist

$$Q_w t_x = V_w, \qquad \text{[III-62]}$$

wobei V_w die Gesamtmenge der in der Zeit t_x hinzugefügten Waschflüssigkeit ist. Damit ergibt sich die Konzentrationsänderung im Filtrationsgefäß als Funktion der hinzugefügten Menge an Waschflüssigkeit aus Gleichung [III-61] und [III-62] nach

$$C_r^t = C_r^o \, e^{-\frac{V_w}{V_0}(1 - R)} \qquad \text{[III-63]}$$

In der folgenden Abbildung III-19 ist das nach Gleichung [III-63] berechnete Verhältnis von Rest- zu Anfangskonzentration als Funktion der zugefügten Menge an Waschflüssigkeit für verschiedene Membranrückhaltevermögen dargestellt.

Betrachtet man die Konzentration einer auszuwaschenden niedermolekularen Komponente als Funktion der hinzugefügten Menge an Waschlösung, so zeigt sich, daß bei einem Mengenverhältnis von Waschflüssigkeit zu Ausgangslösung von 5 : 1 die auszuwa-

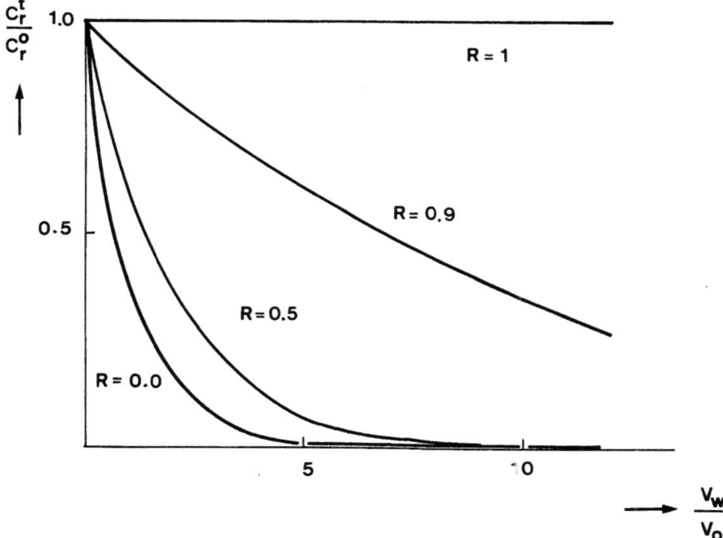

Abb. III-19: Nach Gleichung [III-63] für verschiedene Membranrückhaltevermögen berechnete Restkonzentration als Funktion der zugefügten Menge an Waschlösung

schende Komponente zu mehr als $99^o/_o$ entfernt ist, wenn die Membran die niedermolekulare Komponente nicht zurückhält, d. h. $R = O$ ist. Wird die niedermolekulare Komponente von der Membran teilweise zurückgehalten, muß entsprechend mehr Waschflüssigkeit verwendet werden. Dies ist vor allem bei der Fraktionierung von Stoffen zu berücksichtigen, die sich nur wenig in ihren Molekülabmessungen unterscheiden.

4.1.2. Produktverlust bei der Diafiltration

Wird die zu reinigende makromolekulare Komponente von der Membran nicht vollständig zurückgehalten, so kann es bei der Diafiltration zu erheblichen Verlusten an der zu reinigenden Substanz kommen. Der Materialverlust bei Verwendung einer nicht streng semipermeablen Membran läßt sich durch eine dimensionslose Größe ausdrücken:

$$\delta = \frac{V_f C_f}{V_o C_o}. \qquad\qquad\text{[III-64]}$$

Hier ist δ der Materialverlust, V_f ist die Filtratmenge, die mit der zugeführten Menge von Waschflüssigkeit V_w identisch ist, und V_o ist das Volumen der Ausgangslösung, C_f und C_o sind die Konzentrationen der makromolekularen Substanz im Filtrat bzw. in der Ausgangslösung.

Eine Massenbilanz zeigt, daß zu jedem Zeitpunkt die folgende Beziehung gilt:

$$V_f C_f = V_o C_o - V_o C_r^t, \qquad\qquad\text{[III-65]}$$

wobei C_r^t die Konzentration der makromolekularen Komponente im Filtrationsgefäß ist. Durch Kombination von Gleichung [III-63], [III-64] und [III-65] ergibt sich unter der Annahme, daß $V_f = V_w$ ist und die Gleichung [III-63] genauso für die makromolekulare wie für eine niedermolekulare Komponente gilt, die folgende Beziehung für den Materialverlust bei der Diafiltration:

$$\delta = 1 - e^{-\frac{V_w}{V_0}(1-R)} \qquad\qquad\text{[III-66]}$$

In der Abbildung III-20 ist der nach Gleichung [III-66] berechnete Materialverlust bei der Diafiltration als Funktion der hinzugefügten Menge an Waschflüssigkeit für verschiedene Membranrückhaltewerte dargestellt.

Die Abbildung III-20 zeigt, daß der Verlust an der durch Diafiltration zu reinigenden, makromolekularen Komponente ganz erheblich sein kann, wenn diese nicht vollständig von der Membran zurückgehalten wird. So gehen bei der Diafiltration, wenn ein Mengenverhältnis von Waschflüssigkeit zu Ausgangslösung 5:1 vorgegeben wird, was nach Gleichung [III-63] zu einer 99%igen Entfernung der niedermolekularen Komponenten führt, bei einem Membranrückhaltevermögen von 80% für die makromolekulare Komponente fast $^2/_3$ der zu reinigenden Substanz verloren.

Erst wenn das Membranrückhaltevermögen besser als 99% ist, bleibt der Materialverlust unter 10%.

Die Diafiltration kann überall dort eingesetzt werden, wo normalerweise die Dialyse Verwendung findet. Die Diafiltration läuft im allgemeinen schneller ab und besitzt eine bessere molekulare Trennschärfe, da alle Stoffe unabhängig von ihrem Molekulargewicht mit der gleichen Geschwindigkeit aus der Rohlösung entfernt werden, während bei der

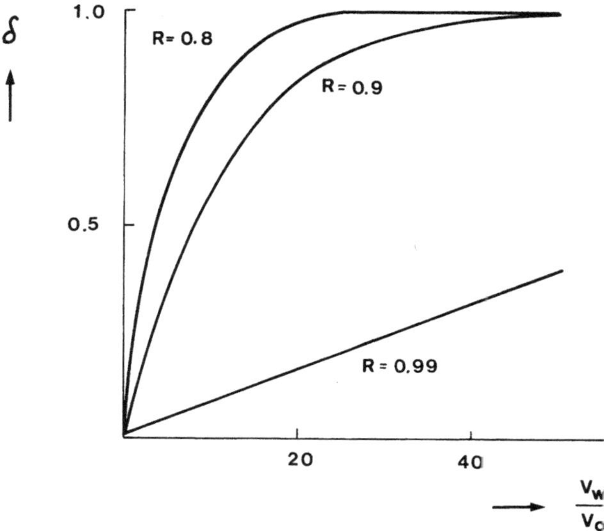

Abb. III-20: Nach Gleichung [III-66] berechneter Materialverlust bei der Diafiltration als Funktion der hinzugefügten Menge an Waschflüssigkeit für verschiedene Membranrückhaltewerte

Dialyse eine gewisse Selektion nach dem Molekulargewicht stattfindet. Anwendung findet die Diafiltration heute unter anderem in der künstliche Niere zur Detoxikation des Blutes.

4.2. Diafiltration mit makromolekularen, ionenspezifischen Komplexbildnern

Eine Erweiterung der einfachen Diafiltration stellt die selektive Abtrennung von Schwermetallionen aus einem Gemisch mit anderen Salzen dar. Das Verfahren ist in der Abbildung III-21 dargestellt.

In einem Reaktorgefäß befindet sich eine 5 bis 10%ige Lösung eines makromolekularen Komplexbildners, dessen Molekulargewicht etwa 30 000 bis 50 000 beträgt. Der Komplexbildner bindet ganz bestimmte Metallionen, z. B. Kupfer, Quecksilber, Gold, Platin usw. selektiv. Wird nun eine Lösung, die diese Metallionen in geringer Konzentration mit anderen Salzen enthält, in den Reaktor eingegeben, so werden die Metallionen spezifisch an den makromolekularen Komplexbildner gebunden. Filtriert man anschließend die Reaktorlösung durch eine Membran, die nur den makromolekularen Komplexbildner zurückhält, das Lösungsmittel und alle niedermolekularen Komponenten aber passieren läßt, so kann man bestimmte Schwermetallionen aus einem Gemisch mit anderen Salzen abtrennen. In der Praxis wird dabei das dem Filtrat entsprechende Volumen im Reaktor durch Rohlösung ersetzt. Der aufkonzentrierte, makromolekulare Komplexbildner wird entweder in den Reaktor zurückgegeben oder, wenn er vollständig beladen ist, aus dem System entfernt. In der Literatur sind eine Reihe von spezifischen Komplexbildnern bekannt[47], so daß nach diesem Verfahren verschiedene Schwermetallionen, die in geringer Konzentration in einem Gemisch mit anderen Salzen in einer Lösung vorliegen,

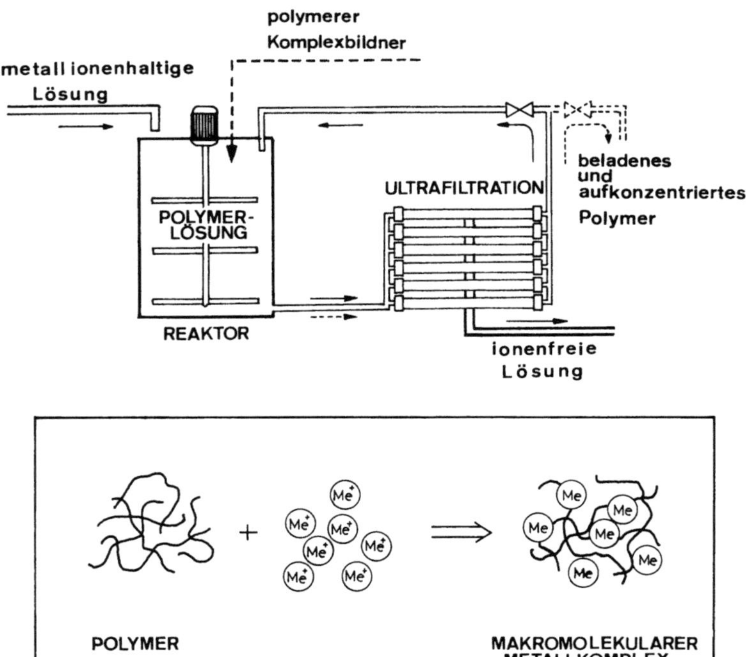

Abb. III-21: Schematische Darstellung der selektiven Entfernung von Schwermetallionen durch Diafiltration mit spezifischen, makromolekularen Komplexbildnern

mehr oder weniger selektiv und quantitativ entfernt werden können. Anwendung findet dieses Verfahren unter anderem bei der Reinigung von speziellen Industrieabwässern, die toxische oder wertvolle Schwermetallionen in geringer Konzentration im Gemisch mit anderen Salzen enthalten[48].

4.3. Stofftrennung durch „Carrier"-Membranen

Spezifische Komplexbildner können nicht nur außerhalb der Membran in einen Reaktor eingesetzt werden. In vielen Fällen ist es auch möglich, solche Komplexbildner in die Membranstruktur einzubauen. Die Bindung bestimmter Ionen an den Komplex findet dann in der Membran selbst statt. Dabei stellt sich auf beiden Seiten der Membran ein Gleichgewicht mit den Außenphasen ein. Ist die Membran undurchlässig für andere in den Lösungen der Außenphase befindlichen Stoffe, so kommt es zu einem selektiven Transport des an den Komplex gebundenen Metallions. Dieser an einen bestimmten „Träger" gebundene Transport wird im angelsächsischen Sprachgebrauch als „facilitated"- oder „Carrier"-Transport bezeichnet. Der „Träger" gebundene Transport ist jedoch nicht auf ionogene Bestandteile beschränkt, obgleich sich die technische Anwendung heute im wesentlichen auf eine selektive Trennung von Metallionen konzentriert. Wird dabei die die Membran permeierende Substanz, dem Gefälle ihres chemischen Potentials folgend, transportiert, so handelt es sich um einen passiven Transport. Es besteht aber auch die Möglichkeit, daß eine Substanz entgegen dem Gefälle ihres chemischen Potentials transportiert wird. In diesem Fall spricht man von aktivem Transport. Aktiven Transport findet man häufig in den als Membran fungierenden Zellwänden von biologischen Systemen. Er ist immer an eine chemische Reaktion gekoppelt, die die Energie für den Transportvorgang liefert. Denn auch für den aktiven Transport behält die auf der *Gibbs*'schen Fundamentalgleichung beruhende Beziehung [II-52], die besagt, daß die Entropieproduktion immer positiv sein muß, ihre Gültigkeit. In der Abbildung III-22 sind der passive, der trägergebundene und der aktive Transport schematisch dargestellt.

Beim passiven Transport folgen alle Komponenten ihrem Gefälle im chemischen bzw. elektrochemischen Potential. Ein solches Potentialgefälle kann in einer Druck-, Temperatur-, Konzentrations- oder elektrischen Potentialdifferenz bestehen. Bei allen heute technisch relevanten Membranstofftrennprozessen liegt passiver Transport vor.

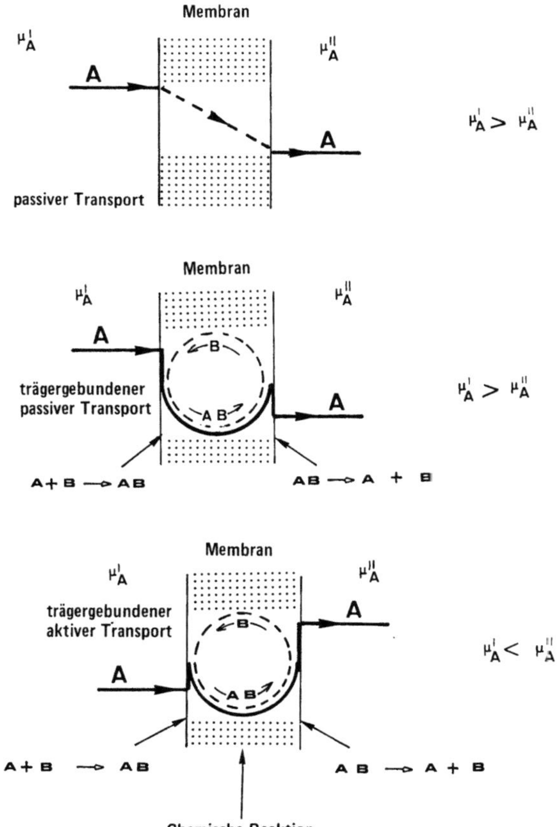

Abb. III-22: Schematische Darstellung des passiven, des trägergebundenen und des aktiven Transports durch Membranen

Beim trägergebundenen Transport befindet sich in der Membranmatrix ein Träger oder „carrier", der an der einen Seite der Membranoberfläche gewisse Stoffe bindet, durch die Membran transportiert und auf der anderen Seite wieder freisetzt. Bezeichnet man die Trägersubstanz mit B und die transportierte Substanz mit A, so findet an den Grenzflächen zwischen Membran und Außenphasen die folgende Gleichgewichtsreaktion statt:

$$A + B \rightleftharpoons AB.$$

Ist die Konzentration der Komponente A auf der einen Seite der Membran höher als auf der anderen Seite, so wird auf der Seite mit höherer Konzentration in der Außenphase die Komponente A in der Membran an B gebunden, auf der anderen Seite löst sich die Verbindung AB wieder auf und die Komponente A wird an die Außenphase abgegeben. Hierdurch entsteht in der Membran ein Konzentrationsgradient sowohl für die Verbindung AB als auch für den Träger B, der zu den entsprechenden Masseströmen führt. Da die Gradienten entgegengesetzt gerichtet sind, kommt es zu einem Kreislauf der Trägersubstanz über den Membranquerschnitt. Der Transport der Komponente A durch den Träger B kann nach dem hier beschriebenen Mechanismus jedoch nur dann erfolgen, wenn zwischen den beiden Außenphasen eine Konzentrationsdifferenz für die Komponente A besteht. Der Transport der Komponente A erfolgt von der Außenphase mit höherer Konzentration in die mit niedrigerer Konzentration. Für einfache Systeme ist der trägergebundene Transport in der Literatur mathematisch beschrieben[49, 50]. Das bekannteste Beispiel eines trägergebundenen Transportvorganges stellt in der lebenden Natur der Sauerstofftransport mit Hilfe des Hämoglobins dar[51]. Beim aktiven Transport dagegen wird eine Komponente entgegen ihrem Gradienten im chemischen Potential transportiert, d. h. eine Komponente kann von einer Lösung mit geringerer Konzentration in eine mit höherer Konzentration transportiert werden. Die Energie für diesen Transport liefert eine chemische Reaktion. Auch der aktive Transport ist an ein Trägersystem in der Membran gebunden, bei dem die transportierte Komponente auf der einen Seite der Membran von dem Träger aufgenommen und auf der anderen Seite wieder abgegeben wird. Allerdings erfolgt hier der Transport von der Seite mit dem niedrigeren in die Phase mit dem höheren elektrochemischen Potential.

Der Begriff aktiver Transport ist nicht ganz einheitlich definiert. Einige Autoren verstehen unter aktivem Transport jeden Transport gegen den Gradienten des elektrochemischen Potentials[52], andere verstehen unter aktivem Transport Vorgänge, die mit einer chemischen Reaktion oder mit einem metabolischen Prozeß der lebenden Zelle[53] gekoppelt sind. Für eine technische Anwendung hat man den aktiven Transport durch Membranen bisher leider nicht nutzen können. Der trägergebundene Transport dagegen spielt heute bereits eine recht bedeutende Rolle, vor allem bei dem selektiven Transport von Metallionen.

Besonders bei der Verwendung von selektiven, flüssigen Ionenaustauschern als Trägersubstanz ist der trägergebundene Membrantransport ein äußerst wirtschaftliches Verfahren, um bestimmte Schwermetallionen aus einem Gemisch mit anderen Salzen selektiv zu entfernen bzw. anzureichern. Flüssige, selektive Ionenaustauscher werden seit langem in der Hydrometallurgie eingesetzt, um aus Erzen wertvolle Schwermetalle zu extrahieren. In der Literatur sind eine Reihe solcher ionenselektiver Substanzen beschrieben[54]. Eine der bekanntesten Substanzen ist das zur Kupfergewinnung benutzte LIX 64 N®. Es handelt sich dabei um eine stark hydrophobe, nicht mit Wasser mischbare Flüssigkeit, die Cu^{++}-Ionen aus einer wässrigen Phase, entsprechend der folgenden Gleichung, bindet und dafür H^+-Ionen an die wässrige Phase abgibt:

$$2\,(CNOHROH)_{org} + Cu^{++}_{aqu} \rightleftharpoons (CNOHR\,O)_2Cu_{org} + 2H^{+}_{aqu}\,.$$

R stellt einen organischen Rest dar, der aus zwei Benzolringen und einer aliphatischen Seitenkette mit 6–8 C-Atomen besteht. Das LIX 64 N hat nicht nur eine hohe Selektivität für Cu^{++}-Ionen, die Verteilung von Cu^{++}-Ionen zwischen dem LIX 64 N und einer wässrigen Lösung ist auch noch stark vom pH-Wert abhängig, wie das in der Abbildung III-23 dargestellte Diagramm zeigt. Hier ist der Logarithmus des Verteilungskoeffizienten von Cu^{++}-Ionen zwischen einer wässrigen Lösung und dem organischen, hydrophoben, flüssigen Ionenaustauscher als Funktion des pH-Wertes dargestellt.

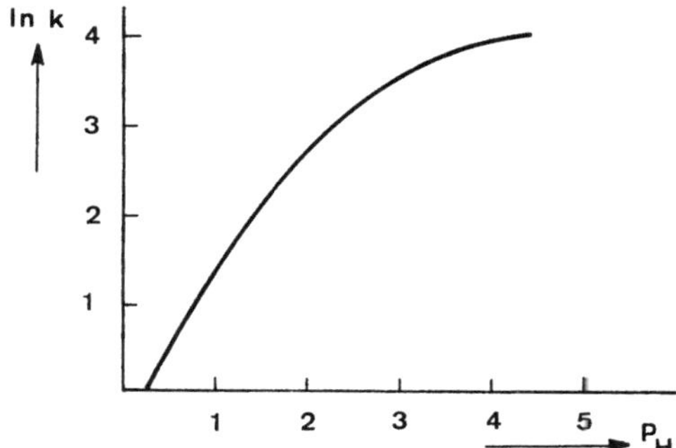

Abb. III-23: pH-Abhängigkeit des Verteilungskoeffizienten von Cu^{++} zwischen einer wässrigen Phase und dem Komplexbildner LIX 64 N

Das Diagramm in Abbildung III-23 zeigt, daß bei niedrigen pH-Werten (pH < 1) die Cu^{++}-Ionen sich vorwiegend in der wässrigen Phase befinden, während bei höheren pH-Werten (pH > 3,5) die Cu^{++}-Ionen von dem flüssigen Ionenaustauscher aufgenommen werden.

In der Hydrometallurgie macht man sich die pH-Abhängigkeit des LIX 64 N dadurch zunutze, daß man Erze mit geringem Kupfergehalt in Schwefelsäure löst und dann die Cu^{++}-Ionen bei einem pH-Wert von > 3 mit dem Ionenaustauscher extrahiert. Durch Absenken des pH-Wertes unter 1 können später die Cu^{++}-Ionen wieder freigesetzt werden. Um aus dem LIX 64 N eine Membran herzustellen, die selektive Transporteigenschaften aufweist, sind zwei Wege beschritten worden. Im einfachsten Fall wird eine hydrophobe Porenmembran mit dem flüssigen Ionenaustauscher oder einer Lösung des Ionenaustauschers in Kerosin getränkt. Die Porenflüssigkeit stellt dann die eigentliche Membran dar, durch die die Cu^{++}-Ionen an den selektiven Träger gebunden transportiert werden[55].

Ein anderes Verfahren, Membranen aus flüssigen, selektiven Ionenaustauschern herzustellen, wurde von *Li* entwickelt[56]. Hier wird die Membran dadurch gebildet, daß aus dem Ionenaustauscher mit Säure eines bestimmten pH-Wertes eine Emulsion hergestellt wird. Es bilden sich dabei mikroskopische Tröpfchen, die vollständig von einer dünnen Schicht des Ionenaustauschers umschlossen sind. Wird nun die Emulsion in eine wässrige Lösung gegeben, die eine andere Zusammensetzung und H^{+}-Ionen-konzentration besitzt, so kommt es zu einem Stoffaustausch zwischen der äußeren, wässrigen Phase durch die hydrophobe Ionenaustauscherflüssigkeit, die eine ionenselektive Flüssigkeitsmembran darstellt, und der inneren Lösung. Ist der pH-Wert im Inneren eines Emulsionströpfchens wesentlich niedriger als in der äußeren Phase, so werden Metallionen im Inneren des Tröpfchens angereichert. Der Film der Ionenaustauscherphase um ein Flüssigkeitströpfchen hat die gleiche Funktion wie der flüssige Ionenaustauscher der Porenmembran, indem er Metallionen selektiv aus einer wässrigen Phase mit hohem pH-Wert in die mit niedrigerem pH-Wert transportiert. Der eigentliche Transportvorgang ist in der Abbildung III-24 schematisch dargestellt.

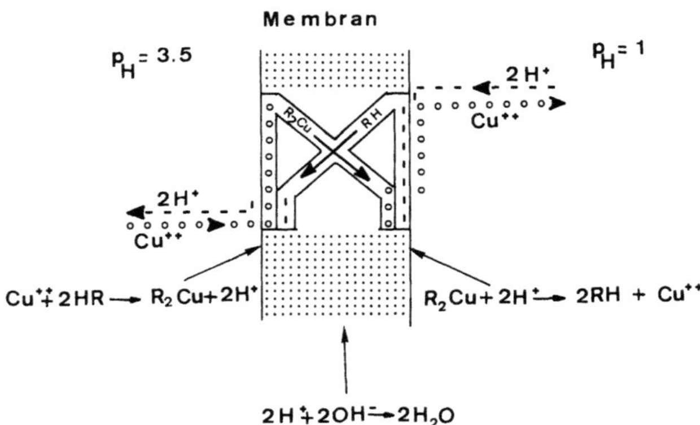

Abb. III-24: Schematische Darstellung des Cu^{++}-Ionentransports in einer Flüssigkeitsmembran mit LIX 64 N als Trägersubstanz

Trennt man, wie in der Abbildung III-24 dargestellt, zwei Cu^{++}-ionenhaltige Lösungen durch eine Membran, die als ionenselektiven Träger LIX 64 N enthält, und wird in den Außenphasen ein pH-Wert von ca. 1 auf der einen Seite und ca. 3,5 auf der anderen Seite der Membran eingestellt, so stellt sich auf beiden Seiten der Membran ein Gleichgewicht zwischen den Cu^{++}- und H^+-Ionen in den Außenphasen und im LIX 64 N ein, das dem in Abbildung III-23 dargestellten Verteilungskoeffizienten entspricht. Danach ist in der Grenzfläche, die mit der Lösung mit höherem pH-Wert im Gleichgewicht steht, die Cu^{++}-Ionenkonzentration sehr hoch und die H^+-Ionenkonzentration sehr niedrig. In der Grenzfläche, die mit der Lösung mit niedrigerem pH-Wert im Gleichgewicht steht, ist die Ionenverteilung umgekehrt. Die H^+-Ionenkonzentration ist sehr hoch, und die Cu^{++}-Ionenkonzentration ist sehr niedrig. Hierdurch entstehen in der Membran Konzentrationsgradienten für den Cu-Komplex und dem LIX 64 N, die entgegengerichtet sind und einen Transport der Cu^{++}-Ionen in die Phase mit dem niedrigeren pH-Wert und der H^+-Ionen in die Phase mit höherem pH-Wert hervorrufen.

Wird der pH-Wert auf beiden Seiten der Membran aufrecht erhalten, so werden solange Cu^{++}-Ionen durch die Membran transportiert, bis die Konzentrationsdifferenz der Cu^{++}-Ionen zwischen den beiden Phasen dem Unterschied in den Verteilungskoeffizienten der Cu^{++}-Ionen zwischen dem LIX 64 N und den beiden wässrigen Phasen entspricht.

In der Praxis kann eine Aufkonzentrierung der Cu^{++}-Ionen um den Faktor 200–400 erreicht werden[55]; die maximal erreichbare Konzentration liegt bei etwa 5 bis 10 Gew. % Kupfer in der Lösung mit niedrigem pH-Wert. Obgleich in dem hier beschriebenen

Versuch die Cu^{++}-Ionen aus einer Lösung mit niedriger Konzentration in eine mit höherer Konzentration entgegen ihren Gradienten im chemischen Potential transportiert werden und die für den Transport notwendige Energie aus einer chemischen Reaktion resultiert, denn für jedes transportierte Cu^{++}-Ion bilden sich zwei H_2O Moleküle, handelt es sich hier nicht um einen aktiven Transport im eigentlichen Sinne, sondern um einen Vorgang, der als *Donnan*-Dialyse oder Interdiffusion bezeichnet wird[41] und im Prinzip auf einem Ionenaustausch beruht[57]. Da die H^+-Ionenkonzentration in den beiden durch die Membran getrennten Phasen sehr unterschiedlich ist, besteht eine treibende Kraft für den Transport der H^+-Ionen, da aber die Membran für Anionen undurchlässig ist, muß aus Gründen der Elektroneutralität für die durch die Membran transportierten H^+-Ionen die entsprechende Menge Kationen in umgekehrter Richtung transportiert werden.

Der hier beschriebene Prozeß des selektiven Ionenaustausches durch eine Membran ist nur ein Beispiel. Es gibt heute eine Vielzahl von anionen- und kationenspezifischen Komplexbildnern, die sich als Trägersubstanz für eine selektive Konzentrierung spezieller Substanzen durch *Donnan*dialyse eignen[58].

Benützte Symbole

A	Membranfläche
A	Proportionalitätsfaktor
C	Konzentration
D	Diffusionskoeffizient
D_R	Dialysanz
E	Energie
F	Faradaykonstante
I	Stromstärke
J	Filtrationsstromdichte
K	Konstanter Faktor
L	Permeabilitätskoeffizient
N	Transportierte Stoffmenge
P	Hydrostatischer Druck
Q	Volumenstrom
R	Widerstand
R	Rückhaltevermögen
T	Transportzahl
V	Volumen
X	Molenbruch
k	Henry'sche Konstante
k	Stoffübergangskoeffizient
m	Permeabilitätskoeffizient
n	Zahl der Zellen einer Elektro-dialyseeinheit
r	Spezifischer Widerstand
s	Idealer Trennfaktor
t	Überführungszahl
t	Zeit
x	Richtungkoordinate

Indizes

A	Bezug auf Komponente A
B	Bezug auf Komponente B
D	Bezug auf Dialysat
D	Bezug auf Deckschicht
M	Bezug auf Membran
P	Bezug auf hydrostatischen Druck
P	Bezug auf Produkt
R	Bezug auf Rohlösung
V	Bezug auf Volumen
a	Bezug auf Ausgangsverhältnisse
e	Bezug auf Eingangsverhältnisse
f	Bezug auf Filtrat
g	Bezug auf gelöste Komponente
i	Bezug auf Komponente i
k	Bezug auf Konzentrat
o	Bezug auf Ausgangszustand
pr	Bezug auf praktische Anwendung
r	Bezug auf Retentat
r	Bezug auf Rohlösung
th	Bezug auf theoretische Berechnung
$'$	Bezug auf Phase $'$
$''$	Bezug auf Phase $''$
$+$	Bezug auf Kationen
$-$	Bezug auf Anionen
Δ	Differenz
Δ	Filtratausbeute
δ	Produktverlust
π	Osmotischer Druck
α	Trennfaktor
ξ	Stromausbeute
η	Wirkungsgrad

1. *Bechhold, H.*, Biochem. Z. **6**, 379 (1908).
2. *Michaels, A. S.*, in „Advances in Separation and Purification" Edt.: *Perry, E. S.*, John Wiley & Sons (New York 1968).
3. *Baker, R. W., Strathmann, H.*, J. Appl. Polym. Sci., **14**, 1197 (1970).
4. *Blatt, W. F., Dravid, A., Michaels, A. S., Nelsen, L.*, in: „Membrane Science and Technology", Plenum Press (New York 1970).
5. *Michaels, A. S., Porter, M. C.*, Chem. Techn. **1**, 56 (1971).
6. *Strathmann, H.*, Chem. Ing. Techn. **42**, 1095 (1970).
7. *Blatt, W. F.*, in „Methods in Enzymology" Vol. XXII Academic Press (New York 1971).
8. *Bird, R. B., Stewart, W. E., Lightfoot, E. N.*, „Transport Phenomena", John Wiley & Sons (New York 1960).
9. *Strathmann, H.*, Chem. Ing. Techn. **45**, 825 (1973).
10. *Reid, C. E., Breton, E. J.*, J. Appl. Polym. Sci. **1**, 133 (1959).
11. *Loeb, S., Sourirajan, S.*, Advan. Chem. Ser. **38**, 117 (1962).
12. *Lonsdale, H. K.*, in „Desalination by Reverse Osmosis" Edt.: *Merten, U.*, MIT Press (Cambridge, Mass. 1966).
13. *Brian, P. L. T.*, in „Desalination by Reserve Osmosis" Edt.: *Merten, U.*, MIT Press (Cambridge, Mass. 1966).
14. *Riley, R. L., Merten, U., Gardner, J. O.*, Desalination **1**, 30 (1966).
15. US Patent 3 228 877 (1966).
16. *Leitz, F. B., McRae, W. A.*, Desalination **10**, 293 (1972).
17. *Kedem, O., Katchalsky, A.*, Trans. Faraday Soc. **59**, 1918 (1963).
18. *de Körösy, F., Shorr, J.*, Dechema Monograph **47**, 477 (1962).
19. *Weinstein, J. N., Caplan, R. S.*, Science, **167**, 70 (1968).
20. *Leitz, F. B., Shorr, J.*, Office of Saline Water R & D-Report US Government Printing Office 775 (1972).
21. *Michaels, A. S.*, Trans. Amer. Soc. Artif. Intern. Organs **12**, 387 (1966).
22. *Casey, H. W.*, US Patent 2 226 337 (1940).
23. *Craig, L. C., Chen, H. C., Taylor, W. I.*, J. Macromol. Sci. Chem. **A3(1)** 133 (1969).
24. *Craig, L. C.*, in „Analytical Methods of Protein Chemistry" Vol. 1, Pergamon Press (New York 1960).
25. *Kolff, W. J., Berk, H. T. J., Ter Welle, M., van der Leg, J. W., van Dijk, E. C., van Noordwijk, J.*, Acta Med. Scand. **117**, 121 (1944).
26. *Kiil, F.*, Acta Chir. Scand. **253**. 142 (1960).
27. *Stewart, R. D., Lipps, B. J., Baretta, E. D., Piering, W. R., Roth, W. R., Sargent, J. A.*, Trans. Amer. Soc. Artif. Intern. Organs **14**, 121 (1968).
28. *Stannett, V.*, in „Diffusion in Polymers" Edts.: *Crank, J., Park, G. S.*, Academic Press (London 1968).
29. *Li, N. N., Long, R. B., Henley, E. J.*, Ind. Eng. Chem. **57**, 18 (1965).
30. *Karger, B. L., Snyder, L. R., Horvath, C.*, „An Introduction to Separation Science" John Wiley & Sons (New York 1973).
31. *Hwang, S. T., Kammermeyer, K.*, „Membranes in Separations", John Wiley & Sons (New York 1975).
32. *Weller, S., Steiner, W.*, J. Appl. Phys., **21**, 279 (1950).
33. *Weller, S., Steiner, W.*, Chem. Eng. Progr. **46**, 585 (1950).
34. *Benedict, M., Pigford, T. H.*, „Nuclear Chemical Engineering" McGraw-Hill (New York 1957).
35. *Pauli, W.*, Biochem. Z. **152**, 355 (1924).
36. *Manegold, E., Kalauch, K.*, Kolloid-Z. **86**, 93 (1939).
37. *Meyer, K. H., Strauss, W.*, Helv. Chim. Acta **23**, 795 (1940).

38. *Spiegler, K. S.*, in „Ion Exchange Technology" Edts., *Nachod, F. C , Schubert, J.* Academic Press (New York 1956).
39. *Shaffer, L. H., Mintz, M. S.*, in „Principles of Desalination"
    Ed.: *Spiegler, K. S.*, Academic Press (New York, 1966).
40. *Winger, A. G., Bodamer, G. W., Kunin, R.*, J. Elektrochem. Soc. **100**, 178 (1953).
41. *Helfferich, F.*, „Ionenaustauscher"
    Verlag Chemie (Weinheim 1959).
42. *Lakshminarayanaiah, N.*, „Transport Phenomena in Membranes"
    Academic Press (New York 1969).
43. *Mintz, M. S.*, Ind. Eng. Chem. **55**, 18 (1963).
44. *Lacey, R. E.*, in „Industrial Processing with Membranes",
    Edts.: *Lacey, R. E., Loeb, S.*, John Wiley & Sons (New York 1972).
45. *Cowan, D. A.*,
    Advan. Chem. Ser. **27**, 224 (1960).
46. *Korngold, E., Kock, K., Strathmann, H.*,
    Desalination, **24**, 129 (1978).
47. DBPatent Nr. 2 303 081 (1975).
48. *Strathmann, H., Kock, K.*, in „Recent Developments in Separation Science",
    Edt. *Li, N. N.*, CRC Press Inc. (Cleveland, U. S. A. 1978).
49. *Ward, W. J.*, Amer. Inst. Chem. Eng. J., **16**, 405 (1970).
50. *Smith, K. A., Meldon, J. H., Colton, C. K.*,
    Amer. Inst. Chem. Eng. J., **19**, 102 (1973).
51. *Scholander, P. F.*, Science, **131**, 585 (1960).
52. *Rosenberg, T.*, Acta Chem. Scan. **2**, 14 (1948).
53. *Kleinzeller, A., Kotyk, A.*, „Membrane Transport and Metabolism",
    Academic Press (New York 1961).
54. *Freiser, H.*, in „An Introduction to Separation Science"
    Edts.: *Karger, B. L, Snyder, L. R., Horvath, C.*,
    John Wiley & Sons (New York 1973).
55. *Baker, R. W., Tuttle, M. E., Kelly, D. J., Lonsdale, H. K.*,
    J. Membrane Sci. **2**, 213 (1977).
56. *Li, N. N.*, US Patent 3 410 794 (1968).
    US Patent 3 719 590 (1973).
57. *Cussler, E. L.*, „Multicomponent Diffusion"
    Elsevier Publishing Co. (Amsterdam 1976).
58. *Ashbrook, A. W.*, Hydrometallurgy, **1**, 5 (1975).

IV. Die Herstellung von synthetischen Membranen

Synthetische Membranen umfassen eine Vielzahl von Strukturen, die sich in ihrem Aufbau, in ihrer Funktion und in ihrer Herstellung erheblich unterscheiden. Sie können sowohl aus anorganischen als auch aus organischen Stoffen bestehen. Ihre Struktur kann homogen, heterogen, symmetrisch und asymmetrisch aufgebaut sein. Betrachtet man die Funktion, so kann man zwischen einer Löslichkeitsmembran, einer Porenmembran und einer Ionenaustauschermembran differenzieren. Legt man den Herstellungsprozeß zugrunde, so ergeben sich wiederum verschiedene Membrantypen, z. B. Sintermembranen, Phaseninversionsmembranen oder Strukturen, die durch Verstrecken eines Polymerfilms oder durch die sogenannte Kernspurtechnik hergestellt werden.

Für eine praktische Anwendung bei Stofftrennprozessen kommt heute den synthetischen Polymermembranen bei weitem die größte Bedeutung zu. Besonders die zur Elektrodialyse verwandten Ionenaustauschermembranen und die zur Ultrafiltration bzw. Hyperfiltration eingesetzten asymmetrischen Membranen sind in den vergangenen 10 Jahren für die Trinkwassergewinnung, die Abwasseraufbereitung und viele Stofftrennprobleme der Chemie und der Lebensmittelindustrie äußerst interessant geworden. Dagegen haben die meisten anorganischen, porösen Membranen nur ein begrenztes Anwendungsgebiet gefunden.

In der folgenden Tabelle IV-1 sind eine Auswahl verschiedener Membranen, ihr Ausgangsmaterial, ihr Herstellungsprozeß, ihr Trennmechanismus und ihre wesentlichen Anwendungsgebiete zusammengefaßt.

Tab. IV-1: Eigenschaften und Anwendungen verschiedener synthetischer Membranen

Membran	Ausgangsmaterial	Herstellung	Struktur	Anwendung
Keramikmembranen	Ton, Silikate, Aluminiumoxid, Graphit	Pressen und Sintern von feinkörnigem Pulver	Poren von 0,1 bis 10µm Durchmesser	Filtrieren von suspendierten Lösungen
Glasmembranen	Gemisch zweier Gläser unterschiedlicher chemischer Beständigkeit	Auslaugen der chemisch weniger beständigen Glasphase aus einem Zweiphasengemisch	Poren von 5 bis 20nm Durchmesser	Filtrieren von molekularen Gemischen
Metallmembranen	Palladium, Silber, Wolfram, etc.	Pressen und Sintern von Pulvermetallen und Auslaugen des chemisch weniger beständigen Metalls	Poren von 0,1 bis 10 µm Durchmesser	Gastrennung, Isotopentrennung

Membran	Ausgangsmaterial	Herstellung	Struktur	Anwendung
Polymersinter-membranen	Polytetrafluor-äthylen, Poly-äthylen, Poly-propylen	Pressen und Sin-tern von feinkör-nigem Polymer-pulver	Poren von 0,1 bis 50 μm Durchmesser	Grobfiltra-tion von ag-gressiven Me-dien, Gasein-leitung, Luft-reinigung
Gereckte Membranen	Polytetrafluor-äthylen, Poly-äthylen, Poly-propylen	Verstrecken einer teilkristallinen Fo-lie senkrecht zur Kristallrichtung	Poren von 0,1 bis 1 μm Durchmesser	Filtration ag-gressiver Me-dien, Luftreini-gung, Sterilfil-tration, Medi-zintechnik
Geätzte Poly-merfilme	Polycarbonat	Bestrahlung einer Folie und nach-folende Säure-ätzung	Poren von 0,02–10μm Durchmesser	analytische und medizinische Chemie, Steril-filtration
Homogene Membranen	Silikonkautschuk	Extrudieren ho-mogener Folien	homogenes Polymer	Gastrennung
Symmetrische, mikroporöse Membranen	Cellulosederivate	Phaseninversions-reaktion	Poren von 5–100 nm Durchmesser	Sterilfiltra-tion, Dialyse
Integralasym-metrische Mem-branen	Cellulosederivate, Polyamid, Poly-sulfon etc.	Phaseninver-sionsreaktion	homogenes Poly-mer oder Poren von 1–5 nm Durchmesser	Ultrafiltration, Hyperfiltration, Gastrennung
Zusammenge-setzte asymmetrische Membranen	Cellulosederivate, Polyamide, Poly-sulfon etc.	Beschichtung einer mikroporö-sen Membran mit einem Film	homogenes Poly-mer oder Poren von 1–5 nm Durchmesser	Ultrafiltra-tion, Hyper-filtration, Gastrennung
Ionen-austauscher-membranen	Polyäthylen, Poly-sulfon, Poly-vinylchlorid etc.	Beschichtung ei-ner Trägerstruk-tur mit einem Ionenaustau-scherharz oder Sulfonierung ho-mogener Folien	Poren mit positi-ver oder negativer Wandladung	Elektrodialyse

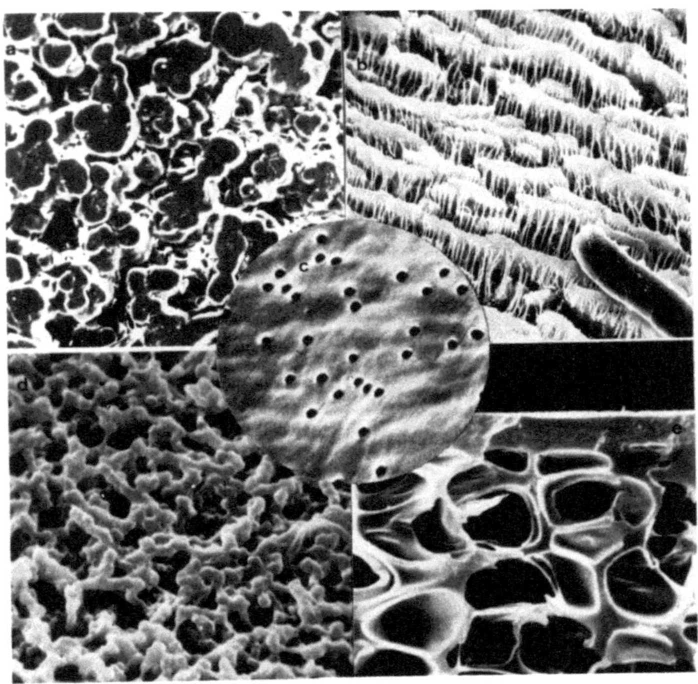

Abb. IV-1: Rasterelektronenmikroskopaufnahmen von verschiedenen Membranstrukturen.
a) mikroporöse, gesinterte PTFE-Membran, b) mikroporöse, gereckte PTFE-Membran, c) durch Bestrahlung und Ätzung hergestellte Nuclepore® Membran, d) symmetrische Phaseninversionsmembran und e) asymmetrische Phaseninversionsmembran

In der Abbildung IV-1 sind Rasterelektronenmikroskopaufnahmen verschiedener typischer Membranstrukturen dargestellt, aus denen die durch den Herstellungsprozeß bedingten unterschiedlichen Strukturen deutlich hervorgehen.

1. Membranen aus anorganischen Materialien

Membranen aus anorganischen Stoffen haben bisher nur eine relativ geringe technische Bedeutung gewonnen. Ihre Anwendung ist entweder auf ganz spezielle Stofftrennung beschränkt, wie z.B. verschiedene Metallsintermembranen zur Trennung radioaktiver Isotope verwendet werden, oder sie finden nur im Laborbereich Anwendung, wie verschiedene Glasmembranen. In der vorliegenden Monographie soll die Herstellung dieser Membranen auch nur der Vollständigkeit halber kurz diskutiert werden.

®Handelsname der Nuclepore Corporation

1.1. Keramische Membranen

Mikroporöse, keramische Strukturen gehören zu den ältesten Materialien, die zur Stofftrennung Verwendung finden. Ihre Herstellung ist äußerst einfach. Feinkörnige Silikat-, Ton- oder Metalloxidpulver werden zu Platten, Röhren oder Kerzen gepreßt und gesintert. Dabei entsteht eine grob poröse Struktur mit einer relativ breiten Verteilung der Porengrößen. Der Durchmesser der mittleren Poren kann zwischen 0,1 und 100μm eingestellt werden. Er wird durch die Korngröße des verwendeten Pulvers bestimmt. Keramische Sintermembranen zeichnen sich durch gute Temperaturbeständigkeit und gute mechanische Festigkeit aus. Sie werden bei der Reinigung von heißen, aggressiven Gasen, bei der Filtration von Abwässern, bei der Belüftung verschiedener Flüssigkeiten, bei der Sterilfiltration und für verschiedene analytische und wissenschaftliche Untersuchungen im Labor eingesetzt. Auch verschiedene auf Graphitbasis hergestellte Membranen, die in jüngster Zeit zur Ultrafiltration eingesetzt werden, gehören ihrer Herstellung nach in diese Gruppe.

1.2. Glasmembranen

Das Interesse an porösen Glasmembranen ist in den letzten Jahren sprunghaft angestiegen, da heute berechtigte Hoffnung besteht, daß solche Membranen in absehbarer Zeit in technischem Maßstab zur Entsalzung von Meer- und Brackwasser und für verschiedene Stofftrennprobleme in der Chemie erfolgreich eingesetzt werden können. Die Herstellung von Glasmembranen wurde bereits 1938 von *Hood* und *Nordberg*[1] beschrieben. Die Herstellungstechnik hat sich bis heute kaum verändert. Man geht dabei von einem Gemisch aus zwei Glassorten aus, die beide eine kontinuierliche Phase bilden. Eine der beiden Glasarten wird chemisch herausgelöst. Dadurch entsteht ein mikroporöses System mit Poren von ca. 5–10nm Durchmesser. Glasmembranen mit anderen gut definierten Porengrößen, die sich besonders zur Wasserentsalzung eignen, wurden in den letzten Jahren entwickelt[2, 3]. Während die ersten Glasmembranen als dünne Platten oder Rohre hergestellt wurden, werden heute Glasmembranen als hohle Fasern produziert, die mechanisch sehr stabil und äußerst flexibel sind. Eine besonders interessante Entwicklung stellen Glasmembranen dar, bei denen die Porenwände mit einer organischen Substanz modifiziert wurden[4]. Solche Membranen, bei denen die organischen Moleküle direkt an die Silikatgruppen gebunden sind und diese daher vor dem Angriff von Alkalien schützen, besitzen eine gute chemische Beständigkeit und ein ausgezeichnetes Salzrückhaltevermögen, so daß sie für eine einstufige Meerwasserentsalzung geeignet sind.

1.3. Metallmembranen

Metallmembranen werden im allgemeinen durch ein Verpressen und Sintern von Metallpulvern[5] bestimmter Korngröße oder aber durch Auslaugen einer Phase aus einer Metallegierung hergestellt[6]. Sie haben bisher nur eine begrenzte Anwendung bei der Gastrennung, der Luftreinigung und bei der Reinigung von Flüssigkeiten gefunden. Die Porengröße kann zwischen 0,1 und 5μm eingestellt werden. Membranen aus Wolfram, Iridium, Molybdän und anderen Metallen zeichnen sich durch gute chemische und mechanische Stabilität aus, allerdings dürfte ein Einsatz im großen Maßstab durch die Herstellungskosten begrenzt sein.

2. Synthetische Polymermembranen

Die synthetischen Polymermembranen haben heute eine beträchtliche wirtschaftliche Bedeutung erlangt. Während es sich bei den anorganischen Membranen immer um mikroporöse Systeme handelt, kann es sich bei den Polymermembranen sowohl um mikroporöse als auch um homogene Systeme handeln. Bei den Polymermembranen unterscheidet man daher nach der Funktion zwischen Porenmembranen und Löslichkeitsmembranen. Weiter unterscheidet man nach ihrer Herstellung zwischen Sintermembranen, Phaseninversionsmembranen und Membranen, die durch Ätzung oder Verstreckung homogener Folien hergestellt werden. Daneben sind noch die Ionenaustauschermembranen zu erwähnen, die entweder homogen oder heterogen aufgebaut sind.

2.1. Polymersintermembranen

Unter den Sintermembranen, die auf Polymerbasis aufgebaut sind, haben besonders die Polytetrafluoräthylen- (PTFE)-Membranen eine gewisse Bedeutung erlangt. Diese Membranen werden dadurch hergestellt, daß man ein PTFE-Pulver einer ganz bestimmten Korngröße mit einem Porenbildner, z. B. Paraformaldehyd, mischt und zunächst in die gewünschte Form, meist Folien oder dünne Scheiben bis zu 5 mm Stärke, preßt und dann bei 350–380°C sintert. Durch die Auswahl der Korngröße lassen sich Membranen mit verschiedenen Porengrößen herstellen. Auch Membranen mit einer asymmetrischen Struktur erhält man auf ähnliche Weise. Dazu wird auf gewöhnlichen, gesinterten PTFE-Membranen bestimmter Porengröße elektrophoretisch PTFE-Pulver einer extrem feinen Korngröße abgeschieden und durch Nachsintern mit der ursprünglichen Membran verbunden. Wegen des hydrophoben Charakters des Polytetrafluoräthylens sind PTFE-Membranen bis zu einem bestimmten hydrostatischen Druck für wässrige Lösungen praktisch undurchlässig. Sie eignen sich daher besonders zur Gastrennung und zur Gaseinleitung. Sie finden weiterhin Anwendung als Batterieseparatoren und bei Sauerstoff liefernden Elektroden in der Brennstoffzelle[7]. Sie dienen auch als Verschluß von Autobatterien, da sie ein Auslaufen der flüssigen Akkumulatorsäure verhindern, wohl aber den Austausch von Wasserstoff und Sauerstoff, der beim Überladen der Batterie entsteht, zulassen. Wegen ihrer ausgezeichneten Chemikalienbeständigkeit werden sie

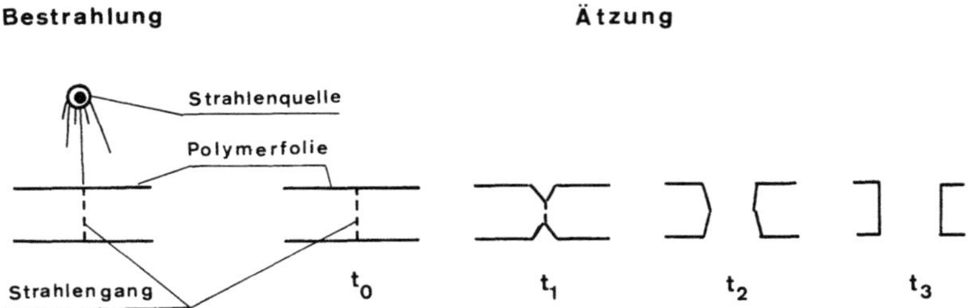

Abb. IV-2: Schematische Darstellung der Bildung einer Porenmembran durch Bestrahlung eines Polymerfilms und nachfolgender Ätzung

auch zur Filtration aggressiver Lösungsmittel oder von Säuren und Laugen benutzt. PTFE-Membranen haben den Vorteil fast universeller Chemikalienbeständigkeit und hoher Temperaturfestigkeit. Ihr wesentlicher Nachteil besteht darin, daß nur Membranen hergestellt werden können, deren Porengröße nicht wesentlich kleiner als 0,2 μm ist. Bedingt durch den Verarbeitungsprozeß, können die Membranen auch nicht in jeder beliebigen Konfiguration hergestellt werden. Im wesentlichen ist man auf Folien oder Schläuche beschränkt. Eine typische PTFE-Sintermembran ist in der Abbildung IV-1a dargestellt. Diese Abbildung zeigt eine Rasterelektronenmikroskopaufnahme einer gesinterten PTFE-Membran mit einem mittleren Porendurchmesser von ca. 2 μm.

2.2. Gereckte Membranen

Eine weitere Methode, die sich gerade zur Herstellung von PTFE-Membranen eignet, beruht auf dem Verstrecken eines teilkristallinen, homogenen Polymerfilms. Beim Extrudieren von Folien aus teilkristallinen Polymeren erhalten die kristallinen Bereiche eine Vorzugsrichtung, die parallel zur Extrudierrichtung verläuft. Werden diese Filme dann quer zur Verstreckungsrichtung mechanisch belastet, so entstehen zwischen den einzelnen kristallinen Bereichen Bruchstellen und damit definierte Poren. Durch diese Querverstreckung läßt sich die Porengröße der Membranen relativ genau einstellen. Solche Membranen können aus PTFE, aus Polyäthylen und aus anderen Materialien, die einen hohen kristallinen Anteil besitzen, hergestellt werden. Die Porengröße dieser Membran kann zwischen ca. 0,1 und 3 μm eingestellt werden[8].

In der Abbildung IV-1b ist eine verstreckte PTFE-Membran dargestellt. Sie ist fast universal chemikalienbeständig und bis zu recht hohen Temperaturen einsetzbar und besonders für die Permeation von Gasen unter Ausschluß von Flüssigkeiten geeignet.

Ein weiteres Anwendungsgebiet scheint sich im medizinischen Bereich aufzutun, wo die gereckten PTFE-Membranen mit gutem Erfolg als Wundabdeckungen bei Verbrennungen und in der plastischen Chirurgie eingesetzt werden. Durch ihre Antihafteigenschaften und ihre vollständige Bakterienundurchlässigkeit bei gleichzeitiger hoher Gas- und Wasserdampfpermeabilität ermöglichen sie eine ausgezeichnete Kontrolle des Wundheilprozesses. Unter dem Handelsnamen Celgard® sind gereckte Polyäthylenmembranen mit verschiedenen Porengrößen kommerziell erhältlich.[9]

2.3. Geätzte Porenmembranen

Eine sehr interessante Methode, Membranen einer ganz bestimmten und sehr einheitlichen Porengröße herzustellen, ist von einer Arbeitsgruppe bei General Electric entwickelt worden[10]. Zur Herstellung dieser Membranen, die man im angelsächsischen Sprachgebrauch auch als „nucleation track membranes" bezeichnet, wird ein homogener Polymerfilm mit einer energiereichen Korpuskularstrahlung kurzzeitig behandelt. Hierbei wird die Polymermatrix so stark beschädigt, daß sich durch einen nachfolgenden Ätzprozeß entlang des Strahlenganges genau definierte, makroskopische Poren ausbilden, die äußerst einheitlich in ihren Radien sind. Der Herstellungsprozeß einer geätzten Membran ist in der Abbildung IV-2 schematisch dargestellt. Die Abbildung zeigt den zeitlichen Ablauf der Bildung einer makroskopischen Pore durch den Ätzprozeß.

®Handelsname der Celanese Corporation

Die Porengröße wird dabei durch die Dauer des Ätzprozesses und die Porendichte durch die Dauer der Bestrahlung bestimmt.

Als Ätzmittel werden bei Polymeren, wie z. B. Polycarbonat, Celluloseestern, Polyamiden usw., konzentrierte Laugen oder Säuren verwandt. Eine typische, geätzte Polymermembran ist in der Abbildung IV-1c dargestellt. Es handelt sich dabei um eine Nuclepore® Membran. Solche Membranen werden mit sehr einheitlichen Poren mit Radien von 0,02 bis 10 µm gefertigt. Sie finden heute bei ganz bestimmten Filtrationsprozessen, in der Pathologie und der medizinischen Diagnostik Anwendung. Sie eignen sich auch zur Sterilfiltration und Luftreinigung im industriellen Bereich.

Die Herstellung von geätzten Membranen ist nicht auf Polymere als Ausgangsmaterial beschränkt. Viele anorganische Materialien, im besonderen Glimmer, können auf diese Weise in poröse Systeme mit ganz bestimmten Porengrößen überführt werden. Allerdings haben anorganische, nach der Kernspurtechnik hergestellte Membranen bisher keine wirtschaftliche Bedeutung erlangt.

2.4. Homogene Polymermembranen

Homogene Polymermembranen bestehen aus einem isotropen Polymerfilm, der in allen Bereichen die gleichen strukturellen, chemischen und physikalischen Eigenschaften aufweist. Der Stofftransport durch eine solche Membran erfolgt nach dem Löslichkeits-Diffusionsmechanismus, d. h. alle Stoffe werden ihrem Verteilungsgleichgewicht entsprechend im Polymer gelöst und bewegen sich per Diffusion durch die Polymermatrix. Die Selektivität dieser Membran beruht auf den unterschiedlichen Löslichkeiten und Diffusionsgeschwindigkeiten der verschiedenen Moleküle in der Polymermatrix. Hergestellt werden homogene Polymermembranen entweder durch Extrudieren eines Films aus einer Polymerschmelze oder durch Vergießen einer Polymerlösung und anschließendem Verdampfen des Lösungsmittels. Beide Herstellungsverfahren sind nicht ganz unproblematisch, wenn eine hohe Reproduzierbarkeit erwünscht ist. Das Herstellungsverfahren, sowie gewisse Vor- und Nachbehandlungsschritte und vor allem bei den aus einer Lösung gewonnenen Membranen das verwendete Lösungsmittel haben einen großen Einfluß auf die Membraneigenschaften, wie bei verschiedenen Untersuchungen an unterschiedlich behandelten Polyäthylenfilmen gezeigt wurde[11].

Bei der Herstellung von Polymerfilmen aus einer Gießlösung geht man von einer Lösung von 10 bis 50% Polymer in einem geeigneten Lösungsmittel aus. Die im allgemeinen hochviskose Lösung wird zu einem dünnen Film vergossen und das Lösungsmittel anschließend verdampft. Die Viskosität der Gießlösung muß so hoch sein, daß ein Verlaufen des Films während des Verdampfungsprozesses vermieden wird. Der Siedepunkt des verwendeten Lösungsmittels darf nicht zu niedrig gewählt werden, da es sonst während des Verdampfungsschrittes leicht zu einer Blasenbildung kommen kann. Sehr hoch siedende Lösungsmittel dagegen verlangen eine sehr lange Verdampfungszeit oder aber erhöhte Temperatur.

Viele Lösungsmittel sind sehr schwer aus dem Polymer zu entfernen und wirken noch in Spuren als Weichmacher, der erheblichen Einfluß auf Struktur und Transporteigenschaften der Membran haben kann[12]. Das Trocknen des Polymerfilms muß in einer absolut inerten Atmosphäre oder im Vakuum geschehen, da z. B. schon Spuren von

---

®Handelsname der Nuclepore Corporation

Wasserdampf zur Fällung des Polymers führen können. Auch die Unterlage, auf die der Polymerfilm ausgezogen wird, kann, ebenso wie der eigentliche Zieh- oder Gießprozeß, einen erheblichen Einfluß auf die Struktur der Membran haben.

Bei der Herstellung von homogenen Polymermembranen durch Extrusion wird ein Polymerpulver oder Granulat bis kurz über den Schmelzpunkt erhitzt, bei einem Druck von 100–300 bar extrudiert und in einem beheizten Kalander zu einem Film der gewünschten Dicke ausgewalzt. Gegebenenfalls wird der Film anschließend noch verstreckt. Eine unerwünschte Haftung des Films an der Kalanderoberfläche stellt ein gewisses Problem bei dieser Art der Membranherstellung dar, das aber durch die Auswahl geeigneter Oberflächen, z. B. aus PTFE oder elektropolierten Chrommetallen, leicht überwunden werden kann. Zur Extrusion eignen sich alle Thermoplasten, wie z. B. Polyäthylen, Polypropylen oder verschiedene Polyamide. Durch den Extrusionsvorgang und durch das Verstrecken tritt eine gewisse Ausrichtung der Polymersegmente ein und durch eine Temperaturnachbehandlung kann eine weitere Orientierung und teilweise Kristallisation erreicht werden.

Der Einfluß des Herstellungsprozesses auf die Membraneigenschaften ist sowohl bei aus einer Lösung gegossenen, als auch bei extrudierten Membranen dann von Bedeutung, wenn Membranen aus gleichen Polymeren, aber von verschiedenen Herstellern, hinsichtlich ihrer Transporteigenschaften verglichen werden sollen.

Eine wirtschaftliche Bedeutung haben von den homogenen Membranen bisher nur die Silikonkautschukmembranen erlangt, die in großem Maßstab für die Trennung verschiedener Gase eingesetzt werden.

2.5. Phaseninversionsmembranen

Der Begriff Phaseninversionsmembran geht auf eine Definition von *Kesting*[13] zurück. Er umfaßt alle porösen Strukturen, die durch eine Fällungsreaktion aus einer homogenen Polymerlösung hergestellt werden. Den Phaseninversionsmembranen kommt heute die bei weitem größte technische Bedeutung zu. Sie werden aus einer Vielzahl verschiedener Polymere mit den unterschiedlichsten Filtrationseigenschaften hergestellt und können, wie die Abbildung IV-3 zeigt, in ihrer Struktur symmetrisch oder asymmetrisch sein. Sie können in Porengrößen von 0,1–10 µm hergestellt werden und dienen dann zur Mikrofiltration. Sie lassen sich aber auch mit Porengrößen von nur wenigen Nanometern herstellen und werden dann zur Trennung echter molekularer Lösungen in der Ultra- bzw. Hyperfiltration eingesetzt. In der Abbildung IV-3 sind Rasterelektronenmikroskopaufnahmen von Membranen, die durch Phaseninversion erhalten wurden, dargestellt; a) zeigt eine symmetrische Membran auf Nitrocellulosebasis, b) eine asymmetrische Ultrafiltrationsmembran aus Polysulfon, c) eine asymmetrische Membran mit graduierter Porenstruktur aus Polyamid und d) eine asymmetrische Membran mit einheitlicher Porenstruktur aus Polyimid.

Schon die ersten, Anfang des Jahrhunderts von *Bechhold*[14] entwickelten Cellulosenitratmembranen wurden, ebenso wie die später von *Zsigmondy*[15] und *Elford*[16] entwickelten Strukturen mit abgestuften und exakt reproduzierbaren Porengrößen durch eine Phaseninversionsreaktion hergestellt. Mit der Entwicklung der asymmetrischen Celluloseacetatmembranen durch *Loeb* und *Sourirajan*[17] für die Entsalzung von Meer- und Brackwasser ist die Phaseninversionsmembran Mittelpunkt zahlreicher wissenschaftlicher Untersuchungen geworden.

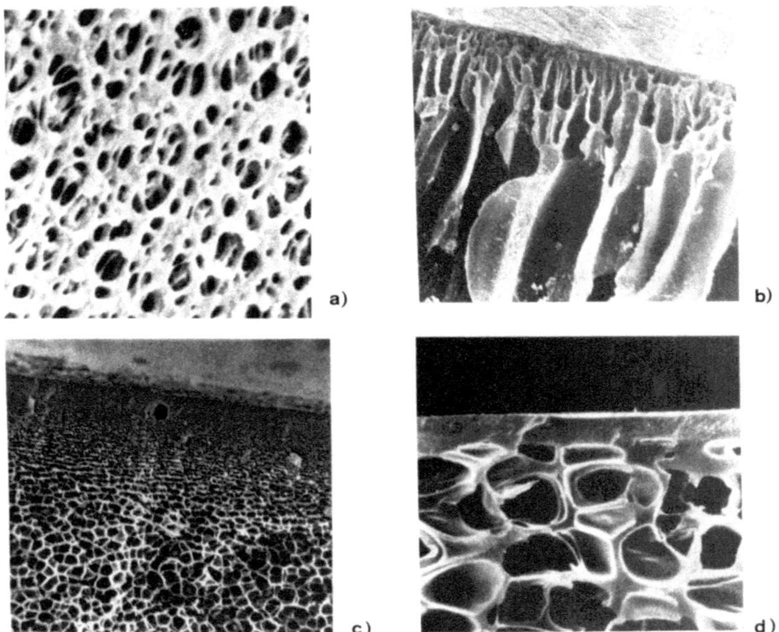

Abb. IV-3: Rasterelektronenmikroskopaufnahmen verschiedener Phaseninversionsmembranen

a) symmetrische mikroporöse Membran
b) asymmetrische Ultrafiltrationsmembran aus Polysulfon
c) asymmetrische Polyamidmembran mit einer graduierten Porenstruktur
d) asymmetrische Polyimidmembran mit einer dichten Haut auf einer porösen Unterstruktur

Die Membranentwicklung verlief zunächst rein empirisch, und die Herstellung von Membranen ist in der Literatur in vielen detaillierten Rezepturen beschrieben worden[18-20]. Erst durch den umfangreichen Einsatz der Rasterelektronenmikroskopie wurden die unterschiedlichen Strukturen ersichtlich und die Bedeutung der einzelnen Herstellungsparameter erkannt. Der Bildungsmechanismus der Phaseninversionsmembranen ist in zahlreichen Arbeiten eingehend untersucht und in der Literatur diskutiert worden[21-33]. Heute werden Phaseninversionsmembranen von verschiedenen Firmen in großem Maßstab hergestellt. Sie haben neben den Ionenaustauschermembranen zur Zeit die größte technische Bedeutung.

2.5.1. *Die praktische Herstellung von Membranen durch Phaseninversion*

Die ersten Phaseninversionsmembranen wurden vor mehr als 50 Jahren aus Nitrocellulose von *Bechhold*[14] hergestellt. Hierzu wurde eine Lösung von Nitrocellulose in einem Äthanol-Äthergemisch zu einem dünnen Film auf einer Glasplatte ausgegossen.

108

Obgleich Nitrocellulose in Äthanol oder Äther allein nicht löslich ist, löst sie sich jedoch in einem Gemisch beider Lösungsmittel vollständig. Durch Verdampfen eines Teiles des leichter flüchtigen Äthers an der Filmoberfläche kommt es zu einer Entmischung der homogenen Lösung, wobei Nitrocellulose als feste Phase ausfällt. Die gefällte Nitrocellulose hat zunächst eine Gel-Struktur, die sich durch das anschließende Verdampfen des Äthanols in eine Porenstruktur überführen läßt. Durch die Auswahl verschiedener Lösungsmittelgemische und der Polymerkonzentration lassen sich Membranen verschiedener Porengröße herstellen. Das Verfahren, das zunächst nur Membranen mit schlecht reproduzierbaren Filtrationseigenschaften lieferte, hat in jüngster Zeit durch die Arbeiten von *Kesting*[34, 35] wieder sehr stark an Bedeutung gewonnen. *Kesting* gelang es nach einem von ihm als „Trockenprozeß" bezeichneten Verfahren, Membranen mit guten Trenneigenschaften für Salz und Wasser herzustellen. Dabei wird eine Lösung von Celluloseacetat in einem Gemisch von einem leicht flüchtigen Lösungsmittel, z. B. Aceton, und einem schwer flüchtigen Lösungsmittel, z. B. Isopropanol, gelöst. Celluloseacetat ist in Isopropanol allein nicht löslich, daher kommt es durch Verdampfen des Acetons zu einer Entmischung der Polymerlösung. Durch geschickte Wahl der Lösungsmittelzusammensetzung und der Polymerkonzentration gelang es *Kesting* so, asymmetrische Membranen mit einer dichten Haut an der Oberfläche und einer relativ einheitlichen Porenstruktur zu entwickeln, die ein Trocknen der Membran ermöglichte, ohne daß diese ihre Filtrationseigenschaften wesentlich veränderte. Ein anderes Verfahren, poröse Membranen herzustellen, beruht auf der Fällung eines Polymers aus einer Lösung durch Zugabe eines Nichtlösungsmittels. Dabei erfolgt, nach einem von *Zsigmondy* und *Bachmann*[36] entwickelten Verfahren, die Zufuhr des Fällungsmittels über die Gasphase. Eine Lösung von Nitrocellulose wird dabei als Film ausgegossen und anschließend einer mit Wasserdampf gesättigten Atmosphäre ausgesetzt. Das Wasser wird von der Polymerlösung aus der Atmophäre aufgenommen und führt zur Fällung des Polymers. Die Porengröße und die Gesamtporosität der Membran wird durch die Wahl des Lösungsmittels und durch die Polymerkonzentration bestimmt. Dieses Verfahren wird heute noch von den Firmen Millipore, Sartorius und anderen zur Herstellung mikroporöser Membranen benutzt, die ihren Einsatz hauptsächlich in der Sterilfiltration finden. Angewandt auf eine Polysulfonlösung, hat dieser Prozeß in der jüngsten Zeit eine zusätzliche Bedeutung für die Herstellung von Trägermaterial für die sogenannten Compositemembranen gewonnen. Die durch Fällung aus der Gasphase hergestellten Membranen haben meist eine mehr oder weniger symmetrische Struktur und wirken in ihrem Trennmechanismus als Tiefenfilter.

Ein weiteres Verfahren zur Herstellung von Phaseninversionsmembranen geht auf *Loeb* und *Sourirajan*[17] zurück. Es hat insofern besondere Bedeutung, als es hier zum ersten Mal gelungen ist, Membranen mit so gutem Trennvermögen für Kochsalz und Wasser herzustellen, die gleichzeitig extrem hohe Filtrationsstromdichten besaßen, daß eine Trinkwassergewinnung aus dem Meer durch die Hyperfiltration aussichtsreich erschien. Diese Membranen, die auf Celluloseacetatbasis aufgebaut waren, zeichneten sich dadurch aus, daß sie eine asymmetrische Struktur besaßen. Der Unterschied zwischen einer symmetrischen und einer asymmetrischen Struktur ist in der folgenden Abbildung IV-4 schematisch dargestellt.

In einer symmetrischen Membran hat die Membran über den ganzen Querschnitt die gleiche Struktur. Asymmetrische Membranen dagegen bestehen aus einer porösen Unterstruktur und einer dünnen Haut von 0,1–1 μm Dicke an der Oberfläche. Diese Haut stellt die eigentliche Membran dar. Sie bestimmt die Filtrationseigenschaften, während die Unterstruktur nur als Träger für diese ultradünne Membran dient und weder einen

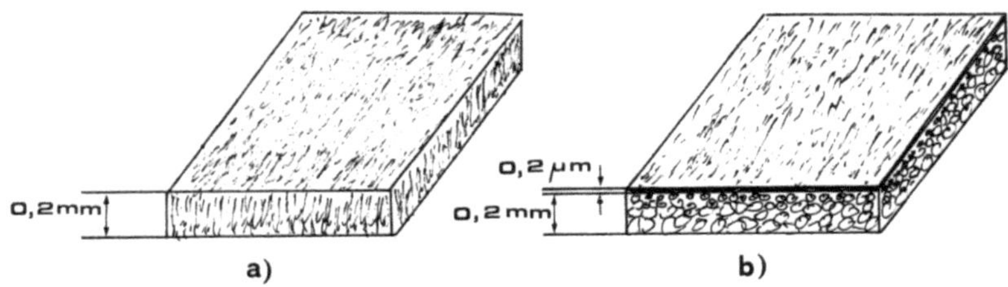

Abb. IV-4: Schematische Darstellung einer a) symmetrischen und einer b) asymmetrischen Membran

nennenswerten Strömungswiderstand noch irgendwelche diskriminierenden Eigenschaften aufweist. Asymmetrische Membranen besitzen daher im allgemeinen eine 50–100fach höhere Filtrationsstromdichte als vergleichbare symmetrische Strukturen. Bei der Ultrafiltration und der Hyperfiltration werden heute fast ausschließlich asymmetrische Membranen verwendet, weil sie außer dem schon vorher erwähnten Vorteil hoher Stromdichten noch zusätzlich den Vorteil einer über einen längeren Zeitraum konstanten Filtrationsleistung besitzen.

Der Grund hierfür liegt, wie in der Abbildung IV-5 zu sehen ist, in der Porenstruktur, denn bei asymmetrischen Membranen sind die Poren an der Oberfläche am kleinsten und werden bis zur Membranunterseite kontinuierlich größer. Ablagerungen werden daher an der Oberfläche zurückgehalten und können durch entsprechende Strömungsführung parallel zur Membran entfernt werden. Die Membranen verstopfen im Gegensatz zu den symmetrischen Strukturen, die mehr oder weniger wie ein Tiefenfilter wirken und alle Stoffe im Inneren der Membran zurückhalten, kaum.

Die von *Loeb* und *Sourirajan* empirisch entwickelte Herstellungsmethode von asymmetrischen Celluloseacetatmembranen besteht aus vier wesentlichen Schritten:
1. Herstellung einer homogenen Polymerlösung geeigneter Viskosität.
2. Verstreichen der Polymerlösung zu einem Film und Ausdampfen eines Teils des Lösungsmittels aus der Filmoberfläche.
3. Fällen des Polymers durch Eintauchen des Films in ein Wasserbad.
4. Schrumpfen des gefällten Polymerfilms durch eine thermische Nachbehandlung.

Für die Herstellung der ersten, für Meerwasserentsalzung geeigneten Hyperfiltrationsmembran haben *Loeb* und *Sourirajan* die folgende Rezeptur angegeben[17]:
1. Es wird eine Lösung von 22,3 Gew. % Celluloseacetat, 66,6 Gew. % Aceton, 10 Gew. % Wasser und 1,1 Gew. % Magnesiumperchlorat hergestellt.
2. Die Lösung wird auf einer Glasplatte zu einem 0,2–0,5 mm dicken Film ausgezogen und ca. 3–4 Minuten bei Zimmertemperatur ausgedampft, wobei eine gewisse Menge Aceton die Lösung verläßt und das Polymer sich an der Filmoberfläche anreichert.
3. Der ausgedampfte Polymerfilm wird in ein Wasserbad von 0°C eingetaucht. Dabei fällt das Polymer als feste Phase aus.
4. Der gefällte Polymerfilm wird ca. 24 h in fließendem Wasser gewaschen, um das gesamte Lösungsmittel zu entfernen und anschließend für ca. 1–2 Minuten in ein 75–80°C heißes Wasserbad getaucht.

Durch diese Prozedur ergibt sich eine Membran, die ein gutes Trennvermögen für Salz und Wasser aufweist und dank ihrer asymmetrischen Struktur auch eine gute Filtrationsleistung besitzt. Die Herstellung von asymmetrischen Membranen ist heute längst nicht mehr auf Celluloseacetat beschränkt, sondern auf eine Vielzahl von Polymeren ausgedehnt worden.

Dabei sind die vier wesentlichen Herstellungsschritte in mehr oder weniger abgeänderter Form beibehalten worden. So werden z. B. bei Membranen auf Polyamidgrundlage meist relativ hoch siedende Lösungsmittel wie Dimethylsulfoxid, Dimethylformamid, usw. verwendet. Hierdurch wird ein Ausdampfungsschritt, zumindest bei Raumtemperatur, hinfällig. Auch eine thermische Nachbehandlung ist bei vielen Polymeren nicht sinnvoll, da ihre Glasübergangstemperatur zu hoch liegt. Die Herstellung von Membranen aus anderen Polymeren als Celluloseacetat ist in der Literatur ausführlich beschrieben worden[37-40] und soll hier nicht weiter diskutiert werden. Der Einfluß der einzelnen Herstellungsschritte auf die Struktur und die Filtrationseigenschaften von Phaseninversionsmembranen ist in zahlreichen Arbeiten untersucht worden[23-29]. Dabei konzentriert sich die Mehrzahl der Untersuchungen auf Celluloseacetatmembranen und beschränkt sich auf eine Beschreibung von experimentellen Befunden, ohne eine Erklärung des Membranbildungsmechanismus zu geben.

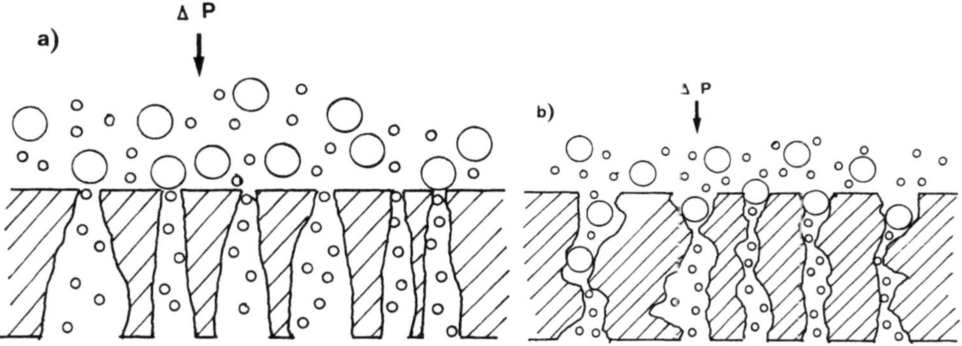

Abb. IV-5: Schematische Darstellung des Filtrationsverhaltens einer a) asymmetrischen und b) einer symmetrischen Porenmembran

2.5.2. Der Einfluß einzelner Herstellungsparameter auf Struktur und Funktion von asymmetrischen Phaseninversionsmembranen

a) Einfluß der thermischen Nachbehandlung auf eine asymmetrische Celluloseacetatmembran

Der Einfluß der thermischen Nachbehandlung auf die Filtrationsleistung und das Salzrückhaltevermögen einer Celluloseacetatmembran ist in der Abbildung IV-6 dargestellt.

Hier sind die Filtrationsstromdichte und das Salzrückhaltevermögen von Celluloseacetatmembranen, die eine Minute angelassen wurden, gegen die Wasserbadtemperatur aufgetragen. Dabei zeigt sich, daß mit steigender Wasserbadtemperatur die Filtrationsstromdichte zurückgeht, während das Salzrückhaltevermögen zunimmt. So hat z. B. eine frisch gefällte Celluloseacetatmembran praktisch kein Rückhaltevermögen für NaCl, dafür aber eine sehr hohe Filtrationsstromdichte, während eine bei 80 °C etwa 1 Minute getemperte Membran zwar ein Rückhaltevermögen bis 93%, aber einen sehr geringen

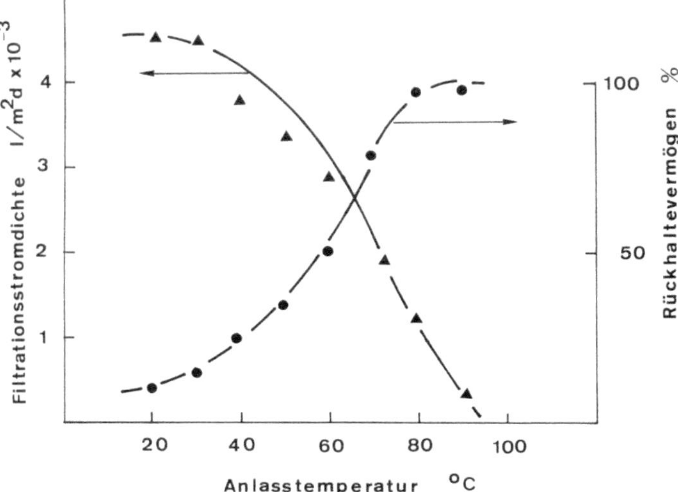

Abb. IV-6: Filtrationsstromdichte und Salzrückhaltevermögen einer Celluloseacetatmembran als Funktion der Anlaßtemperatur bei einer Anlaßzeit von 1 Minute (1%ige NaCl-Lösung, hydrostatischer Druck von 100 bar)

Fluß von weniger als 10^{-3} cm/sec aufweist. Die Versuche wurden bei 100 bar mit einer 1%igen NaCl-Lösung durchgeführt.

Untersucht man die Struktur einer getemperten und einer ungetemperten Membran mit Hilfe von Röntgenstrahlen[25], so stellt sich heraus, daß eine nicht thermisch behandelte Membran eine fast amorphe Struktur aufweist, während eine bei 100 °C getemperte Membran einen hohen Anteil an kristallinen Bereichen besitzt, wie aus den Röntgenaufnahmen in der Abbildung IV-7 zu ersehen ist.

Die thermische Nachbehandlung bewirkt bei der Celluloseacetatmembran also eine gewisse Umstrukturierung, die zu einer Schrumpfung und Verdichtung der Membran führt. Gleichzeitig nimmt der kristalline Anteil im Polymer entsprechend zu.

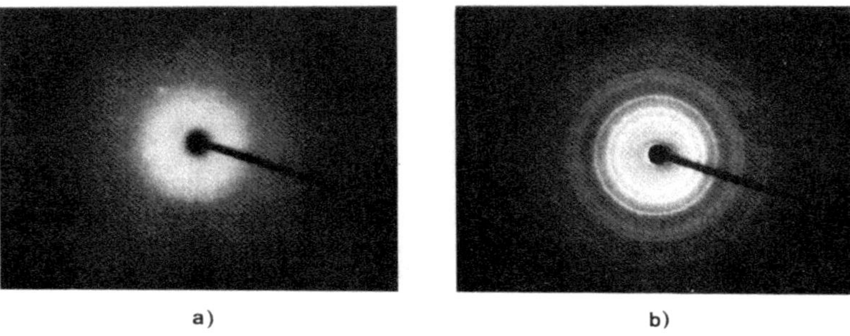

Abb. IV-7: Röntgenaufnahme einer a) nicht getemperten und b) einer 5 Minuten bei 100 °C in einem Wasserbad getemperten Membran

112

Bei anderen Polymeren, z. B. Polysulfonen oder Polyamiden, kann eine Umstrukturierung und Verdichtung der Polymermatrix durch Tempern im Wasser nicht erzielt werden, da bei diesen Polymeren die Glasübergangstemperatur zu hoch liegt. Allerdings kann auch hier eine Umstrukturierung der Polymerketten erreicht werden, indem man die Membranen mit einer für diese Polymere als Weichmacher wirkenden Substanz, z. B. Ameisensäure, behandelt[41].

b) *Einfluß von Filmdicke und Ausdampfungsschritt auf die Filtrationseigenschaften asymmetrisch strukturierter Membranen*

Der Einfluß der Dicke des Polymerfilmes auf die Filtrationseigenschaften ist vor allem an Celluloseacetatmembranen untersucht worden. Dabei zeigte sich, daß sowohl das Salzrückhaltevermögen als auch die Filtrationsstromdichte von der Dicke der Membran weitgehend unabhängig sind[25]. Dies zeigt auch die Abbildung IV-8, in der die Filtrationsstromdichte von Celluloseacetatmembranen bei 100 bar gegen die Dicke der Membran aufgetragen wurde.

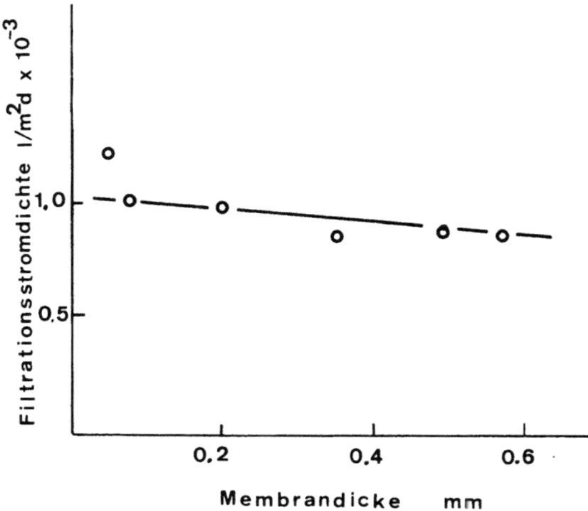

Abb. IV-8:   Filtrationsstromdichte von Celluloseacetatmembranen bei 100 bar als Funktion der Membrandicke

Das Ergebnis ist nicht überraschend, wenn man davon ausgeht, daß die Filtrationseigenschaften einer Membran ausschließlich durch die Haut an ihrer Oberfläche bestimmt werden.

Der Einfluß der Ausdampfzeit ist in der Abbildung IV-9 dargestellt. Hier ist das Salzrückhaltevermögen von Celluloseacetatmembranen gegen die Ausdampfzeit aufgetragen. Die Versuche wurden bei 100 bar mit einer 1%igen NaCl-Lösung durchgeführt[25]. Dabei zeigt sich, daß das Salzrückhaltevermögen zunächst geringfügig ansteigt, dann aber sehr schnell mit zunehmender Ausdampfzeit abfällt. Bei der Verwendung anderer, höher siedender Lösungsmittel hat das Ausdampfen bei Raumtemperatur praktisch keinen Einfluß auf die Membraneigenschaft.

Im allgemeinen kommt ein Ausdampfen des Polymerfilms einer Änderung der Zusammensetzung der Polymerlösung an der Filmoberfläche gleich. Die Zusammensetzung der Polymerlösung ist jedoch von sehr wesentlicher Bedeutung für die Membraneigenschaften.

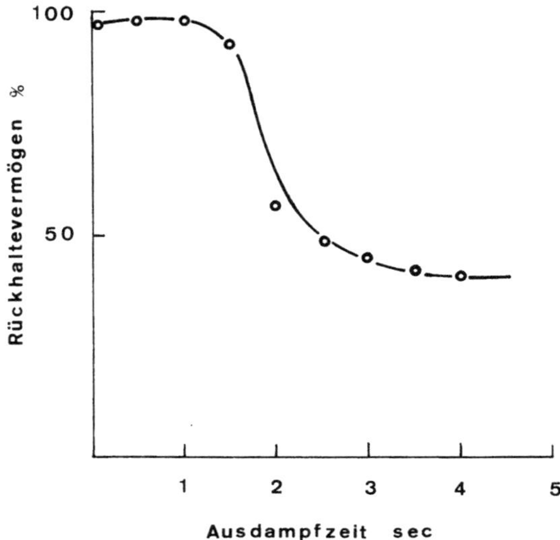

Abb. IV-9: Salzrückhaltevermögen einer Celluloseacetatmembran als Funktion der Ausdampfzeit (1%ige NaCl-Lösung, hydrostatischer Druck von 100 bar)

c) Einfluß der Zusammensetzung der Polymerlösung auf Struktur und Filtrationseigenschaften von Phaseninversionsmembranen

Bei der Zusammensetzung der Polymerlösung können das Polymer, das Lösungsmittel bzw. Lösungsmittelgemisch und die Polymerkonzentration variiert werden. Alle drei Parameter haben einen großen Einfluß auf die Filtrationseigenschaften und die Struktur der Membran. Das Polymer selbst scheint auf die Struktur einer Membran jedoch nur geringen Einfluß zu haben, wohl aber auf die Filtrationseigenschaften, wenn es sich um eine Löslichkeitsmembran handelt, bei der die Trenneigenschaften der Membran durch die Verteilungskoeffizienten der einzelnen chemischen Komponenten zwischen dem Polymer und der Außenphase bestimmt werden. Hier spielt natürlich der chemische Charakter des Polymers eine bedeutende Rolle. Die Struktur der Membran wird im wesentlichen durch die Polymerkonzentration und die Lösungsmittelzusammensetzung bestimmt. So lassen sich aus ein und demselben Polymer die unterschiedlichsten Strukturen herstellen. Dabei können zwei typische Membranstrukturen, die in den rasterelektronenmikroskopischen Aufnahmen der Abbildung IV-10 a) und b) dargestellt sind, unterschieden werden.

Die Aufnahme a) zeigt den Querschnitt durch die asymmetrische Membran mit einer fingerartigen Porenstruktur und einer dichten Haut an der Oberfläche. Die Poren erstrecken sich über den gesamten Membranquerschnitt. Die Aufnahme b) zeigt eine

114

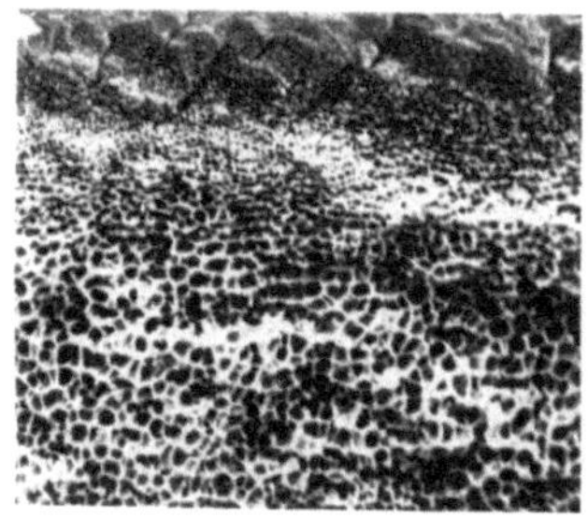 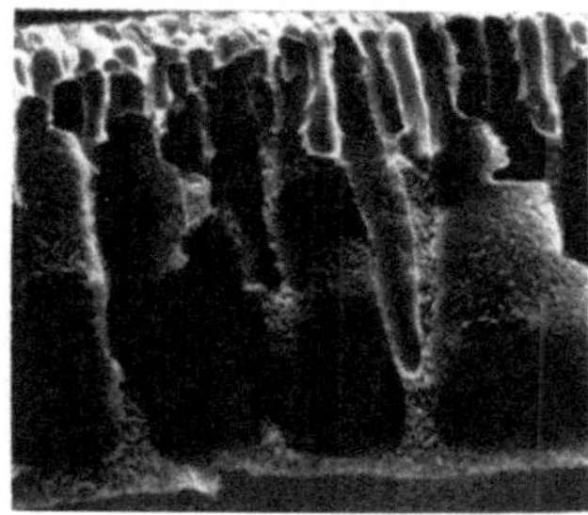

Abb. IV-10: Rasterelektronenmikroskopaufnahmen von zwei typischen Membranstrukturen

asymmetrische Membran mit einer schwamm- oder schaumartigen Struktur mit Poren, die von der Membranoberseite zur Unterseite hin im Radius zunehmen. Die Porosität einer Membran mit Schwammstruktur ist im allgemeinen geringer als die einer Membran mit Fingerstruktur. Sie ist daher auch mechanisch stabiler und kann häufig mit hydrostatischen Drücken von mehr als 100 bar belastet werden, ohne daß ihre Filtrationseigenschaften beeinträchtigt werden. Daher werden Membranen mit Schwammstruktur meist auch zur Trennung niedermolekularer Stoffe bei hohen hydrostatischen Drücken eingesetzt. Dagegen sind Membranen mit Fingerstruktur mechanisch viel weniger stabil. Bei Drücken von mehr als 10 bis 20 bar bricht häufig die Haut ein, und die Membran verliert ihre Trenneigenschaften. Daher werden Membranen mit Fingerstruktur im allgemeinen zur Trennung makromolekularer Lösungen bei Drücken, die 10 bar selten überschreiten, eingesetzt.

Der Zusammenhang zwischen der Membranstruktur und der Polymerkonzentration in der Membrangießlösung ist in der Abbildung IV-11 dargestellt.

Diese Abbildung zeigt Rasterelektronenmikroskopaufnahmen von Membranen, die aus Lösungen eines aromatischen Polyamids in Dimethylacetamid mit unterschiedlichem Polymergehalt hergestellt wurden.

Mit zunehmendem Polymergehalt ergibt sich ein stetiger Übergang von einer Fingerstruktur zu einer Schaum- oder Schwammstruktur.

Durch Änderung der Lösungsmittelzusammensetzung und durch gewisse Zusätze kann bei konstanter Polymerkonzentration ebenfalls eine Strukturänderung erzwungen werden. So kann z. B. ein Zusatz von Benzol zu einer Polymerlösung eine Änderung von einer Fingerstruktur in eine Schaumstruktur hervorrufen, wie die Abbildung IV-12 zeigt.

Hier sind Rasterelektronenmikroskopaufnahmen von Membranen, die aus Lösungen von Nomex® in Dimethylsulfoxid ohne und mit Benzolzusatz hergestellt wurden, abgebildet.

Der Zusatz von Salzen zu der Polymerlösung ist zuerst von *Keilin*[42] und später von *Noel* und Mitarbeitern[43] untersucht worden. Der Zusatz von Salzen zur Polymerlösung führt im allgemeinen zu einer Zunahme der Gesamtporosität, die häufig mit einem Übergang von einer Schwamm- zu einer Fingerstruktur verbunden ist.

Auch der Einfluß verschiedener Lösungsmittel auf die Membranstruktur ist untersucht worden. Dabei ergibt sich eine recht gute Korrelation mit dem Löslichkeitsparameter des

---

®Handelsname von DuPont

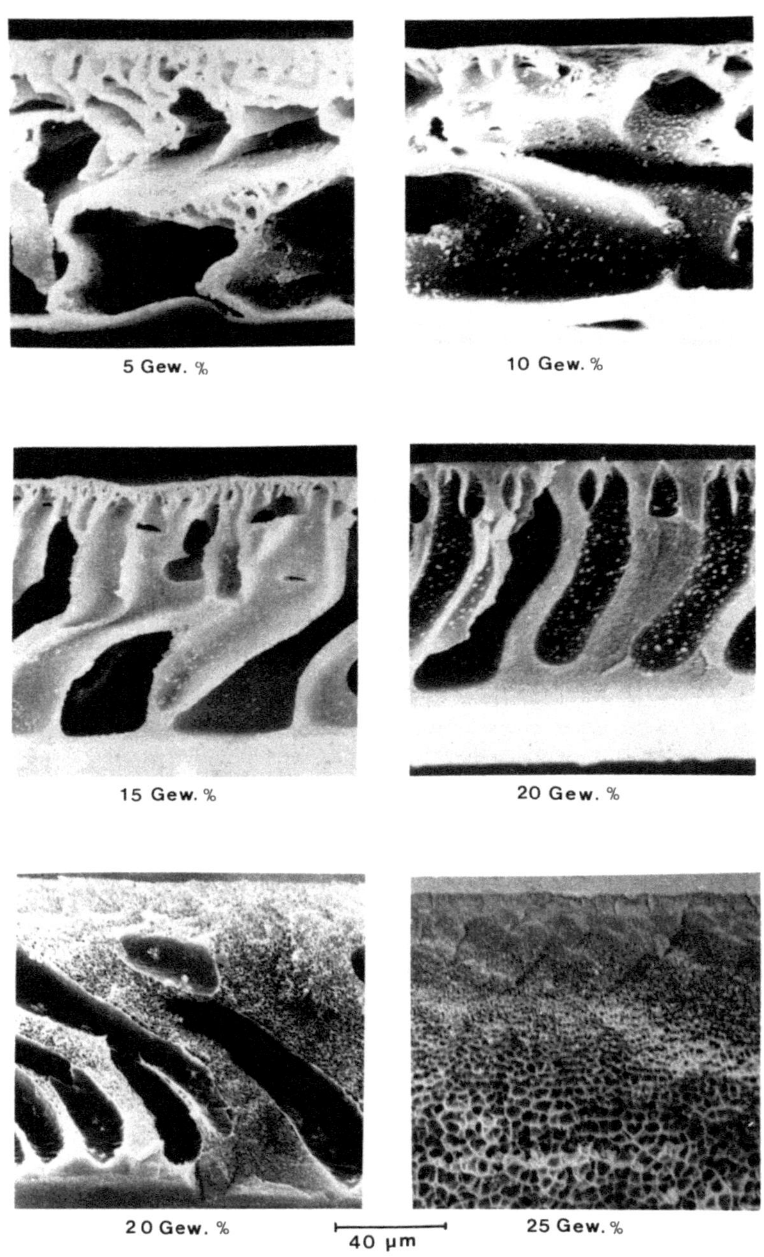

Abb. IV-11: Rasterelektronenmikroskopaufnahmen von Membranen, die aus Lösungen von Nomex® in DMAc mit unterschiedlichem Polymergehalt hergestellt wurden

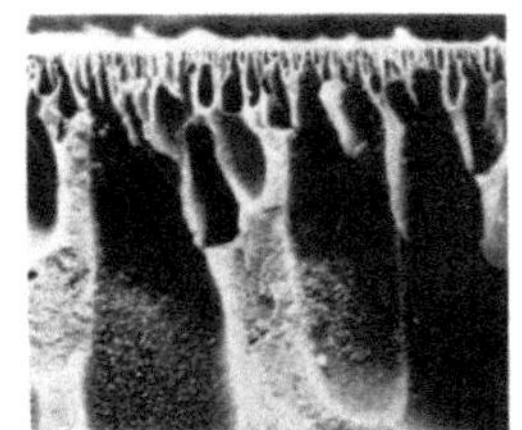
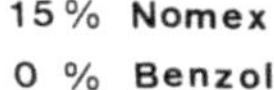
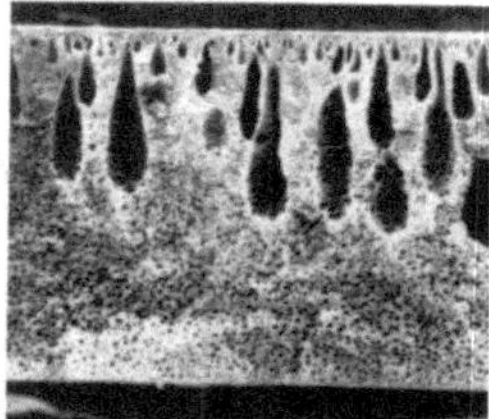
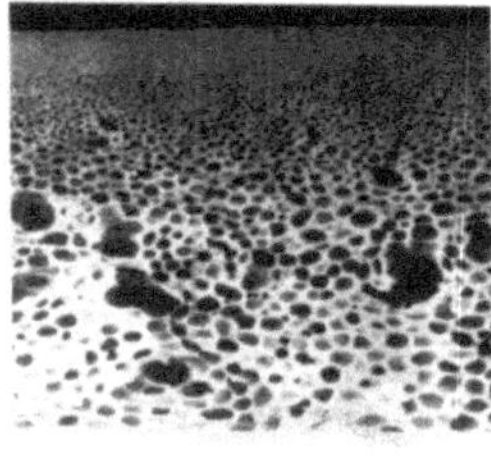

Abb. IV-12: Rasterelektronenmikroskopaufnahmen von Membranen, die aus Lösungen von 15% Nomex® in DMAc und verschiedenen Benzolgehalten hergestellt wurden

verwendeten Lösungsmittels. Dieser Zusammenhang ist in der Abbildung IV-13 dargestellt.

Die Abbildung zeigt die Gesamtporosität von Membranen, die aus Celluloseacetat in verschiedenen Lösungsmitteln hergestellt wurden, als Funktion des Löslichkeitsparameters des Lösungsmittels[30].

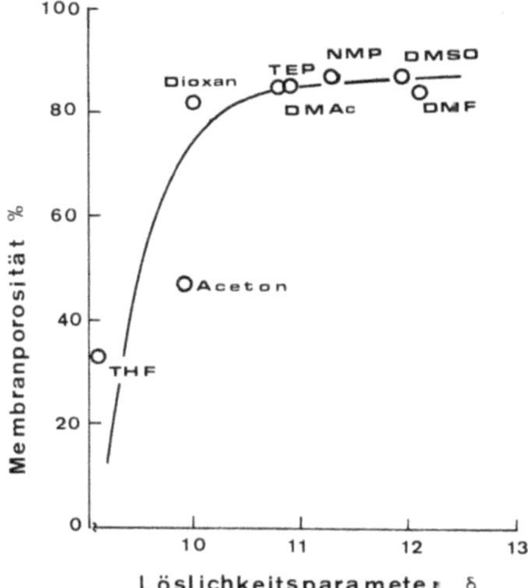

Abb. IV-13: Abhängigkeit der Porosität von Celluloseacetatmembranen vom Löslichkeitsparameter der zur Herstellung der Polymerlösung verwendeten Lösungsmittel (THF = Tetrahydrofuran, TEP = Triäthylphosphat, DMAc = Dimethylacetamid, NMP = N-Methylpyrrolidon, DMSO = Dimethylsulfoxid, DMF = Dimethylformamid)

d) Einfluß der Fällbadzusammensetzung auf Struktur und Filtrationseigenschaften von Phaseninversionsmembranen

Die gleiche Bedeutung wie die Zusammensetzung der Polymerlösung hat auch die Zusammensetzung des Fällbades für die Membranstruktur. Dies ist in einem Beispiel in der Abbildung IV-14 gezeigt.

Diese Abbildung zeigt Rasterelektronenmikroskopaufnahmen von Membranen, die aus einer 15%igen Lösung eines aromatischen Polyamids in Dimethylsulfoxid in Wasser-

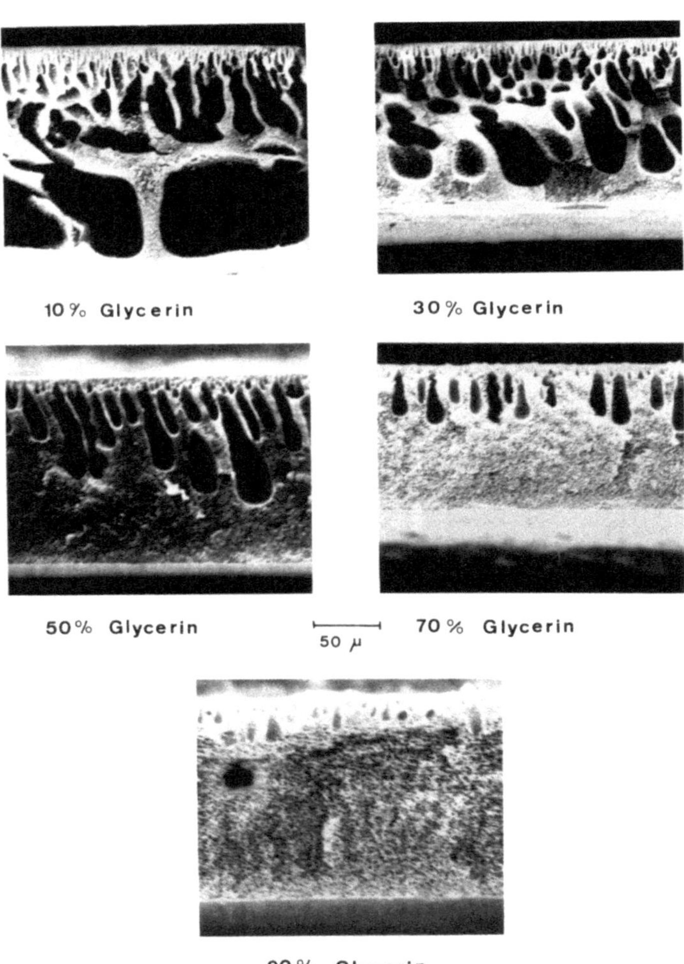

Abb. IV-14: Rasterelektronenmikroskopaufnahmen von Membranen, die aus einer 15%igen Nomex®-Lösung in einem Fällbad mit unterschiedlichem Glyceringehalt gefällt wurden

118

Glycerin-Gemischen verschiedener Zusammensetzung gefällt wurden. Mit zunehmendem Glyceringehalt im Fällbad ergibt sich ein steter Übergang von einer Fingerstruktur zu einer Schwammstruktur. Ähnliche Strukturänderungen können auch durch Zusatz von Äthanol oder Methanol zum Fällbad erzwungen werden[41].

Unabhängig davon, wie eine Strukturänderung in einer Membran erzwungen wurde, sei es durch Änderung der Zusammensetzung der Polymerlösung, sei es durch Änderung in der Zusammensetzung des Fällbades, in jedem Fall ist sie mit einer Änderung der Fällgeschwindigkeit verbunden.

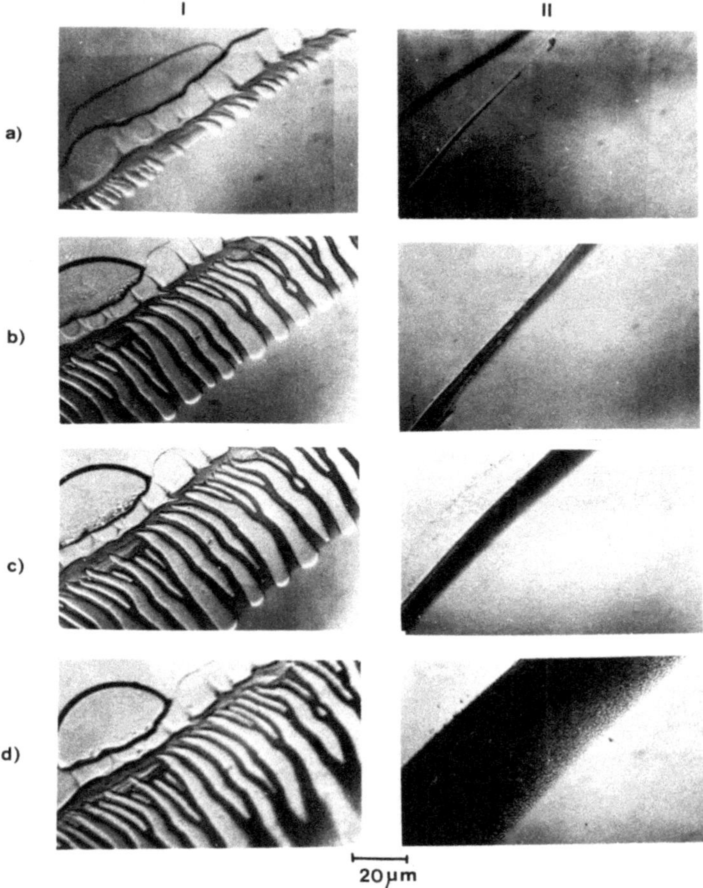

Abb. IV-15: Lichtmikroskopische Aufnahmen vom Fällungsprozeß asymmetrischer Membranen
a) bei beginnender Fällung,
b) nach 12 sec,
c) nach 24 sec und
d) nach 5 min.
Die Serie I zeigt Membranen mit Fingerstruktur,
die Serie II zeigt Membranen mit Schaumstruktur.

Die Abbildung IV-15 demonstriert diesen Zusammenhang deutlich. Sie zeigt eine Serie von lichtmikroskopischen Aufnahmen, die die Fällung einer Membran mit Fingerstruktur der Fällung einer Membran mit Schwammstruktur vergleichend gegenüberstellt. Die Aufnahmen wurden zu verschiedenen Zeiten während der Fällung aufgenommen.

In der Abbildung IV-16 ist ebenfalls die unterschiedliche Fällzeit einer Membran mit Schwammstruktur und einer Membran mit Fingerstruktur demonstriert.

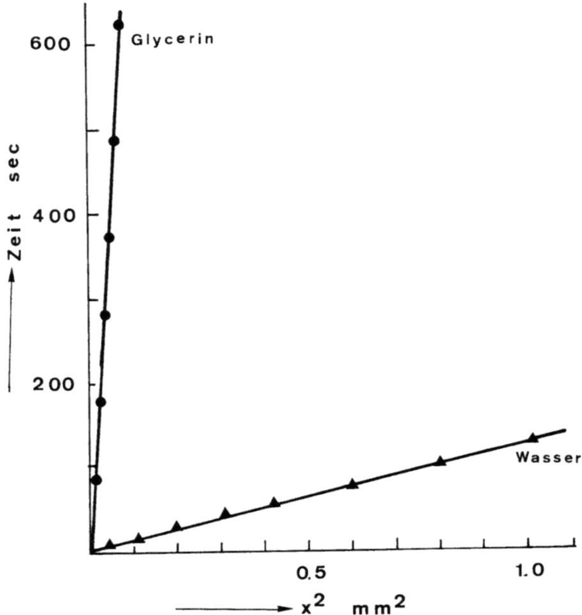

Abb. IV-16: Geschwindigkeit der Fällung einer 20%igen Nomex®-Lösung in einem Wasser- und in einem Glycerinbad (t = Zeit der Fällung, X = von der Fällungsfront zurückgelegte Strecke)

2.5.3. Thermodynamische und kinetische Grundlagen der Entmischung

Die Bildung der Phaseninversionsmembran ist in vielen Arbeiten eingehend experimentell untersucht worden. Auch der Einfluß der verschiedenen Herstellungsparameter auf die Membranstruktur und die Filtrationseigenschaften ist mehr oder weniger bekannt. Über den eigentlichen Membranbildungsmechanismus dagegen weiß man bis heute noch recht wenig. Vor allem die Bildung der asymmetrischen Struktur und der Haut an der Membranoberfläche sind schwierig zu deuten. Bei der Herstellung von Membranen aus einer Polymerlösung, unabhängig davon, ob es sich um asymmetrische oder symmetrische Strukturen handelt oder ob sie durch Ausdampfen eines Lösungsmittels oder durch Fällung mit einem Nichtlösungsmittel erhalten werden, ist der wesentliche

120

Schritt die Umwandlung einer homogenen, flüssigen Phase in ein heterogenes System.
Der Schlüssel zum Verständnis des Membranbildungsmechanismus liegt daher beim
Verständnis des Entmischungsvorgangs der Fällung, dessen Grundlage im folgenden
Abschnitt kurz diskutiert werden soll.

Bei der Herstellung von Membranen nach der Phaseninversionsreaktion wird eine
homogene, flüssige Phase, z. B. eine Polymerschmelze oder eine Polymerlösung, durch
Änderung thermodynamischer Zustandsgrößen, wie Temperatur oder Zusammensetzung, in ein Zweiphasensystem überführt, und zwar in eine feste Phase, die das
Membrangerüst bildet, und eine flüssige Phase, die die Membranporen darstellt. Nach
diesem Verfahren können Membranen aus allen Polymeren hergestellt werden, die in eine
homogene Lösung gebracht und anschließend als feste Phase ausgefällt werden können.
Voraussetzung ist allerdings immer, daß sowohl die feste als auch die flüssige Phase
kontinuierlich sind. Ist die feste Phase diskontinuierlich, so kommt es zur Bildung eines
nicht zusammenhängenden, pulvrigen Niederschlags. Ist die flüssige Phase diskontinuierlich, so kommt es zur Bildung eines geschlossenzelligen Schaumes.

Die einfachste Art einer Entmischung ist in der Abbildung IV-17 schematisch
dargestellt. Diese Abbildung zeigt das Zustandsdiagramm eines Polymer-Lösungsmittel-
Systems als Funktion der Temperatur.

Das System zerfällt in zwei Gebiete und zwar in ein Gebiet, in dem beide Komponenten
völlig miteinander mischbar sind und in ein weiteres Gebiet, die sogenannte Mischungslücke, in dem das System zwei Phasen bildet. Eine homogene Lösung, die der Zusammensetzung A entspricht, kann durch Abkühlung in ein Zweiphasensystem überführt werden,
das die hypothetische Zusammensetzung A' besitzt. Im Punkt A' stehen zwei Phasen,
deren Zusammensetzung den Punkten B und B' entsprechen, miteinander im Gleichgewicht. Der Punkt B entspricht der polymerreichen, festen Phase, und der Punkt B'
entspricht der polymerarmen, flüssigen Phase. Das Mischungsverhältnis der beiden
Phasen, d. h. die Gesamtporosität der Membran, ergibt sich nach dem Hebelgesetz aus der
Lage des Punktes A' auf der Linie B-B'. Aber auch bei konstanter Temperatur kann eine
homogene Lösung in ein Zweiphasensystem überführt werden, wenn die Zusammensetzung entsprechend geändert wird. Dies ist in der Abbildung IV-18 schematisch
dargestellt. Hier ist, wie in der Abbildung IV-17, ein System gezeigt, das bei einer

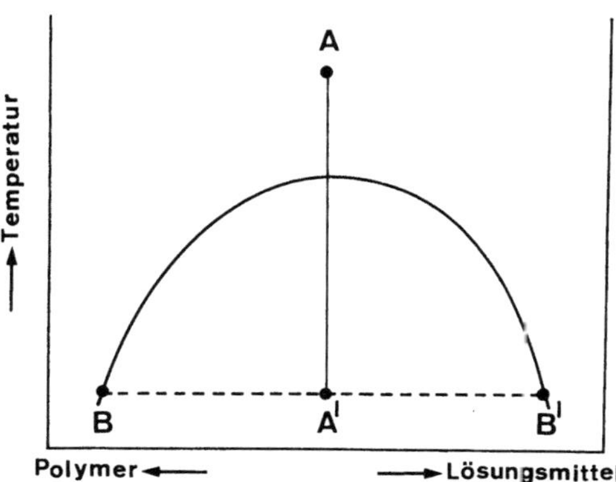

Abb. IV-17: Schematische Darstellung der Entmischung einer Polymerlösung durch Abkühlung

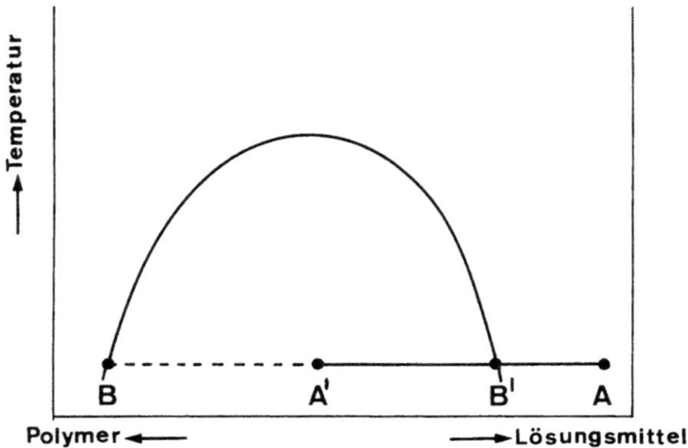

Abb. IV-18: Schematische Darstellung der Entmischung einer Polymerlösung durch Verdampfen
des Lösungsmittels

bestimmten Temperatur und Zusammensetzung eine Mischungslücke besitzt. Eine
homogene Lösung, deren Zusammensetzung dem Punkt A entspricht, wird bei konstanter Temperatur durch Verdampfen des Lösungsmittels in ein Zweiphasensystem der
hypothetischen Zusammensetzung A' überführt.

Eine dritte Möglichkeit, Phaseninversionsmembranen herzustellen, besteht darin, daß
man eine homogene Polymerlösung durch Zusatz eines Fällmittels in ein Zweiphasensystem überführt. Ein typisches, ternäres Mischungsdiagramm, das über einen weiten
Bereich eine Mischungslücke besitzt, ist in der Abbildung IV-19 schematisch dargestellt.

Die drei Eckpunkte des Diagramms in Abbildung IV-19 stellen die reinen Komponen-
ten Polymer, Lösungsmittel und Fällungsmittel dar. Die Verbindungslinien zwischen
zwei Eckpunkten repräsentieren die Mischung zweier Komponenten, während jeder
Punkt im Innern des Dreiecks ein Gemisch aller drei Komponenten darstellt. Das
Gesamtsystem besteht aus zwei Bereichen: Dem Einphasengebiet, in dem alle drei
Komponenten miteinander mischbar sind und einem Bereich, in dem das System in zwei
Phasen zerfällt; dieser Bereich wird als Mischungslücke des Systems bezeichnet.
Betrachtet man die Membranbildung anhand des Mischungsdiagramms, so entspricht
der Punkt A auf der Linie Polymer-Lösungsmittel der Zusammensetzung der Gießlösung.
Die Zusammensetzung der gefällten Membran wird durch die Lage des Punktes C auf der
Linie Polymer-Fällungsmittel gekennzeichnet. In diesem Punkt liegen zwei Phasen
nebeneinander vor: Eine polymerreiche, feste Phase, deren Zusammensetzung durch den
Punkt S gegeben ist und die das Membrangerüst darstellt, und eine polymerarme, flüssige
Phase L, die das mit Fällungsmittel gefüllte Porenvolumen darstellt. Während des
Fällungsvorgangs durchläuft das System den Weg A nach C, wobei beim Übergang in die
Mischungslücke bei B die eigentliche Fällung beginnt. Hier sind beide Phasen zunächst
noch flüssig. Erst im Punkt D erstarrt die polymerreiche Phase. Bei C ist die Fällung
beendet und alles Lösungsmittel ist gegen das Fällungsmittel ausgetauscht.

Das Mischungsdiagramm stellt allerdings nur eine makroskopische, thermodynamische Beschreibung dar, die Gleichgewichtszustände voraussetzt. Es zeigt an, ob in einem
Gemisch aus Polymeren, Lösungsmittel und Fällungsmittel eine für die Membranbildung
geeignete Mischungslücke auftritt. Es sagt nichts darüber aus, wie die Phasen verteilt sind,

122

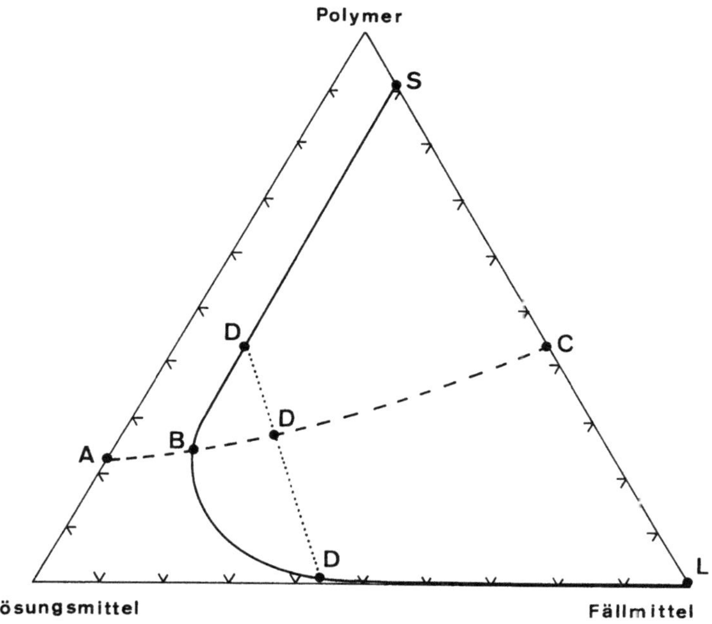

Abb. IV-19: Schematische Darstellung der Membranbildung durch Fällung anhand eines Drei-
komponentenmischungsdiagramms

d. h. ob die Membran z. B. wenige große oder viele kleine Poren enthält oder ob die Poren
– wie bei asymmetrischen Membranen – einseitig verengt sind. Die Membranstruktur
wird jedoch im wesentlichen durch die Fällungskinetik bestimmt, so z. B. durch die
relativen Geschwindigkeiten beim Austausch von Lösungsmittel gegen Fällungsmittel,
auf die man in weiten Grenzen Einfluß nehmen kann.

Die thermodynamischen und kinetischen Grundlagen für eine Entmischung in
einfachen Systemen ist in den entsprechenden Lehrbüchern der Physikalischen Chemie[44]
ausführlich beschrieben. Sie können mit einigen Vorbehalten auch auf Polymerlösungen
übertragen und zur Diskussion des Bildungsmechanismus von Phaseninversionsmembranen herangezogen werden.

Die thermodynamische Beschreibung der Entmischung erfolgt anhand der freien
Enthalpie G. Für ein System mit begrenzter Mischbarkeit kann die Änderung der freien
Enthalpie bei Änderung der Zusammensetzung einen positiven, einen negativen oder den
Wert Null annehmen, je nachdem, ob man sich in einem Gebiet vollständiger
Mischbarkeit oder in der Mischungslücke oder auf der Phasengrenze befindet.

Damit lassen sich in einem System mit nur begrenzter Mischbarkeit drei Gebiete
definieren und thermodynamisch durch die folgenden Beziehungen charakterisieren:

1.   Stabiles Gebiet (homogene Mischung)

$$\Delta G > 0; \left(\frac{\delta^2 G}{\delta X_i^2}\right)_{P,T} > 0; \left(\frac{\delta \mu_i}{\delta X_i}\right)_{P,T} > 0. \qquad \text{[IV-1]}$$

2.   Labiles Gebiet (Mischungslücke)

$$\Delta G < 0; \quad \left(\frac{\delta^2 G}{\delta X_i^2}\right)_{P.T} < 0; \quad \left(\frac{\delta \mu_i}{\delta X_i}\right)_{P.T} < 0. \qquad \text{[IV-2]}$$

3.   Stabilitätsgrenze (Phasengrenze)

$$\Delta G = 0; \quad \left(\frac{\delta^2 G}{\delta X_i^2}\right)_{P.T} = 0; \quad \left(\frac{\delta \mu_i}{\delta X_i}\right)_{P.T} = 0. \qquad \text{[IV-3]}$$

Hier sind ΔG die Änderung der freien Enthalpie des Systems, μ_i das chemische Potential, X der Molenbruch und der Index i bezeichnet eine in der Mischung befindliche Komponente. Aus diesen allgemeinen, thermodynamischen Beziehungen für Systeme mit begrenzter Mischbarkeit ergeben sich auch gewisse Konsequenzen für die Kinetik der Entmischung, die im wesentlichen durch die Diffusionskoeffizienten der sich während der Entmischung bewegenden Teilchen bestimmt wird. Der Diffusionskoeffizient ist, wie bereits in Kapitel II-6.2. gezeigt wurde, eine Funktion des chemischen Potentials der diffundierenden Komponente. Nach Gleichung [II-149] ist

$$D_i = L_i \left(\frac{\delta \mu_i}{\delta X_i}\right)_{P.T} \qquad \text{[IV-4]}$$

bzw.

$$D_i = L_i \frac{RT}{X_i} \left(1 + \frac{\delta \ln f_i^s}{\delta \ln X_i}\right). \qquad \text{[IV-5]}$$

Hier ist D_i der Diffusionskoeffizient der Komponente i, L_i ist eine Konstante, die immer positiv ist und die Beweglichkeit des diffundierenden Teilchens ausdrückt, μ_i ist das chemische Potential, X_i der Molenbruch der Komponente i und f_i^s ist der Aktivitätskoeffizient der Komponente i, bezogen auf den reinen Stoff, R ist die Gaskonstante und T die absolute Temperatur.

Setzt man nun die aus den Gleichungen bzw. Ungleichungen [IV-1] bis [IV-3] erhaltenen Beziehungen für das chemische Potential ein, so lassen sich auch für den Diffusionskoeffizienten in einem binären System mit begrenzter Mischbarkeit drei definierte Bereiche festlegen, in denen der Diffusionskoeffizient durch die folgenden Beziehungen charakterisiert ist:

1.   Stabiles Gebiet:

$$D > 0. \qquad \text{[IV-6]}$$

2.   Labiles Gebiet:

$$D < 0. \qquad \text{[IV-7]}$$

3.   Stabilitätsgrenze:

$$D = 0. \qquad \text{[IV-8]}$$

Die Tatsache, daß ein Diffusionskoeffizient verschwinden oder negativ werden kann, d. h., daß eine Komponente entgegen dem Konzentrationsgradienten aus einer verdünnten in eine konzentrierte Lösung diffundieren kann, ist nicht ohne weiteres verständlich. Die physikalische Bedeutung der Beziehungen [IV-6] und [IV-7] wird jedoch klar, wenn man berücksichtigt, daß der Diffusionskoeffizient durch das *Fick*'sche Gesetz definiert wird und sich nur auf eine Konzentrationsdifferenz als treibende Kraft bezieht. In Wirklichkeit ist jedoch der Gradient im chemischen Potential die treibende Kraft bei der Diffusion. Das hat zur Folge, daß Komponenten durchaus gegen den Gradienten ihrer Konzentration, d. h. von einer verdünnteren in eine konzentriertere Lösung diffundieren können, wenn sie dabei dem Gradienten im chemischen Potential folgen. Das bedeutet, daß der Konzentrationsgradient und der Gradient im chemischen Potential nicht immer mit dem gleichen Vorzeichen versehen sein müssen. Dies ist z. B. der Fall bei der Entmischung eines binären Systems, wo beide Komponenten von einem Gebiet niedrigerer Konzentration in eine Phase höherer Konzentration übergehen. Thermodynamisch läßt sich diese Gegenläufigkeit des Konzentrationsgradienten und des Gradienten im chemischen Potential durch die in der Gleichung [IV-5] dargestellte Abhängigkeit des chemischen Potentials von der Zusammensetzung veranschaulichen.

Die im zweiten Term von Gleichung [IV-5] ausgedrückte Konzentrationsabhängigkeit des Aktivitätskoeffizienten bestimmt den Wert des Diffusionskoeffizienten. Je nachdem ob der Differenzialquotient $\dfrac{d \ln f_i^s}{d \ln X_i}$ einen Wert annimmt, der größer, kleiner oder gleich 1 ist, wird der Diffusionskoeffizient positiv, negativ oder Null. Diese rein mathematische Aussage bedeutet, daß ein System immer dann instabil wird, wenn eine Zunahme des Aktivitätskoeffizienten einer Komponente nicht gleichzeitig mit einer Abnahme der Konzentration verbunden ist. Solch ein instabiler Zustand kann z. B. durch eine entsprechende Temperaturänderung in einem binären System mit temperaturabhängiger Mischungslücke erreicht werden. In ternären Systemen mit konzentrationsabhängiger Mischungslücke lassen sich Entmischungseffekte durch eine Änderung der Zusammensetzung erzielen. Ein typisches Beispiel ist das Ausfällen eines Salzes aus einer wässrigen Lösung durch Hinzufügen von geringen Mengen eines organischen Lösungsmittels. Hier wird der Aktivitätskoeffizient des Salzes in der Lösung so weit erhöht, daß das Produkt $f_i^s X_i > 1$ wird. Damit tritt eine Entmischung ein und das Salz bewegt sich entgegen seinem Konzentrationsgradienten von einem Gebiet niedrigerer Konzentration in ein Gebiet mit höherer Konzentration. Es folgt dabei jedoch seinem Gradienten im chemischen Potential.

2.5.4. Diskussion der Membranbildung anhand einer Entmischungsreaktion

Die hier dargestellten thermodynamischen und kinetischen Beziehungen für die Entmischung lassen sich auch zur Beschreibung des Bildungsmechanismus von Phaseninversionsmembranen heranziehen. Da man bei der Membranherstellung jedoch meistens von hochviskosen Polymerlösungen oder Schmelzen ausgeht, in denen die Transportvorgänge durch metastabile und eingefrorene Nichtgleichgewichtszustände entscheidend beeinflußt werden, ist eine quantitative Beschreibung praktisch nicht möglich. Für ein qualitatives Verständnis und eine sinnvolle Deutung der einzelnen Membranherstellungsparameter und der damit verbundenen Struktur sind die einfachen thermodynamischen und kinetischen Beziehungen der Entmischung recht nützlich. Bei Phaseninversionsmembranen kann man je nach der Herstellung vier typische Strukturen unterscheiden. Diese sind in den Rasterelektronenmikroskopaufnahmen der Abbildung IV-20 dargestellt.
Die erste Aufnahme a) zeigt eine symmetrisch strukturierte Porenmembran im Querschnitt. Die Poren haben einen Durchmesser von ca. 0,2 bis 0,5 µm und sind von etwa gleicher Größenordnung über den gesamten Membranquerschnitt. Die Aufnahme b)

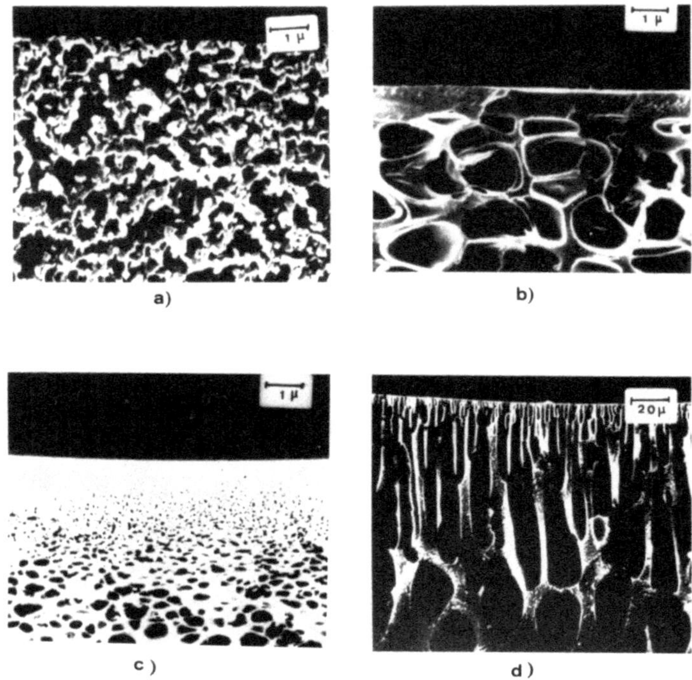

Abb. IV-20: Rasterelektronenmikroskopaufnahmen von verschiedenen Membranstrukturen
a) symmetrische Porenmembran
b) asymmetrische Porenmembran mit einheitlichen Poren in der Stützschicht
c) asymmetrische Porenmembran mit zunehmender Porengröße in der Stützschicht
d) asymmetrische Porenmembran mit Fingerstruktur

zeigt eine asymmetrische Membran mit einer dünnen, homogenen Schicht an der Oberfläche, die die Trenneigenschaften der Membran bestimmt und von einer porösen Unterstruktur mit sehr einheitlichen Porenradien getragen wird. Die Aufnahme c) zeigt ebenfalls eine asymmetrische Membran mit einer homogenen Schicht an der Oberseite, allerdings ist die Porengröße in der Stützschicht nicht einheitlich, sondern wächst kontinuierlich von der Ober- zur Unterseite. Die letzte Aufnahme d) zeigt eine asymmetrische Membran mit einer dünnen, dichten Schicht an der Oberseite, jedoch besteht die darunterliegende Stützstruktur nicht aus mehr oder weniger kugelförmigen Poren, sondern aus langgezogenen Kanälen, die sich über den gesamten Querschnitt erstrecken.

Die vier in der Abbildung IV-20 dargestellten Membranen zeigen nicht nur signifikante Unterschiede in ihrer Struktur, sie besitzen auch völlig verschiedene Filtrationseigenschaften und werden nach unterschiedlichen Verfahren hergestellt. Die unter a) dargestellte, symmetrisch strukturierte Membran wurde nach der von *Zsigmondy* und *Bachmann*[36] angegebenen Methode hergestellt, wobei die als Film ausgezogene Polymerlösung einer mit Wasserdampf gesättigten Atmosphäre ausgesetzt wird. Die Fällung der Membran verläuft dabei sehr langsam und führt zu einer grobporösen, symmetrischen

126

Struktur, die nur suspendierte oder kolloidale Teilchen aus einer Lösung abzutrennen vermag. Die unter b) bis d) dargestellten Membranen wurden nach dem von *Loeb* und *Sourirajan*[17] angegebenen Verfahren hergestellt, in dem eine als Film ausgezogene Polymerlösung in ein Wasserbad eingetaucht wurde. Hierbei erfolgt die Fällung relativ schnell, und man erhält eine asymmetrisch strukturierte Membran mit einer dichten Haut an der Oberfläche und einer hochporösen Unterstruktur. Durch die Auswahl verschiedener Lösungs- und Fällmittel, sowie verschiedener Polymerkonzentrationen lassen sich schaumartige oder fingerförmige Poren in der Stützschicht erzeugen. Dabei ist die Fällgeschwindigkeit einer Membran mit Fingerstruktur wesentlich schneller als die einer Membran mit Schaumstruktur. Bei den Membranen mit Fingerstruktur besitzt die Haut meist echte Poren, die einen Durchmesser von 1–5 nm haben können, während die Membranen mit Schaumstruktur meist eine mehr oder weniger homogene Polymerschicht an der Oberfläche besitzen und der Transport von Stoffen durch diese Schicht nach dem Löslichkeitsmodell beschrieben werden kann.

Membranen mit Schaumstruktur finden meist Anwendung bei der Hyperfiltration zur Trennung niedermolekularer Komponenten, und Membranen mit Fingerstruktur dienen zur Ultrafiltration von makromolekularen Lösungen. Die vier hier dargestellten, typischen Membranstrukturen lassen sich mit den thermodynamischen und kinetischen Beziehungen der Entmischung deuten.

Betrachtet man zunächst die Herstellung einer symmetrischen Membran, so ist für die Ausbildung der Struktur entscheidend, daß die Zufuhr des Fällungsmittels über die Gasphase außerordentlich langsam erfolgt und der geschwindigkeitsbestimmende Schritt für die Fällung die Diffusion des Fällmittels aus der Gasphase an die Oberfläche des Polymerfilms ist. Dies führt zu sehr einheitlichen und flachen Konzentrationsprofilen im Polymerfilm. Die Konzentrationen des Fällmittels im Polymerfilm zu verschiedenen Zeiten während der Fällung sind in der Abbildung IV-21 schematisch dargestellt.

Dadurch, daß die Fällmittelkonzentration über den gesamten Filmquerschnitt praktisch gleich ist, wird auch über den gesamten Filmquerschnitt die zur Entmischung führende kritische Konzentration gleichzeitig erreicht. Diese Konzentration, bei der der Diffusionskoeffizient negativ wird und Lösungsmittel und gelöste Komponenten entgegen ihren Konzentrationsgradienten transportiert werden, ist in der Abbildung IV-21 mit B bezeichnet. Sie ist identisch mit der in dem Dreikomponentenmischungsdiagramm der Abbildung IV-19 mit B bezeichneten Zusammensetzung auf der Entmischungskurve.

Über dem gesamten Membranquerschnitt gibt es daher auch keine makroskopischen Gradienten in der Aktivität des Polymers, die eine makroskopische Bewegung der Polymermoleküle im Augenblick der Entmischung hervorrufen könnten. Im mikroskopischen Bereich gibt es jedoch infolge der *Brown*'schen Molekularbewegung Bereiche höherer oder niedrigerer Polymerkonzentrationen, die als Keimbildungszentren für die Fällung des Polymers dienen können.

Da die Bereiche hoher oder niedriger Polymerkonzentration statistisch verteilt sind, kommt es auch zu einer statistischen Verteilung der Polymerstruktur über den gesamten Membranquerschnitt. Die dem Punkt B entsprechende Fällmittelkonzentration führt zwar zu einer Entmischung, allerdings sind sowohl die polymerreiche als auch die polymerarme Phase zunächst noch flüssig. Erst wenn die Fällmittelkonzentration den in der Abbildung IV-19 mit D bezeichneten Punkt erreicht hat, ist die Polymerkonzentration in der polymerreichen Phase so hoch geworden, daß diese Phase praktisch als fest anzusehen ist und eine Diffusion der Polymermoleküle in dieser Phase nicht mehr möglich ist. Das bedeutet, daß mit Erreichen des Punktes D die makroskopische Membranstruktur festgelegt ist. Nur in der Zeit, in der sich das System zwischen den durch B und D

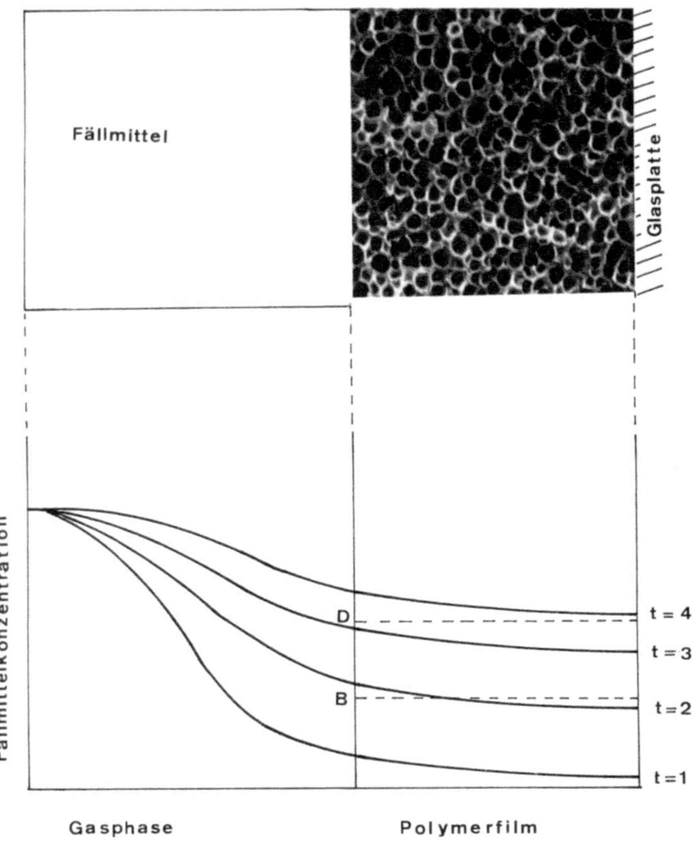

Abb. IV-21: Schematische Darstellung der Konzentrationsprofile des Fällmittels bei der Fällung einer symmetrischen Membran

gekennzeichneten Zuständen befindet, ist eine makroskopische Bewegung der Polymermoleküle möglich. Ist diese Zeit relativ lang, wie bei der Fällung aus der Gasphase, so kann das Polymer relativ lange Strecken diffundieren, und es kommt zu einer sehr grobporigen Struktur, wie sie in der Rasterelektronenmikroskopaufnahme in der Abbildung IV-21 dargestellt ist.

Wird eine Polymerlösung durch Eintauchen in die flüssige Phase eines Nichtlösungsmittels gefällt, so erfolgt die Fällung sehr schnell, und die Aufenthaltszeit des Systems zwischen den Zuständen B und D ist relativ kurz. Es kommt zur Bildung einer relativ feinporigen Struktur, wie sie in der Rasterelektronenmikroskopaufnahme in der Abbildung IV-22 dargestellt ist.

Diese Abbildung zeigt die Konzentrationsprofile des Fällmittels im Polymerfilm während der Fällung einer Membran durch Eintauchen in ein Fällbad. Die Fällung verläuft relativ rasch und es entsteht eine asymmetrische Struktur mit einer Haut an der Oberseite und einer Porenstruktur, die sehr fein an der Oberseite ist und zur Unterseite

128

hin gröber wird. Bewirkt wird diese asymmetrische Struktur durch die während der Fällung auftretenden, sehr steilen Konzentrations- und Aktivitätsgradienten aller im System befindlichen Komponenten an der Grenzfläche zwischen Polymerlösung und Fällbad. Dadurch ist der Transport der Polymermoleküle bei der Entmischung nicht mehr statistisch über den ganzen Membranquerschnitt verteilt, sondern entsprechend dem Aktivitätsgradienten gerichtet. Beim Eintauchen des Polymerfilms in das Fällbad diffundiert Lösungsmittel aus dem Film in das Fällbad, und Fällmittel dringt in den Film ein. An der Filmoberfläche erreicht das Fällmittel sehr schnell eine zur Entmischung führende Grenzkonzentration. Im Innern des Films wird diese Konzentration erst sehr viel später erreicht. Entmischung tritt zunächst nur unmittelbar an der Grenzfläche Fällmittel-Polymerlösung auf.

Da zu Beginn der Fällung das Konzentrationsprofil des Fällmittels in der Polymerlösung sehr steil ist, ergibt sich auch an der Oberfläche des Polymerfilms ein ebenso steiler

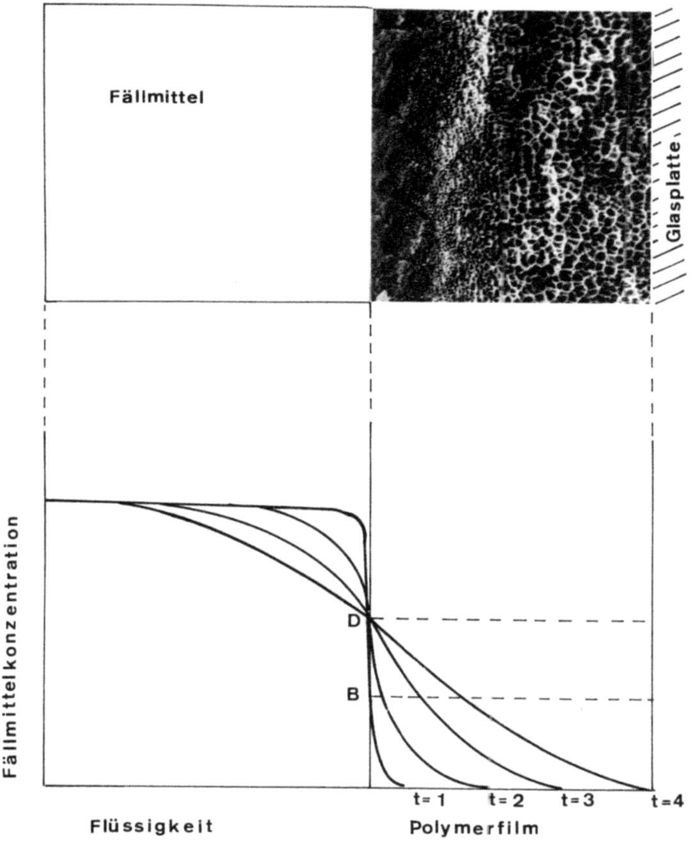

Abb. IV-22: Schematische Darstellung der Konzentrationsprofile des Fällmittels bei der Fällung einer asymmetrischen Membran

Gradient im Aktivitätskoeffizienten und damit im chemischen Potential des Polymers. Dieser Gradient bewirkt eine makroskopische Bewegung des Polymers senkrecht zur Filmoberfläche in Richtung der Polymerlösung. Dies führt zu einer Zunahme der Polymerkonzentration an der Filmoberfläche. Erreicht diese Konzentration den durch den Punkt D bezeichneten Zustand, so erstarrt das System, und eine feste, mehr oder weniger dichte Polymerschicht hat sich an der Oberfläche ausgebildet. Diese Schicht setzt nun dem Austausch von Lösungsmittel und Fällmittel einen zusätzlichen Widerstand entgegen und wird zum eigentlichen geschwindigkeitsbestimmenden Schritt für das Eindringen des Fällmittels in den Polymerfilm. Unterhalb der Polymerschicht herrschen in dem Film ähnliche Verhältnisse wie bei einer Fällung aus der Gasphase, d. h. die Konzentrationsprofile werden flacher, und es tritt eine statistisch über den Membranquerschnitt verteilte Entmischung auf, die zu einer statistisch verteilten Porenstruktur führt.

Dabei können die Poren unterhalb der dichten Schicht in ihrer Größe sehr einheitlich sein, wie dies in der Rasterelektronenmikroskopaufnahme in Abbildung IV-20 b) dargestellt ist, oder ihr Durchmesser kann von der Ober- zur Unterseite hin graduell zunehmen, wie dies in der Aufnahme c) der Abbildung IV-20 gezeigt ist. Ob eine Membran erhalten wird, bei der die Porengröße über den Querschnitt der Membran konstant ist oder von der Oberseite zur Unterseite zunimmt, hängt davon ab, wie dicht die Haut an der Oberfläche ist, d. h. ob in der Unterstruktur nach der Bildung der Haut die Konzentrationsprofile des Fällmittels über den gesamten Membranbereich völlig flach sind, oder ob ein Gradient vorhanden ist. Die unterschiedliche Porengröße kommt dadurch zustande, daß die Aufenthaltszeiten des Polymers zwischen der Fällung und der Verfestigung an Membranober- und Unterseite unterschiedlich sind. Je länger die Aufenthaltszeit ist, desto mehr Zeit bleibt der polymerreichen Phase, sich zu größeren Bereichen zusammenzulagern. Ist die Aufenthaltszeit zwischen Fällung und Verfestigung an der Oberseite der Membran kürzer als an der Unterseite, so kommt es zur Bildung von Poren mit unterschiedlichen Radien.

Die Bildung einer asymmetrischen Membran mit einer typischen Fingerstruktur, wie sie die Rasterelektronenmikroskopaufnahme in der Abbildung IV-20 d) zeigt, ist etwas komplexer und kann in zwei Schritte unterteilt werden. Zunächst erfolgt die Bildung der eigentlichen Haut ebenso wie bei einer Membran mit Schaumstruktur. Durch ein Entquellen der polymerreichen Phase kommt es zu Schrumpfungserscheinungen, wobei eine Zugspannung wirksam wird. Ist die Schrumpfung sehr stark, so reißt die frisch gefällte Haut an vielen Stellen auf, und die Risse stellen dann den Ausgangspunkt für die Bildung der fingerartigen Poren dar. Wenn eine solche Fingerbildung durch eine Fehlstelle in der Haut initiiert ist, kann durch Schrumpfung das frisch gefällte Polymer am Boden einer Fehlstelle zur Seite hingezogen werden und es kommt zu einem Fortschreiten des in der Haut entstandenen Risses und damit zur Bildung einer Fingerstruktur. Der Vorgang der Rissbildung und des Fortschreitens der fingerartigen Poren ist in der Abbildung IV-23 schematisch und in Rasterelektronenmikroskopaufnahmen dargestellt.

Da der Austausch von Fällungsmittel und Lösungsmittel durch eine Fehlstelle in der Membranhaut viel schneller verläuft als durch die noch unversehrte Haut, bewegt sich die Fällungsfront in den Fingern sehr viel schneller fort als in den Bereichen, die zwischen den Fingern liegen. Daher haben diese Bereiche eine typische Schaumstruktur.

Ob eine Membran mit symmetrischer oder asymmetrischer Struktur oder schaumoder fingerförmigen Poren erhalten wird, hängt von den Herstellungsparametern, die in dem vorhergehenden Abschnitt bereits phänomenologisch beschrieben wurden, ab. Betrachtet man die Membranbildung als einen Phaseninversionsvorgang, so läßt sich der

Einfluß der einzelnen Herstellungsparameter auf Struktur und Filtrationseigenschaften der Membran weitgehend erklären.

Wie im Abschnitt 2.5.2. gezeigt wurde, besteht ein enger Zusammenhang zwischen der Fällgeschwindigkeit, der Polymerkonzentration am Entmischungspunkt und der Struktur bzw. den Filtrationseigenschaften einer Membran. Die Fällgeschwindigkeit und die Polymerkonzentration am Entmischungspunkt werden durch Unterschiede im chemischen Potential bzw. in den Aktivitätskoeffizienten des Polymers im Lösungsmittel und im Fällmittel bestimmt. Je größer die Differenz der Aktivitätskoeffizienten des Polymers im Lösungsmittel und im Fällmittel ist, umso schneller ist die Fällung und umso geringer ist die Polymerkonzentration am Entmischungspunkt. Aktivitätskoeffizienten von Polymeren in einem Dreikomponentensystem sind experimentell schwierig zu bestimmen und daher in der Literatur kaum aufgeführt. Eine quantitative Behandlung der Membranfällung ist daher nur schwer möglich. Eine qualitative Aussage über die Polymer-Lösungsmittel- bzw. Polymer-Fällmittel-Wechselwirkungen läßt sich aber mit Hilfe der Löslichkeitsparameter treffen. Das Konzept der Löslichkeitsparameter ist in II-7.1. diskutiert worden. Danach kann jedem Lösungsmittel und jedem Polymer ein

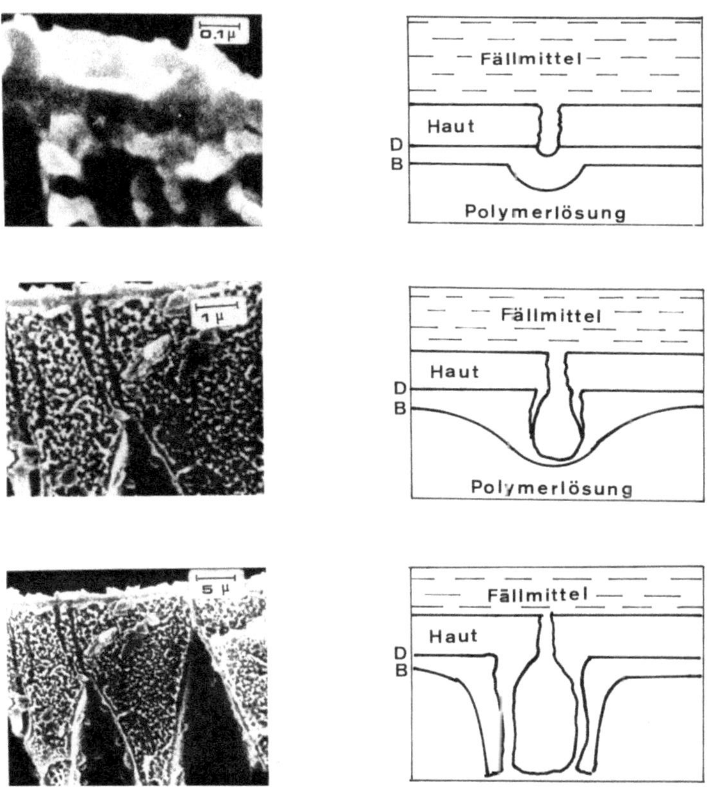

Abb. IV-23: Schematische Darstellung der Fingerbildung während der Fällung einer Membran

Löslichkeitsparameter zugeordnet werden. Je geringer der Unterschied im Löslichkeitsparameter zweier Stoffe ist, umso besser ist ihre gegenseitige Löslichkeit. Besitzen also Polymer und Lösungsmittel sehr ähnliche Löslichkeitsparameter, so erfolgt die Fällung des Polymers im allgemeinen langsam, und man erhält eine Schaumstruktur. Besitzen Polymer und Lösungsmittel sehr verschiedene Löslichkeitsparameter, so erfolgt beim gleichen Fällmittel die Fällung viel schneller, und es entstehen Membranen mit fingerförmigen Poren. Für das Fällmittel gelten genau umgekehrte Verhältnisse. Je größer der Unterschied im Löslichkeitsparameter von Polymer und Fällmittel ist, umso schneller ist die Fällung. Der Zusammenhang zwischen den Löslichkeitsparametern von Polymer, Lösungsmittel und Fällungsmittel ist in der Literatur ausführlich diskutiert worden[30, 41, 45]. Allerdings hat das Konzept der Löslichkeitsparameter nur eine begrenzte Gültigkeit[41], denn die Löslichkeitsparameter werden aus den Wechselwirkungen der Moleküle reiner Substanzen berechnet. Von den Wechselwirkungen der reinen Moleküle schließt man dann auf die Wechselwirkung zwischen unterschiedlichen Molekülen, wobei die in vielen Fällen unhaltbare Annahme zugrunde liegt, daß die Stärke der Wechselwirkung zwischen den verschiedenen Molekülen von gleicher Größenordnung ist, wie die Stärke der Wechselwirkung zwischen gleichen Molekülen, wenn eine gute Löslichkeit gewährleistet ist. Dieses Verfahren der Bestimmung der Löslichkeiten sagt aber nur aus, daß sich zwei Substanzen infolge gleichen Charakters ineinander lösen müssen.

Treten bei der Mischung zweier Substanzen Wechselwirkungen anderer Art und anderer Stärke auf, als sie jeweils unter den gleichen Molekülen vorliegen, werden sie vom Löslichkeitsparameter nicht erfaßt. Wie in der Arbeit von *Thomson*[46] gezeigt wird, lassen sich solche zusätzlichen Mischungseffekte z. B. durch die Mischungswärmen ausdrücken. Die Wirkungsweise von Zusätzen zum Lösungs- bzw. Fällmittel lassen sich auf analoge Weise erklären. So kann z. B. das Hinzufügen geringer Mengen hydrophober Substanzen, wie z. B. Benzol, zur Polymerlösung die Fällung verlangsamen. Hydrophile Substanzen, wie z. B. Salze, erhöhen die Fällgeschwindigkeit. Zusätze zur Polymerlösung und auch zum Fällmittel wirken dadurch, daß sie die Aktivitätskoeffizienten von Polymer, Lösungsmittel und Fällmittel und damit die Fällgeschwindigkeit verändern. Wie man von bestimmten Aussalzeffekten weiß, genügen oft sehr geringe Mengen eines Stoffes, um die Aktivität eines anderen Stoffes stark zu beeinflussen.

Die meisten Aspekte der Bildung von Phaseninversionsmembranen, vor allem die asymmetrische Struktur und die Haut an der Membranoberfläche, lassen sich mit den thermodynamischen und kinetischen Beziehungen der Entmischung halbwegs zufriedenstellend erklären. Es darf allerdings nicht übersehen werden, daß noch andere Effekte, wie z. B. Oberflächenspannung, Polymerrelaxation usw., erheblichen Einfluß auf die Bildung der Membranstruktur haben können.

2.5.5. Die Auswahl geeigneter Polymere zur Herstellung von Membranen

Symmetrisch oder asymmetrisch strukturierte Polymermembranen lassen sich nach der Phaseninversionsreaktion aus allen Polymeren herstellen, die in einem Lösungsmittel bzw. Lösungsmittelgemisch in solch hoher Konzentration löslich sind, daß sie durch Zugabe eines Nichtlösungsmittels in kontinuierlicher Phase ausgefällt werden können. Damit stehen für die Membranentwicklung eine Vielzahl von Stoffen mit unterschiedlichsten Eigenschaften zur Verfügung. Die Auswahl der geeigneten Polymere wird im wesentlichen durch die vorgesehene Verwendung der Membran bestimmt. Unabhängig vom Anwendungsfall sollten jedoch alle Polymere, die für eine Membranherstellung in

Frage kommen, eine möglichst gute mechanische, thermische und chemische Stabilität
aufweisen und resistent gegen mikrobiologischen Abbau sein, um eine lange Lebensdauer
der Membran zu gewährleisten. Daneben sollte die Membran noch ganz bestimmte,
einem vorgegebenen Problem angepaßte Stofftrenneigenschaften besitzen. Handelt es
sich um eine Trennung von makromolekularen Komponenten, so können Membranen
mit ganz bestimmten Porengrößen verwendet werden.

Solche Membranen können aus einer Vielzahl von Polymeren hergestellt werden.
Handelt es sich dagegen um eine Trennung von niedermolekularen Stoffen, so müssen
Membranen verwandt werden, in denen der Stofftransport nach einem Löslichkeits-
Diffusionsmodell erfolgt. Bei diesen Membranen spielt der chemische Charakter des
Polymers eine bedeutende Rolle, da hierdurch die Verteilungskoeffizienten der einzelnen
Komponenten zwischen der Membran und der Außenphase bestimmt werden. Legt man
das in II-5.2. beschriebene Löslichkeitsmembranmodell zugrunde, so wird das Trennver-
mögen einer Membran durch das Verhältnis der Verteilungskoeffizienten der einzelnen
Komponenten zwischen Polymermatrix und Außenphase bestimmt. Will man z. B. aus
einer wässrigen Lösung Salze abtrennen, so sollte die Wasserkonzentration in der
Membran möglichst hoch und die Salzkonzentration möglichst niedrig sein. Da die
Entsalzung von Meer-, Brack- und Abwasser eines der wichtigsten Anwendungsgebiete
der Membranfiltration darstellt, ist der Zusammenhang zwischen der Wasser- und
Salzaufnahme und dem Filtrationsverhalten eines Polymers von besonderem Interesse.
Dabei hat sich bei einer systematischen Untersuchung verschiedener Polymere gezeigt,
daß eine hohe Wasseraufnahme nicht immer gleichbedeutend mit einer hohen Wasserper-
meabilität ist und daß eine geringe Wasseraufnahme nicht immer zu einer schlechten
Wasserpermeabilität führen muß, sondern daß auch die Verteilung des Wassers in der
Polymermatrix eine bedeutende Rolle spielt[47, 48]. Eine auf Arbeiten von *Reid*[49]
zurückgehende Hypothese über die Trennung von Salz und Wasser beruht auf der
Annahme, daß Salze nur in hydratisierter Form in die Polymermatrix eindringen können.
Steht nun im Polymer kein freies Wasser für die Hydratisierung der Salzionen zur
Verfügung, so kann das Salz annähernd quantitativ aus der Membran ausgeschlossen
werden. Dies ist der Fall, wenn das vom Polymer absorbierte Wasser möglichst
gleichmäßig über die Polymermatrix verteilt und an polare Gruppen über Wasserstoff-
brücken gebunden ist. Ist dagegen das Wasser ungleichmäßig in der Polymermatrix
verteilt, so daß sich sogenannte Wassercluster bilden, so kann auch Salz in das Polymer
eindringen und das Rückhaltevermögen einer Membran aus diesem Polymer ist gering.
Die Wasser- und Salzaufnahme, sowie die Wasserverteilung in der Polymermatrix ist für
eine Reihe von Polymeren untersucht und mit Filtrationsversuchen mit aus diesen
Polymeren hergestellten Membranen verglichen worden[48]. Dabei wurde die Wasserverteilung anhand einer von *Zimm* und *Lundberg*[50] aufgestellten Clusterfunktion ermittelt.
Die Grundlage dieser Methode ist bereits unter II-6.2. kurz diskutiert worden.

Die Clusterfunktion kann graphisch aus der Absorptionsisotherme ermittelt werden[47].
Sie gibt an, wieviel Wassermoleküle im Mittel ein bestimmtes Wassermolekül als nächste
Nachbarn hat. In Tabelle IV-2 sind für eine Reihe von Polymeren die Clusterfunktion
sowie ihr Salzrückhaltevermögen und ihre Filtrationsstromdichten zusammengestellt.
Dabei zeigt sich, daß alle Polymere, bei denen eine Wasserclusterbildung mit mehr als 3
bis 4 Wassermolekülen in einem Cluster auftritt, ein schlechtes Salzrückhaltevermögen
besitzen.

Obgleich die von *Zimm* und *Lundberg*[50] angegebene Methode zur Bestimmung der
Clusterfunktion streng nur für Flüssigkeiten gilt, da polymerspezifische Eigenschaften,
wie kristalline oder stark vernetzte Bereiche, nicht mit berücksichtigt werden, liefert sie

Tab. IV-2: Wasserabsorption, Salzrückhaltevermögen und Wasserclusterbildung verschiedener Polymere nach Ref. 48

Polymer	Wassermoleküle in einem Cluster $(1 + \varphi_1 G_{11}/V_{11})^*$	Wasserabsorption (g H_2O/g Polymer)	Wasserpermeabilität (g/cm²s)	Salzrückhaltevermögen** (%)
Polyimid	1.4	0.085	$0,3.10^{-6}$	99.5
Polyamid	2.7	0.17	$1,8.10^{-6}$	99.0
Polybenzimidazol	2.7	0.22	$8,5.10^{-6}$	99.8
Polyamidhydrazid	2.9	0.21	$2,0-10^{-6}$	99.8
Polysulfon	5.0	0.02	$<1 . 10^{-9}$	20
Polyepichlorhydrin	8.2	0.06	$<1 . 10^{-9}$	–
Epichlorhydrin-Äthylenoxidcopolymer	8.8	0.35	$<1 . 10^{-9}$	–

* vergl. Gleichung [II-153]
** gemessen mit einer 1%igen NaCl-Lösung bei 100 bar hydrostatischem Druck

Ergebnisse, die die Hypothese weitgehend bestätigten, daß neben der Wasserkonzentration die Wasserverteilung ein wesentlicher Parameter für die Trenneigenschaften eines Polymers für wässrige Lösungen darstellt. Die Wasseraufnahme eines Polymers und die Wasserverteilung werden durch die Zahl und die Natur der polaren Gruppen und ihrer Verteilung in der Polymermatrix bestimmt. In der folgenden Tabelle IV-3 sind einige Polymere zusammengestellt, die sich für die Herstellung von Filtrationsmembranen zur Wasserentsalzung eignen.

Es sind im wesentlichen Cellulosederivate und Polyamid- bzw. Polyimidverbindungen, die durch ihre spezifischen Stofftrenneigenschaften für Salz und Wasser zur Membranherstellung geeignet sind. Sollen Trennoperationen im nicht-wässrigen Lösungsmittel durchgeführt werden, so muß ein Membranmaterial gewählt werden, dessen spezifische Transporteigenschaften dem gewünschten Trennproblem angepaßt sind.

2.6. Zusammengesetzte asymmetrische Membranen

Die durch Phaseninversion hergestellten asymmetrischen Membranen zeichnen sich durch besonders hohe Filtrationsleistung aus, die dadurch zustande kommt, daß das Filtrationsverhalten der Membran ausschließlich durch die dünne Haut an ihrer Oberfläche bestimmt wird. Man kann jedoch Phaseninversionsmembranen nur aus Polymeren herstellen, die eine entsprechende Löslichkeit in einem entsprechenden

Tab. IV-3:   Zusammenstellung verschiedener Polymere, aus denen Membranen für die Wasserentsalzung hergestellt werden können, sowie die Filtrationseigenschaften dieser Membranen

Polymer	Membran	Filtrationseigenschaften		Versuchsbedingungen	
		Filtratleistung $(1/m^2d)$	Salzrückhalte-vermögen (%)	Lösung (%NaCl)	Druck (bar)
Cellulose-diacetat	asymm.	800–1000	98	1	100
Cellulose-triacetat	asymm.	500	99	1	100
aromatisches Polyamid	asymm.	200	99	1	100
Polyamid-hydrazid	asymm.	400	99	1	100
Polyimid	asymm.	50	99	1	100
Polybenzi-midazol	symm. 20 µ	10	99	3	100
Polyimidazo-pyrrolon	symm. 20 µ	20	99	3	100
Polyfurfu-rylalkohol	Composite	700	99	1	100
Polyäthylenimin, vernetzt mit Diiso-cyanat	Composite	600	99	1	100

Lösungsmittel aufweisen. Einige Polymere, die gute spezifische Trenneigenschaften für
Salz und Wasser aufweisen, wie z. B. einige Polyimide, lassen sich nicht ohne weiteres als
asymmetrische Membran durch die Phaseninversion herstellen. Ein sehr einfacher Weg,
in solch einem Fall doch zu einer asymmetrischen Membran zu gelangen, besteht darin,
daß man einen dünnen, homogenen Polymerfilm auf eine mikroporöse Trägerschicht
aufbringt. Diese Membranen werden im angelsächsischen Sprachgebrauch als „composite membranes" bezeichnet. Es handelt sich also um eine zusammengesetzt-asymmetri-
sche Membran im Gegensatz zur integral-asymmetrischen Membran, wie sie durch
Phaseninversion in einem Arbeitsgang hergestellt wird. Zusammengesetzt-asymmetri-
sche Membranen haben besonders für die Hyperfiltration in den letzten Jahren erheblich
an Bedeutung gewonnen, da sie wesentliche Vorteile gegenüber den integral-asymmetrischen Membranen aufweisen. So lassen sich poröses Trägermaterial und eigentliche
Membran aus unterschiedlichen Polymeren herstellen; es können auch Polymere als
Trennschicht benutzt werden, die sich nicht ohne weiteres zu einer integral-asymmetrischen Membran verarbeiten lassen. Auch die Dicke der Trennschicht und damit die

Filtrationsstromdichte lassen sich besser einstellen. Die Dicke der Trennschicht sollte möglichst gering sein, sie muß jedoch so groß sein, daß sie unter dem angewandten hydrostatischen Druck nicht in die Poren des Trägermaterials einbricht.

Bei der Entwicklung von Composite- oder zusammengesetzt-asymmetrischen Membranen bestehen zwei Schwierigkeiten: Einmal muß ein poröses Trägermaterial mit möglichst gleichmäßiger Porenstruktur hergestellt werden und zum anderen muß eine 20 bis 100 nm dicke, homogene Polymerschicht auf dieses Trägermaterial fehlstellenfrei aufgebracht werden. In der Abbildung IV-24 ist der Aufbau einer Composite-Membran schematisch dargestellt.

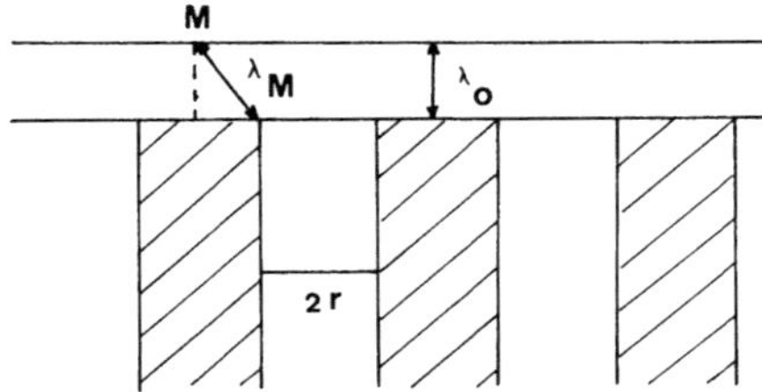

Abb. IV-24: Schematische Darstellung des Transportweges in einer zusammengesetzten Membran

Die Abbildung zeigt einen Polymerfilm der Dicke λ_o auf einer porösen Struktur, deren Poren einen Durchmesser von $2r$ besitzen. Die effektive Filtrationsstromdichte einer Composite-Membran ist immer geringer als man theoretisch aus den spezifischen Transportparametern des Polymerfilms berechnen würde, da die effektive Diffusionsstrecke immer größer ist als die Filmdicke. Betrachtet man ein Teilchen, das in der Mitte über dem Trägermaterial den Film permeiert, so beträgt sein Diffusionsweg:

$$\lambda_M = \sqrt{\left(\frac{l}{2}\right)^2 + \lambda_0^2}. \qquad \text{[IV-9]}$$

Hier ist λ_M der Diffusionsweg, den ein Teilchen zurücklegen muß, wenn es am Punkt M den Film permeiert. l ist der durch das Trägermaterial abgeblockte Anteil des Films und λ_o ist die Filmdicke.

Für den gesamten Film ergibt sich dann eine mittlere effektive Diffusionsstrecke, die durch die folgende einfache Beziehung gegeben ist:

$$\lambda_{eff} = \omega\,\lambda_o + (1 - \omega)\frac{\lambda_M + \lambda_o}{2}. \qquad \text{[IV-10]}$$

Hier sind λ_{eff} die mittlere effektive Länge der Diffusionsstrecke und ω die Gesamtporosität des Stützmaterials. Drückt man den durch das Trägermaterial abgeblockten Teil des Films durch den Porenradius und die Gesamtporosität ω des Trägermaterials aus, so ergibt sich die Beziehung

$$l = 2r\frac{1 - \omega}{\omega}, \qquad \text{[IV-11]}$$

wobei r den Porenradius bedeutet.

136

Durch Kombination der Gleichungen [IV-9], [IV-10] und [IV-11] ergibt sich die effektive Länge der Diffusionsstrecke als Funktion der Filmdicke λ_0, der Porosität ω und des Porenradius r des Trägermaterials:

$$\lambda_{eff} = \omega\,\lambda_0 + (1 - \omega)\,\frac{1}{2}\left[\sqrt{r^2\left(\frac{1-\omega}{\omega}\right)^2 + \lambda_0^2} + \lambda_0\right]. \qquad [IV\text{-}12]$$

Die Gleichung [IV-12] besagt, daß die Differenz zwischen der effektiven Diffusionsstrecke λ_{eff} und der Dicke des Films λ_0 mit zunehmender Porosität ω und abnehmendem Porenradius abnimmt. Um möglichst hohe Filtrationsleistungen zu erzielen, sollten daher die Porosität des Trägermaterials möglichst hoch und die Porenradien möglichst klein sein. Sie müssen jedoch noch so groß sein, daß kein merklicher hydrodynamischer Widerstand in der Stützstruktur auftritt.

Für die Herstellung des Polymerfilms auf dem porösen Träger werden heute im wesentlichen zwei verschiedene Verfahren angewandt. Bei dem ersten Verfahren geht man von einer verdünnten Polymerlösung aus, die durch Tauchen auf das Trägermaterial aufgebracht wird. Das zweite Verfahren beruht auf einer Phasengrenzflächenpolymerisation an der Oberfläche des porösen Trägers. Die Herstellung von dünnen Polymerfilmen aus einer Polymerlösung ist in der Literatur ausführlich beschrieben[51-54]. Man geht von einer 0,2 bis 2%igen Polymerlösung aus, die als dünne Schicht durch Eintauchen auf das Trägermaterial aufgebracht wird.

Durch vollständiges Verdampfen des Lösungsmittels erhält man einen homogenen Polymerfilm, dessen Dicke durch die Polymerkonzentration und die Schichtdicke der aufgebrachten Lösung bestimmt wird. Auf diese Weise lassen sich fehlstellenfreie Polymerschichten von weniger als 50 nm Dicke herstellen. Als Trägermaterial wurden ursprünglich symmetrische Membranen verwandt, die aus einem Gemisch von Cellulosenitrat und Celluloseacetat durch Fällung aus der Gasphase[15, 51] hergestellt wurden. Die eigentliche Filtrationsschicht bestand aus Celluloseacetat. Heute verwendet man als poröses Trägermaterial mehr und mehr asymmetrisch strukturierte Polysulfonmembranen und als eigentliche Filtrationsschicht werden aromatische Polyamide und Polyimide verwandt[58]. Im Prinzip läßt sich jedoch auch jedes andere Polymer, das über die entsprechenden spezifischen Transporteigenschaften verfügt, zur Herstellung von Composite-Membranen verwenden. Sind das Polymer des Trägermaterials und das der Filtrationsschicht in dem gleichen Lösungsmittel löslich, so muß vor dem Aufbringen der Polymerlösung auf das Trägermaterial eine Zwischenschicht eingefügt werden, die die Trägermembran vor dem Lösungsmittel schützt. Nach Fertigstellung der Composite-Membran wird diese Zwischenschicht wieder herausgelöst. Als Zwischenschicht wird häufig Polymethacrylsäure verwendet, die in vielen organischen Lösungsmitteln, wie z. B. Aceton, schlecht, in Wasser aber gut lösbar ist und daher gut aus der fertiggestellten Membran entfernt werden kann.

Die Herstellung der Polymerschicht an der Oberfläche des porösen Trägermaterials durch eine Phasengrenzflächenreaktion ist die zweite, sehr wirkungsvolle Methode, um extrem dünne, fehlstellenfreie Polymerfilme zu erhalten[55]. Die Phasengrenzflächenpolymerisation beruht darauf, daß man zwei Monomere, die in unterschiedlichen, nicht miteinander mischbaren Lösungsmitteln gelöst sind, zusammenbringt. Da das eine Monomer nicht im Lösungsmittel des anderen löslich ist, tritt eine Polymerisation nur an der Grenzfläche der beiden nicht miteinander mischbaren Lösungen auf und es entstehen extrem dünne Polymerfilme, die praktisch fehlstellenfrei sind. Bei der Herstellung von Membranen für die Meerwasserentsalzung geht man z. B. von einer wässrigen Polyäthy-

leniminlösung und einer Lösung von Toluoldiisocyanat in Hexan aus. Dabei wird
zunächst eine poröse Polysulfonmembran, die als Trägermaterial dient, mit einer
0,7%igen wässrigen Polyäthyleniminlösung getränkt, kurzzeitig in eine 0,5%ige Lösung
von Toluoldiisocyanat in Hexan getaucht und dann erhitzt.

Dabei tritt an der Grenzfläche eine Vernetzung des Polyäthylenimins durch das
Toluoldiisocyanat ein und es entsteht auf der porösen Trägermembran eine dichte, dünne
Polymerschicht, die über ausgezeichnete Entsalzungseigenschaften verfügt und ein
Salzrückhaltevermögen von mehr als 99,5% und Flüsse von ca. $1m^3/m^2d$ bei einem
hydrostatischen Druck von 100 bar und Meerwasser als Rohlösung aufweist[56]. Andere
Monomere, z. B. Furfurylalkohol, die für eine direkte Polymerisation auf der Oberfläche
benutzt werden, liefern ähnlich gute oder bessere Ergebnisse[57]. Eine weitere Methode,
ultradünne Membranen herzustellen, beruht auf einer sogenannten Plasmapolymerisation. Die Plasmapolymerisation eignet sich besonders für reaktionsträge, flüchtige
organische Substanzen wie Benzol, Pyrrolidon, Pyridin usw. Die Herstellung solcher
Membranen ist in der Literatur ausführlich beschrieben[59, 60]. Eine poröse Trägermembran aus Cellulosenitrat oder Polysulfon befindet sich in einem evakuierten Reaktorgefäß, dann wird in dem Gefäß entweder durch Hochfrequenz[59] oder elektrische
Entladung[60] ein Plasma erzeugt und die organischen Substanzen werden in Gasform bei 1
bis 10 Torr in den Reaktor gegeben. Das Plasma bewirkt eine Ionisierung und
Radikalisierung der organischen Substanzen, die dadurch in einem dreidimensionalen
Netzwerk polymerisieren. Nach diesem Verfahren werden Membranen mit sehr guten
Filtrationseigenschaften für eine Entsalzung von Meerwasser im Labormaßstab hergestellt[59]. Für eine technische Membranproduktion wird die Plasmapolymerisation bisher
allerdings nicht angewandt.

2.7. Dynamisch geformte Membranen

Bei den dynamisch geformten Membranen handelt es sich ebenfalls um zusammenge-
setzte, asymmetrische Strukturen. Jedoch besteht hier die eigentliche Filtrationsschicht
nicht aus einer homogenen Phase, sondern aus einzelnen Molekülen oder Partikeln, die,
ähnlich wie bei einem Anschwemmfilter, durch den Filtrationsstrom an die Oberfläche
des porösen Trägermaterials gebracht werden, dort ausfallen und einen mehr oder
weniger festen Niederschlag bilden, der ganz bestimmte Filtrationseigenschaften aufweist. Dynamisch geformte Membranen sind besonders von einer Arbeitsgruppe in Oak
Ridge, USA, entwickelt und untersucht worden[61−64]. Dabei dienen nicht nur organische
Polymere zur Bildung der Filtrationsschicht, sondern es werden auch vielfach Metalloxi-
de wie Zirkon-, Thorium-, Aluminium- und Eisenoxid verwandt. Mit Metalloxiden
gebildete, dynamische Membranen zeichnen sich durch besonders hohe Filtrationsraten
aus[61].

Allerdings ist das Salzrückhaltevermögen nicht so hoch wie bei Polymermembranen
und außerdem meist konzentrationsabhängig, da die Metalloxidschichten wie Ionenaustauscher wirken. Außer den Metalloxiden werden auch organische Substanzen wie z. B.
Polyvinylpyrrolidon, Polyvinylalkohol, Polystyrolsulfonsäure usw., zur Bildung der
Filtrationsschicht benutzt. Alle dynamisch gebildeten Membranen haben den Nachteil,
daß ihr Trennvermögen mit der Zeit nachläßt, und zwar in dem Maße, wie die
Filterschicht abgespült wird. Dadurch wird ein kontinuierliches Zudosieren des eigentlichen Filtermaterials notwendig, wenn die Trenneigenschaften der Membran erhalten
bleiben sollen. Der Vorteil der dynamisch gebildeten Membranen liegt darin, daß sie sehr

einfach hergestellt und regeneriert werden können, wenn ihr Trennvermögen nachläßt.
Soweit es sich um anorganische Materialien handelt, sind sie mechanisch und thermisch
äußerst stabil. Als poröser Träger für die Filterschicht wird neben den verschiedenen
organischen oder anorganischen Substanzen hauptsächlich Graphit verwendet[62]. Die
Lebensdauer des Trägermaterials ist bei den meisten Anwendungsfällen sehr hoch. Da die
Konzentration des die Filterschicht bildenden Materials im allgemeinen gering gehalten
werden kann, und zwar in der Größenordnung von 5 bis 50 ppm, können dynamisch
geformte Membranen äußerst wirtschaftlich eingesetzt werden. In vielen Fällen bilden die
Inhaltsstoffe der behandelten Rohlösung selbst eine Filterschicht, und es kann auf die
Zudosierung von Filtermaterial verzichtet werden. Dies ist häufig bei der Behandlung von
Abwässern aus der papierverarbeitenden Industrie der Fall[64].

2.8. Flüssige Membranen

Die Entwicklung von flüssigen Membranen hat in den letzten Jahren erheblich an
Bedeutung gewonnen. Man unterscheidet dabei zwischen flüssigen Membranen mit und
ohne Trägermatrix. Flüssige Membranen bestehen im wesentlichen aus einem dünnen
Flüssigkeitsfilm, der für verschiedene Substanzen unterschiedliche Permeabilitäten
besitzt. Diese Flüssigkeitsfilme werden häufig aus oberflächenaktiven und mit der
Rohlösung nicht mischbaren Substanzen gebildet[65, 66]. Flüssige Membranen haben sich
besonders bei der Trennung von organischen Lösungsmitteln und Gasen bewährt[67]. In
allerjüngster Zeit dienen sie auch zur Aufnahme bzw. Lösung sogenannter „Carrier"-
Substanzen[68], die bei der Diskussion des selektiven und trägergebundenen Transports
bereits unter III-7. behandelt wurden. Die Entwicklung von flüssigen Membranen ist
bisher im wesentlichen auf den Laborbereich beschränkt, und ihre technische und
wirtschaftliche Bedeutung ist noch gering. Es besteht jedoch kein Zweifel, daß die
flüssigen Membranen durch ihre große Selektivität und hohe Filtrationsleistung in der
Zukunft von Interesse sein werden. Besonders Li und Mitarbeiter[67] haben sich mit den
Problemen der technischen Nutzung von flüssigen Membranen beschäftigt.

2.9. Ionenaustauschermembranen

Die Herstellung von Ionenaustauschermembranen ist ausführlich von *Helfferich*[69]
diskutiert worden. Ionenaustauschermembranen, die für die Elektrodialyse eingesetzt
werden sollen, müssen eine hohe Permselektivität, einen geringen elektrischen Widerstand und eine gute chemische, thermische und mechanische Stabilität besitzen.
Membranen, die diesen Anforderungen weitgehend entsprechen, werden heute von einer
Reihe von Firmen nach ganz bestimmten Rezepturen, die im Detail oft nicht veröffent-
licht sind, hergestellt. Ganz generell kann man zwischen heterogenen und homogenen
Membranen unterscheiden. Beide Membrantypen werden heute in großem Maßstab bei
der Elektrodialyse eingesetzt.

2.9.1. Heterogene Ionenaustauschermembranen

Zur Herstellung von heterogenen Ionenaustauschermembranen wird ein fein gemahle-
nes Ionenaustauscherharz mit einer als Binder dienenden Polymerlösung von z. B.

Polyvinylchlorid oder Polyvinylidenfluorid gemischt. Das Gemisch wird auf ein Trägernetz oder Gewebe aus Polyvinylchlorid, Polypropylen oder einen anderen Kunststoff ausgegossen und bei erhöhter Temperatur und erhöhtem Druck mit dem Trägernetz mechanisch verbunden. Das Verhältnis von Ionenaustauscherharz zu Binderpolymer bestimmt weitgehend die elektrischen und mechanischen Eigenschaften der Membran. Je höher der Anteil an Ionenaustauscherharz ist, umso höher ist auch die elektrische Leitfähigkeit der Membran, umso geringer ist allerdings im allgemeinen auch ihre mechanische Stabilität. Gewöhnlich beträgt der Anteil an Ionenaustauscherharz 60 bis 80%. Die Ionenaustauscherharze selbst können aus den verschiedensten Polymeren hergestellt werden, so z. B. aus einem Copolymer von Styrol und Divinylbenzol[70]. Das Anionenaustauscherharz erhält man durch Anlagerung von quaternären Aminogruppen an das Copolymer durch eine Chloromethylierungsreaktion, während Kationenaustauscherharze durch Sulfonierung erhalten werden. Als Beispiel ist das Reaktionsschema für die Herstellung eines Kationen- und Anionenaustauscherharzes in der Abbildung IV-25 dargestellt.

Hier handelt es sich jedoch nur um ein Beispiel. Heute ist eine ganze Palette von Ionenaustauscherharzen kommerziell erhältlich, die sich teilweise erheblich in ihrer Festionenkonzentration, ihrem Quellungsgrad und ihrer chemischen, thermischen und mechanischen Stabilität unerscheiden.

Styrol + Divinylbenzol = vernetztes Polystyrol + H_2SO_4 = Kationenaustauscher

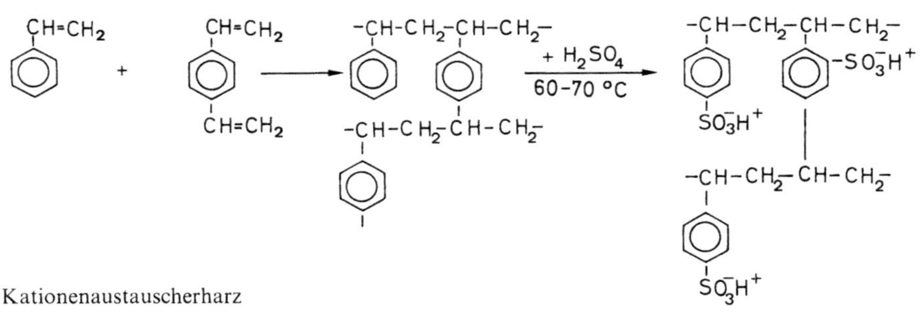

Kationenaustauscherharz

Styrol + Chlormethyläther = Chlormethylstyrol + Trimethylamin = Anionenaustauscher

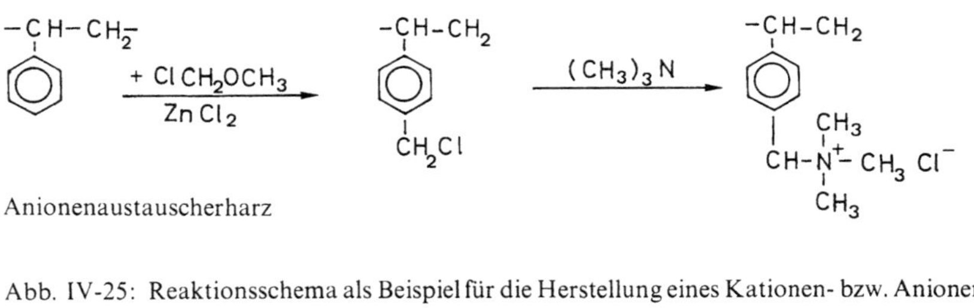

Anionenaustauscherharz

Abb. IV-25: Reaktionsschema als Beispiel für die Herstellung eines Kationen- bzw. Anionenaustauscherharzes

Im Gegensatz zu den heterogenen Membranen werden die homogenen Ionenaustauschermembranen aus einem homogenen Polymer durch Einführung von funktionellen Gruppen hergestellt. Homogene Ionenaustauschermembranen können auch durch ein entsprechendes Gewebe oder Netz mechanisch verstärkt werden. In der Literatur werden eine Reihe von Verfahren zur Herstellung von homogenen Ionenaustauschermembranen beschrieben[71−73]. Als Beispiel ist in Abbildung IV-26 das Reaktionsschema für die Bildung von Kationen- bzw. Anionenaustauschermembranen durch Einführung von Sulfonsäuregruppen bzw. quaternären Aminogruppen in Polyäthylen dargestellt. Zur Herstellung der Kationenaustauschermembranen wird das Polyäthylen zunächst sulfochloriert. Die Sulfonchloridgruppe wird dann mit Natronlauge hydrolisiert und es bildet sich das Natriumsalz der Sulfonsäure. Zur Herstellung der Anionenaustauschermembran geht man vom sulfochlorierten Polyäthylen aus und führt ein tertiäres Amin ein, das anschließend quaterniert wird. Die Herstellung von Ionenaustauscherharzen und Ionenaustauschermembranen ist in zahlreichen Patenten beschrieben worden. Das gilt auch für die Herstellung von Membranen mit ganz spezifischen Eigenschaften für spezielle Anwendungen. Eine sehr umfassende Darstellung mit zahlreichen Literaturangaben ist in der Monographie von *F. Helfferich* zu finden[69].

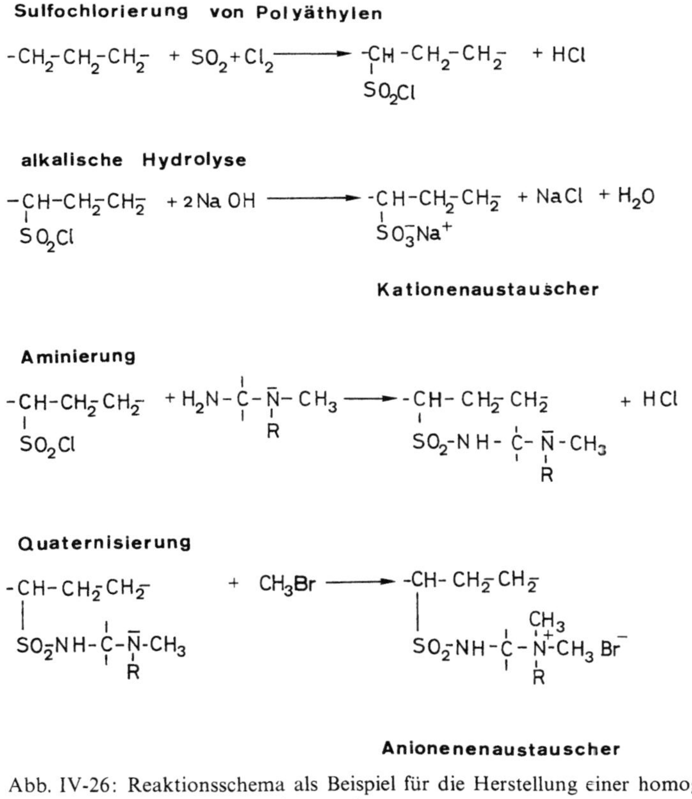

Sulfochlorierung von Polyäthylen

$$-CH_2-CH_2-CH_2^- \; + \; SO_2+Cl_2 \longrightarrow \; \overset{|}{C}H-CH_2-CH_2^- \; + \; HCl$$
$$SO_2Cl$$

alkalische Hydrolyse

$$-\overset{|}{C}H-CH_2-CH_2^- \; + 2\,Na\,OH \longrightarrow -\overset{|}{C}H-CH_2-CH_2^- \; + \; NaCl \; + \; H_2O$$
$$S\,O_2Cl \qquad\qquad\qquad\qquad S\,O_3^-Na^+$$

Kationenaustauscher

Aminierung

$$-\overset{|}{C}H-CH_2-CH_2^- \; + H_2N-\overset{|}{\underset{|}{C}}-\overset{|}{\underset{|}{\bar{N}}}-CH_3 \longrightarrow -\overset{|}{C}H-CH_2-CH_2^- \qquad + \; HCl$$
$$SO_2Cl \qquad\qquad R \qquad\qquad SO_2-NH-\overset{|}{\underset{|}{C}}-\overset{|}{\underset{|}{\bar{N}}}-CH_3$$
$$R$$

Quaternisierung

$$-\overset{|}{C}H-CH_2-CH_2^- \qquad + \; CH_3Br \longrightarrow -\overset{|}{C}H-CH_2-CH_2^-$$
$$SO_2^-NH-\overset{|}{\underset{|}{C}}-\overset{|}{\underset{|}{\bar{N}}}-CH_3 \qquad\qquad SO_2^-NH-\overset{|}{\underset{|}{C}}-\overset{+}{\underset{|}{N}}-CH_3 \; Br^-$$
$$R \qquad\qquad\qquad\qquad\qquad R$$

Anionenenaustauscher

Abb. IV-26: Reaktionsschema als Beispiel für die Herstellung einer homogenen Kationen- bzw. Anionenaustauschermembran

Die bisher geschilderten synthetischen Membranen sind relativ einfach in ihrer Struktur und Funktion. Neuere Arbeiten konzentrieren sich auf die Entwicklung von komplexeren Systemen, deren Transporteigenschaften stoffspezifisch ganz bestimmten Trennproblemen angepaßt sind. Durch den Einbau funktioneller Gruppen oder Moleküle wie z. B. Enzyme, Katalysatoren, Komplexbildner usw., können die Transporteigenschaften einer Membran spezifiziert werden. Welche Möglichkeiten sich noch für die Entwicklung von synthetischen Membranen ergeben, zeigt das Beispiel der lebenden Zellen. Die Membranen nehmen hier die vielfältigen Aufgaben des Stoffwechsels an Pflanzen und Tieren wahr und haben eine entscheidende Bedeutung für die Erhaltung des Lebens. Biologische Membranen sind außerordentlich selektiv, haben steuerbare, mit chemischen Reaktionen gekoppelte Trenneigenschaften, sind Informationsträger und weisen extrem hohe Transportgeschwindigkeiten auf. Wenn es gelingt, nur einen Teil dieser Eigenschaften bei synthetischen Membranen zu verwirklichen, ergeben sich sehr vielfältige, neue technische Anwendungsmöglichkeiten.

Benützte Symbole

A, B, C, D, S, L sind Konstanten, die einer bestimmten Zusammensetzung eines Lösungsmittel-Polymer-Fällmittels entsprechen

Indizes

M	Bezug auf Diffusionsweg in einer Composite-Membran
eff	Bezug auf effektiven Diffusionsweg
i	Bezug auf Komponente i
s	Bezug auf reine Phase
o	Bezug auf Filmdicke
μ	Chemisches Potential
λ	Diffusionsstrecke
ω	Membranporosität
ϕ	Volumenbruch

D	Diffusionskoeffizient
G	Freie Enthalpie
L	Permeabilitätskonstante
P	Hydrostatischer Druck
T	Absolute Temperatur
X	Molenbruch
f	Aktivitätskoeffizient
l	Richtungskoordinate
r	Radius einer Membran

Literatur

1. *Hood, H. P., Nordberg, M. E.*, US Patent 2 106 744 (1938).
2. *Haller, W.*, Nature **206**, 693 (1965).
3. *Schnabel, R.*, „Neue Anwendungsmöglichkeiten für poröses Glas" GDCh – Hauptversammlung (1975).
4. *Schnabel, R.*, Proceed. 5th Intern. Symp. Fresh Water from the Sea, Vol. **4**, 409 (1976).
5. *Kammermeyer, K.*, in „Progress in Separation and Purification" Ed.: *Perry, E. S.*, Vol. 1, Wiley-Interscience (New York 1968).
6. *McBride, R. B., McKinley, D. L.*, Chem. Eng. Progr. **61**, 81 (1965).
7. *Metzger, H., Kock, K.*, DBPatent 1769595.
8. DBPatent 2028 393.
9. *Bierenbaum, H. S., Isaacson, R. B., Druin, M. L., Plovan, S. G.*, Ind. Eng. Chem. Prod. Res. Develop. **13**, 2 (1974).
10. *Fleischer, R. L., Price, P. B., Walker, R. M.*, Sci. Amer. **220**, 30 (1969).
11. *Michaels, A. S., Bixler, H. J.*, J. Polymer Sci. **50**, 413 (1961).
12. *Hansen, C. M.*, Farbe Lack, **7**, 169 (1969).

13. *Kesting, R. E.*, „Synthetic Polymeric Membranes" McGraw-Hill Inc. (New York 1971).
14. *Bechhold, H.*, Biochem. Z. **6**, 379 (1907).
15. *Zsigmondy, R., Carius, C.*, Chem. Ber., **60** B, 1074 (1927).
16. *Elford, W.*, Proc. Roy. Soc. **B 106**, 216 (1930).
17. *Loeb, S., Sourirajan, S.*, Advan. Chem. Ser., **38**, 117 (1962).
18. *Loeb, S.*, in „Desalination by Reverse Osmosis" Ed.: *Merten, U.*, M.I.T. Press (Cambridge, Mass. 1966).
19. *Manjikian, S.*, Ind. Eng. Chem. Prod. Res. Develop. **6**, 23 (1967)
20. *Manjikian, S., Loeb, S., McCutchan, J. W.*, „Proceedings of First International Desalination Symposium" Washington, D. C., **2**, 159 (1965).
21. *Banks, W., Sharples, A.*, J. Appl. Chem. **16**, 94 (1966).
22. *Kesting, R. E., Menfee, A.*, Kolloid-Z. Z. Polym. **230**, 341 (1968).
23. *Bloch, R., Frommer, M. A.*, Desalination, **7**, 259 (1970).
24. *Frommer, M. A., Feiner, I., Kedem, O., Bloch, R.*, Desalination **7**, 393 (1970).
25. *Strathmann, H., Scheible, P.*, Kolloid-Z. Z. Polym. **246**, 669 (1971).
26. *Strathmann, H., Scheible, P., Baker, R. W.*, J. Appl. Polymer Sci. **15**, 811 (1971).
27. *Frommer, M. A., Matz, R., Rosenthal, U.*, Ind. Eng. Chem. Prod Res. Develop. **10**, 193 (1971).
28. *Matz, R.*, Desalination **10**, 1 (1972).
29. *Anderson, J. E., Ullman, R.*, J. Appl. Phys. **44**, 4303 (1973).
30. *So, M. T., Eirich, F. R., Strathmann, H., Baker, R. W.*, Polymer Letters **11**, 201 (1973).
31. *Tanny, G. B.*, J. Appl. Polymer Sci. **18**, 2149 (1974).
32. *Strathmann, H., Kock, K., Amar, P., Baker, R. W.*, Desalination **16**, 179 (1975).
33. *Strathmann, H., Kock, K.*, Desalination, **21**, 241 (1977).
34. *Kesting, R. E.*, J. Appl. Polymer Sci. **17**, 1771 (1973).
35. *Kesting, R. E.*, US Patent 3951683.
36. *Zsigmondy, R., Bachmann, W.*, Z. Anorg. Allg. Chem. **103**, 119 (1918).
37. *Michaels, A. S.*, US Patent 3651024 (1967).
38. *Michaels, A. S., Baker, R. W.*, DBP 1792580.
39. *Schumann, W., Strathmann, H.*, US Patent 3925211 (1975).
40. *Jolley, J. E.*, US Patent 3, 172741.
41. *Kock, K.*, Dissertation, Tübingen (1975).
42. *Keilin, B.*, Office of Saline Water, US Government Printing Office, R & D Report 117, (1964).
43. *Noel, C., Monnerie, L.*, Proceed. 4. Intern. Symp., Fresh Water from the Sea, Vol. 4, 275 (1973).
44. *Haase, R.*, „Thermodynamik der Mischphasen", Springer Verlag (Berlin 1956).
45. *Klein, E., Schmith, J. K.*, Polymer Reprints Vol. 12, No. 2, 268 (1971).
46. *Thomson, E. S.*, Acta Chem. Scand. **26**, 2100 (1972).
47. *Strathmann, H., v. Mylius, U.*, Proceed. 5. Intern. Symp. Fresh Water from the Sea Vol. 4, 189 (1976).
48. *Strathmann, H., Michaels, A. S.*, Desalination, **21**, 195 (1977).
49. *Reid, C. E., Breton, E. J.*, J. Appl. Polymer Sci. **1**, 135 (1959).
50. *Zimm, B. H., Lundberg, J. L.*, J. Phys. Chem. **60**, 425 (1956).
51. *Lonsdale, H. K., Riley, R. L., La Grange, L. D., Lyons, C. R., Douglas, A. S., Merten, U.*, Office of Saline Water, R & D Report 484, US Government Printing Office, Washington, D.C. (1969).
52. *Riley, R. L., Lonsdale, H. K., Lyons, C. R.*, J. Appl. Polymer Sci. **15**, 1267 (1971).
53. *Riley, R. L., Hightower, G. R., Lyons, C. R.*, in „Reverse Osmosis Membrane Research", Edts.: *Lonsdale, H. K., Podall, H. E.*, Plenum Press (New York 1972).
54. *Riley, R. L., Hightower, G. R., Lyons, C. R., Tagami, M.*, Proceed. 4th. Intern. Symp. Fresh Water from the Sea Vol. 4, 333 (1973).
55. *Rozelle, L. T., Cadotte, J. E., King, W. L., Senechal, A. J., Nelson, B. R.*, Office of Saline Water, R & D Report 659, US Government Printing Office, Washington, D.C. (1971).
56. *Cadotte, J. E., Kopp, C. V., Cobian, K. E., Rozelle, L. T.*, Office of Saline Water R & D Report 982, US Government Printing Office, Washington, D.C., (1974).
57. *Rozelle, L. T., Cadotte, J. E., McClure, D. J.*, Office of Saline Water R & D Report 531, US Government Printing Office, Washington D. C., (1970).

58. *Strathmann, H., Saier, H. D., v. Mylius, U., Zschocke, P., Amar, P.*, DBP 2452026.
59. *Yasuda, H., Lamaze, C. E.*, J. Appl. Polymer Sci. **17**, 201 (1973).
60. *Buch, K. R., Davar, V. K.*, Brit. Polym. J. **2**, 238 (1970).
61. *Kraus, K. A., Shorr, A. J., Johnson, J. S.*, Desalination **2**, 243 (1967).
62. *Shorr, A. J.*, J. Phys. Chem. **72**, 2200 (1968).
63. *Sachs, S. B., Baldwin, W. H., Johnson, J. S.*, Desalination **6**, 215 (1969).
64. *Perona, J. J.*, Environ. Sci. Techn. **1**, 991 (1967).
65. *Li, N. N.*, US Patent 3410794 (1968).
66. *Li, N. N.*, Ind. Eng. Chem. Proc. Des. Develop. **10**, 215 (1971).
67. *Cahn, R. P., Li, N. N.*, J. Membrane Sci **1**, 129 (1976).
68. *Baker, R. W., Tuttle, M. E., Kelly, D. J., Lonsdale, H. K.*, J. Membrane Sci **2**, 213 (1977).
69. *Helfferich, F.*, „Ionenaustauscher", Verlag Chemie, (Weinheim 1959).
70. I. G. Farbenindustrie, DRP 747664 (1944).
71. Bayer AG, DBP 838063.
72. *Juda, W., McRae, W. A.*, USP 2636851 (1953).
73. *Körözy de, F., Shorr, A. J.*, USP 3388080 (1963).

V. Verfahrenstechnische Probleme bei Membranstofftrennprozessen und die Auslegung technischer Anlagen

Selbst wenn für ein ganz bestimmtes Stofftrennproblem eine geeignete Membran vorhanden ist, ergeben sich noch eine Reihe von verfahrenstechnischen Problemen, die vor allem die Wirtschaftlichkeit eines Prozesses entscheidend beeinflussen können. Zu diesen Problemen gehören besonders Konzentrationspolarisationseffekte und, als deren Folge, die Bildung von Niederschlägen an den Membranoberflächen bei der Ultra- und Hyperfiltration. Bei der Elektrodialyse beeinflußt die verfahrenstechnische Auslegung einer Anlage die Stromausbeute, den *Ohm*'schen Widerstand der Zellen und die Grenzstromdichte. Die Prozeßkosten, die sich aus den Anlage- und den Betriebskosten zusammensetzen, können für jeden einzelnen Membranstofftrennprozeß durch eine Optimierung der verfahrenstechnischen Parameter auf einen unteren Grenzwert gesenkt werden, der dann für eine Beurteilung der Wirtschaftlichkeit der verschiedenen Membranstofftrennprozesse herangezogen werden kann.

Die meisten Membranstofftrennprozesse sind relativ kapitalintensiv, vor allem wenn es sich um Anlagen geringer Kapazität handelt, d. h. die Abschreibungen auf die Anlagekosten überschreiten die Betriebskosten häufig erheblich. Hierdurch ergeben sich oft Schwierigkeiten bei einer Kostenanalyse, da der Abschreibungszeitraum für eine Anlage entscheidend durch die Lebensdauer der Membranen mitbestimmt wird. Aber gerade für die Membranen ist es jedoch häufig schwierig, eine zuverlässige Angabe über die zu erwartende Standzeit zu machen. Sie hängt von den zu behandelnden Rohlösungen, von gewissen Vorreinigungsstufen und vielfach auch vom Standort der Anlage ab, so daß zuverlässige Kostenanalysen diese Parameter jedenfalls mit berücksichtigen müssen. Eine besondere Bedeutung bei der Konstruktion und Auslegung von Membrananlagen kommt der Kontrolle von Konzentrationspolarisationseffekten zu. Da die Konzentrationspolarisation immer zu einer Beeinträchtigung der Wirtschaftlichkeit eines Stofftrennverfahrens führt, muß ihr Einfluß durch konstruktive Maßnahmen und entsprechende Strömungsführung möglichst gering gehalten werden.

1. Die Konzentrationspolarisation bei Membranstofftrennprozessen

Bei den bisherigen Betrachtungen der Transportvorgänge in und an Membranen wurde angenommen, daß die Konzentration in den beiden durch die Membran getrennten Außenphasen völlig einheitlich ist. Diese idealisierten Verhältnisse sind in praktischen Versuchen nicht zu realisieren. In Wirklichkeit treten an den Grenzflächen zwischen Membran und Außenphase Konzentrationsgradienten auf, die entscheidenden Einfluß auf die Transportvorgänge in der Membran und auf die Wirtschaftlichkeit des gesamten Verfahrens haben. Denn bei allen Membranstofftrennprozessen wird durch Konvektion oder Diffusion ein Stoffgemisch an die Oberfläche einer semipermeablen Membran gebracht bzw. von ihr entfernt. Während unter der treibenden Kraft eines Gradienten im elektrochemischen Potential, der durch unterschiedliche hydrostatische

Drücke, Konzentrationen oder elektrische Potentiale in den beiden durch die Membran getrennten Außenphasen hervorgerufen wird, verschiedene Komponenten die Membran permeieren, werden andere mehr oder weniger quantitativ zurückgehalten. Bei der Ultra- bzw. Hyperfiltration kommt es dadurch zu einer Anreicherung der zurückgehaltenen Stoffe an der Membranoberfläche, während es bei der Dialyse und Elektrodialyse außerdem zu einer Verarmung der die Membran passierenden Stoffe in der Grenzfläche zwischen Membran und Rohlösung kommt. Diesem Vorgang, der als Konzentrationspolarisation bezeichnet wird, kommt eine erhebliche Bedeutung bei der praktischen Anwendung der Membranstofftrennprozesse zu. Die Konzentrationspolarisation läßt sich nie ganz ausschalten, ihr Einfluß kann jedoch durch eine entsprechende verfahrenstechnische Auslegung einer Membranstofftrennanlage auf ein Minimum reduziert werden.

1.1. Die Konzentrationspolarisation bei der Ultra- und Hyperfiltration

Der Einfluß der Konzentrationspolarisation auf die technische Durchführbarkeit und die Wirtschaftlichkeit der Stofftrennung ist bei den verschiedenen Membranverfahren recht unterschiedlich. Am gravierendsten ist er bei der Membranfiltration, d. h. bei Ultra- und Hyperfiltration.

Bei der Membranfiltration wird eine Lösung durch Konvektion an die Oberfläche einer semipermeablen Membran gebracht. Während das Lösungsmittel die Membran unter der treibenden Kraft eines hydrostatischen Druckes permeiert, werden die gelösten Komponenten mehr oder weniger vollständig zurückgehalten. Sie reichern sich in der Grenzschicht unmittelbar an der Membranoberfläche an und diffundieren, ihrem Konzentrationsgefälle folgend, in die Ausgangslösung zurück. Nach einiger Zeit stellt sich ein stationärer Zustand mit konstantem Konzentrationsprofil ein, in dem der konvektive Stofftransport in Richtung der Membranoberfläche gleich dem Diffusionsstrom zurück in die Ausgangslösung ist.

Dieser Vorgang der Konzentrationspolarisation an der Membranoberfläche hat erheblichen Einfluß auf die technische Anwendung der Membranfiltration. So wird z. B. der osmotische Druck der Ausgangslösung, der durch den vorgegebenen hydrostatischen Druck kompensiert werden muß, entsprechend der Konzentrationspolarisation an der Membranoberfläche erhöht; damit nimmt bei konstantem hydrostatischem Druck die Filtrationsstromdichte entsprechend ab. Da Filtrationsmembranen im allgemeinen nicht streng semipermeabel sind und die Menge der die Membran passierenden Stoffe ihrer Konzentration unmittelbar an der Membranoberfläche direkt proportional ist, nimmt auch ihre Konzentration im Filtrat durch die Konzentrationspolarisation entsprechend zu, d. h. das Trennvermögen der Membran nimmt scheinbar ab.

Handelt es sich bei dem zu trennenden Stoffgemisch um makromolekulare Lösungen, so wird infolge der Konzentrationspolarisation häufig das Löslichkeitsprodukt der an der Membran zurückgehaltenen Stoffe überschritten, und es kommt zu einer Deckschichtbildung auf der Membranoberfläche. Diese Deckschicht beeinflußt nicht nur die Filtrationsleistung der Membran erheblich, sondern ändert unter Umständen sogar ihre Trenneigenschaften, indem sie selbst wie eine Membran wirkt.

Der Einfluß der Konzentrationspolarisation und ihre Kontrolle sind daher recht unterschiedlich bei der Filtration von niedermolekularen Stoffgemischen und der von makromolekularen Lösungen. Zunächst soll die Trennung von Stoffgemischen mit niedermolekularen Komponenten, die keine Deckschichten auf der Membran bilden, diskutiert werden.

1.1.1. *Konzentrationspolarisation ohne Niederschlagsbildung an der Membranoberfläche*

Die Transportvorgänge während der Membranfiltration in der Lösung an der Membranoberfläche sind schematisch in der Abbildung V-1 dargestellt.

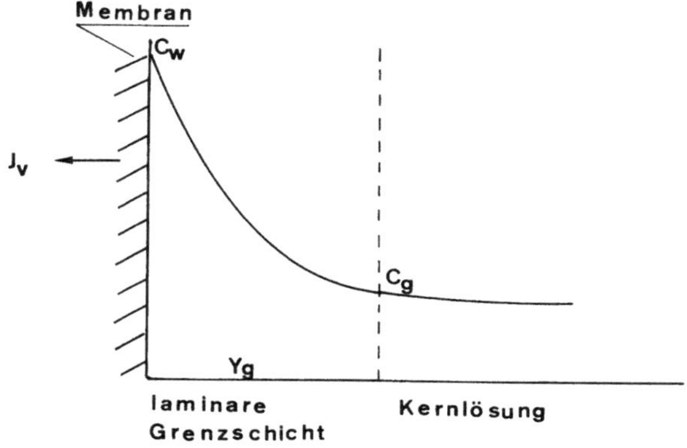

Abb. V-1:   Konzentrationsprofil in der Lösung an der Membranoberfläche

Falls keine Transportvorgänge parallel zur Membran stattfinden oder aber diese zeitlich konstant sind, kann der Gesamttransport einer gelösten Komponente s in der Grenzschicht an der Membran im stationären Zustand nach dem sogenannten *Nernst*'schen Filmmodell durch die Summe dreier Teilprozesse beschrieben werden[1].

Durch Konvektion wird die gelöste Komponente mit dem Lösungsmittel an die Membran gebracht. Dieser Konvektionsstrom wird durch Gleichung [V-1] beschrieben:

$$J_s^K = vC_s. \qquad\qquad [\text{V-1}]$$

Hierin sind J_s^K die Konvektionsstromdichte der Komponente s, v die Volumenstromdichte in Richtung der Membran und C_s die Konzentration der Komponente s in der Lösung.

Falls die Membran nicht streng semipermeabel ist, wird ein Teil der gelösten Komponenten die Membran permeieren. Dieser Vorgang wird durch Gleichung [V-2] beschrieben:

$$J_s = J_v C_f. \qquad\qquad [\text{V-2}]$$

Hierin sind J_s die Stromdichte der Komponente s durch die Membran, J_v die Filtrationsstromdichte und C_f ihre Konzentration im Filtrat. Der an der Membranoberfläche zurückgehaltene Anteil der gelösten Komponente diffundiert, seinem Konzentrationsgefälle folgend, in die Ausgangslösung zurück. Dies wird durch Gleichung [V-3] ausgedrückt:

$$J_s^D = -D_s \frac{dC}{dy}.$$ [V-3]

Hierin ist J_s^D die Diffusionsstromdichte der Komponente s von der Membranoberfläche in die Ausgangslösung. D_s ist ihr Diffusionskoeffizient in der Lösung und dC/dy der Gradient ihrer Konzentration in der Grenzschicht an der Membran. Die Summierung der Gleichungen [V-1] bis [V-3] ergibt den Gesamttransport der Komponente s in der Grenzschicht an der Membranoberfläche im stationären Zustand:

$$-J_s - J_s^D + J_s^K = O = -J_v C_f + D_s dC/dy + v C_s.$$ [V-4]

Integration der Gleichung [V-4] mit den Grenzbedingungen $C_s = C_w$ bei $y = O$ und $C_s = C_g$ bei $y = Y_g$ und unter der Voraussetzung, daß in dem in Frage kommenden Konzentrationsbereich in erster Näherung D_s konstant und die Filtrationsstromdichte J_v gleich der Konvektionsstromdichte v ist, ergibt

$$\frac{J_v Y_g}{D_s} = \ln \frac{C_w - C_f}{C_g - C_f}.$$ [V-5]

Hierin sind C_w und C_g die Konzentrationen der Komponente s unmittelbar an der Membranoberfläche und in der Lösung im Abstand Y_g von der Membran. Ersetzt man in Gleichung [V-5] die Konzentration C_f im Filtrat durch das Rückhaltevermögen R der Membran, das durch die Beziehung

$$R = 1 - (C_f/C_w)$$ [V-6]

ausgedrückt werden kann, so ergibt sich die Konzentrationspolarisation C_w/C_g als exponentielle Funktion der Filtrationsstromdichte J_v, des Diffusionskoeffizienten D_s und der Länge Y_g der Diffusionsstrecke:

$$\frac{C_w}{C_g} = \frac{\exp(J_v Y_g/D_s)}{R + (1 - R)\exp(J_v Y_g/D_s)}.$$ [V-7]

Die Filtrationsstromdichte J_v, das Rückhaltevermögen R und der Diffusionskoeffizient D_s sind als Materialkonstanten durch das gewählte System festgelegt. Die Konzentrationspolarisation C_w/C_g kann daher praktisch nur über die Länge der Diffusionsstrecke Y_g wirksam beeinflußt werden. Wird die Lösung an der Membranoberfläche turbulent durchmischt, so ist die Diffusionsstrecke auf die Dicke der laminaren Grenzschicht unmittelbar an der Membranoberfläche beschränkt. In Abbildung V-1 ist das Konzentrationsprofil einer gelösten Komponente in der laminaren Grenzschicht, wie es sich nach dem *Nernst*'schen Filmmodell ergibt, dargestellt.

Bei praktischer Berechnung der Konzentrationspolarisation nach Gleichung [V-7] ergeben sich einige Schwierigkeiten, die daraus resultieren, daß die im Filmmodell angenommenen einfachen Beziehungen im allgemeinen nicht realisierbar sind[2, 3]. Dies gilt besonders für die Dicke der laminaren Grenzschicht Y_g. Sie hängt von den Strömungsverhältnissen parallel zur Membranoberfläche ab und ist im allgemeinen über eine größere Membranfläche nicht konstant. Bei durchströmten Filtrationssystemen ergeben sich je nach der Membrankonfiguration Ein- und Auslaufeffekte, so daß vor allem am Einlauf eines Membransystems das Strömungsprofil und damit auch das Konzentrationsprofil nicht konstant sind. Wird die Rohlösung an der Membranoberfläche mit Hilfe eines Rührers durchmischt, so müssen für eine Vorausberechnung der Konzentrationspolarisation neben der Rührgeschwindigkeit noch eine Reihe von zusätzlichen Parametern wie Rührerform, Rührerdimensionen, Gefäßgröße usw. Berücksichtigung finden.

Da die Konzentrationspolarisation indirekt über den osmotischen Druck auch die Filtrationsstromdichte beeinflußt, wird auch diese über die Gesamtmembranfläche nicht konstant sein. Ähnlich verhält sich der Diffusionskoeffizient, der ebenfalls eine gewisse Konzentrationsabhängigkeit zeigt.

Nimmt man jedoch für eine näherungsweise Berechnung der Konzentrationspolarisation sowohl den Diffusionskoeffizienten als auch die Filtrationsstromdichte über eine vorgegebene Membranfläche als konstant an, so bestimmt die Dicke der laminaren Grenzschicht als Funktion der Strömungsverhältnisse an der Membranoberfläche die Konzentrationspolarisation. Die Dicke der laminaren Grenzschicht läßt sich über den Diffusionskoeffizienten mit einem Stoffübergangskoeffizienten für ein binäres System nach der folgenden Gleichung in Beziehung setzen:

$$k_s^o = \frac{D_s}{Y_g}. \qquad\qquad [\text{V-8}]$$

Hier ist k_s^o der Stoffübergangskoeffizient, D_s ist der Diffusionskoeffizient der gelösten Komponente in der Grenzschicht an der Membranoberfläche, und Y_g ist die Dicke der laminaren Grenzschicht.

Der Stoffübergangskoeffizient ist in der Literatur für den Stofftransport von einer starren Wand in eine Lösung für verschiedene Strömungsverhältnisse als Funktion der *Reynolds*- und der *Schmidt*zahl durch Analogiebetrachtungen zum Wärmetransport beschrieben worden[6]. Dabei wird angenommen, daß die Strömungs- und Konzentrationsprofile zeitlich konstant sind und eine Konvektion in der Grenzschicht als Folge von Dichte- oder Temperaturgradienten vernachlässigbar gering ist.

Im Prinzip kann man zwei grundsätzlich verschiedene Strömungsverhältnisse an der Membranoberfläche unterscheiden und zwar eine turbulente und eine laminare Strömung. Bei turbulenter Strömung ist durch die intensive Durchmischung die Konzentration im Kern der Strömung konstant und nur in der laminaren Grenzschicht an der Membranoberfläche kommt es zur Ausbildung eines Konzentrationsgradienten. In laminarer Strömung dagegen erstreckt sich der Konzentrationsgradient über den gesamten Querschnitt eines strömungsführenden Kanals oder Rohres. In der Abbildung V-2 sind das Strömungs- und Konzentrationsprofil für den Stofftransport von einer starren Wand in den Kern einer Lösung für turbulente und laminare Strömung zwischen zwei parallelen Platten, wie er im Hyper- bzw. Ultrafiltrationsversuch vorliegt, schematisch dargestellt. Die x-Richtung stellt die Längsrichtung und die y-Richtung die Höhe des Kanals dar. Die Strömungsgeschwindigkeit am Kanaleingang ist mit u_o und die Konzentration mit C_g bezeichnet. Die Konzentration an der Kanalwand ist mit C_w bezeichnet.

Beim Einströmen einer Lösung in einen aus zwei parallelen Membranen gebildeten Kanal bildet sich mit zunehmendem Abstand vom Einlauf allmählich ein konstantes Strömungs- und Konzentrationsprofil aus. In laminarer Strömung erstreckt sich das Strömungsprofil über den gesamten Querschnitt und hat eine parabolische Form. In turbulenter Strömung ist die Strömungsgeschwindigkeit im Kern der Lösung konstant, und nur an den Grenzflächen zu den Kanalwänden bildet sich ein Strömungsprofil aus. Entsprechend verhalten sich die Konzentrationsprofile. Während sich in turbulenter Strömung schon kurz nach dem Eintritt in den Kanal ein konstantes Konzentrationsprofil ausbildet, ist dies in laminarer Strömung erst mit großem Abstand vom Eingang der Fall. Das bedeutet, daß in turbulenter Strömung Eingangseffekte in erster Näherung

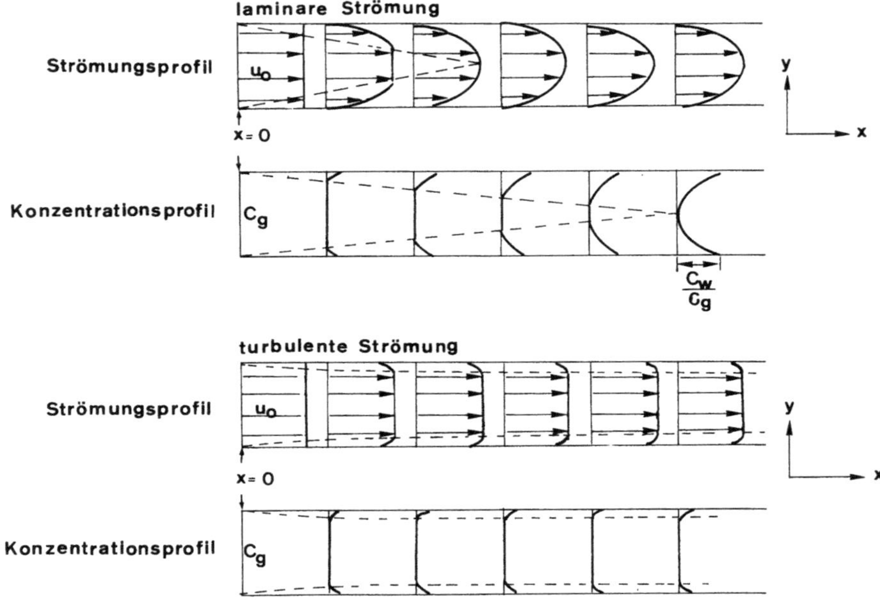

Abb. V-2: Schematische Darstellung der Strömungs- und Konzentrationsprofile zwischen zwei parallelen Platten für den Stofftransport von einer starren Wand in den Kern einer Lösung in laminarer und turbulenter Strömung im Hyper- und Ultrafiltrationsversuch

vernachlässigt werden können und Gleichung [V-7] direkt eingesetzt werden kann, während in laminarer Strömung Eingangseffekte berücksichtigt werden müssen.

Wird eine turbulente Durchmischung der Kernlösung durch Rührung in einer geschlossenen Zelle erzeugt, so sind die Strömungs- und Konzentrationsprofile über die gesamte Membranfläche verschieden. Aber auch hier kann der Stoffübergangskoeffizient als Funktion der Rührgeschwindigkeit und der Gefäß- und Rührerdimensionen in Analogie zum Wärmeübergang beschrieben und somit die Konzentrationspolarisation berechnet werden.[69]

a) *Konzentrationspolarisation in einer gerührten Filtrationszelle*

Für die Hyper- und Ultrafiltration stellt eine einfache zylindrische, gerührte Zelle im Laborbereich das am häufigsten verwendete Gerät dar. Daher ist auch die zuverlässige Vorausberechnung der Konzentrationspolarisation in diesem Gerät von besonderer Bedeutung. Der Aufbau einer gerührten Filtrationszelle ist schematisch in der Abbildung V-3 dargestellt:

Die Abbildung V-3 zeigt eine zylindrische Zelle mit dem Durchmesser D, die von einem zentrisch angeordneten Rührer der Länge d mit einer Umlaufgeschwindigkeit ω gerührt wird.

150

In Analogie zum Wärmeübergang kann der Stofftransport als Funktion der *Schmidt-* und der *Reynolds*zahl durch die folgende Beziehung ausgedrückt werden[5]:

$$N_{Sh} = A \cdot N_{Sc}{}^a \cdot N_{Re}{}^b . \qquad [\text{V-9}]$$

Hier sind N_{Sh} die *Sherwood-*, N_{Sc} die *Schmidt-* und N_{Re} die *Reynolds*zahl. A ist ein konstanter Faktor, und a und b sind Exponenten, die sich aus einer Korrelation mit experimentellen Daten ermitteln lassen. Für eine gerührte Zelle lassen sich die in Gleichung [V-9] dargestellten dimensionslosen Zahlen als Funktion des Stoffübergangskoeffizienten, des Zellendurchmessers, der Rührerlänge, der Rührgeschwindigkeit, des Diffusionskoeffizienten der gelösten Komponente und der Viskosität der Lösung ausdrücken[6]:

$$N_{Sh} = \frac{k_s^o \cdot D}{D_s} , \qquad [\text{V-10}]$$

$$N_{Sc} = \frac{v}{D_s} , \qquad [\text{V-11}]$$

$$N_{Re} = \frac{\omega\, d^2}{v} . \qquad [\text{V-12}]$$

Hier ist k_s^o der Stoffübergangskoeffizient einer Komponente von der Membran in die Lösung, D ist der Zellendurchmesser, d die Rührerlänge, ω die Rührgeschwindigkeit, D_s der Diffusionskoeffizient der gelösten Komponente und v die Viskosität der Lösung.

Die Exponenten für die *Schmidt-* und *Reynolds*zahl werden in der Literatur für einen Strömungsbereich mit *Reynolds*zahlen zwischen 100 bis 100 000 mit $a = 0{,}33$ und $b = 0{,}66$ angegeben[6].

Durch Einsetzen der Gleichungen [V-10], [V-11] und [V-12] in Gleichung [V-9] und Auflösen nach dem Stoffübergangskoeffizienten k_s^o ergibt sich

$$k_s^o = \frac{D_s}{D} A \left(\frac{v}{D_s} \right)^{0{,}33} \left(\frac{\omega\, d^2}{v} \right)^{0{,}66} . \qquad [\text{V-13}]$$

Die Konzentrationspolarisation in einer gerührten Filtrationszelle erhält man als Funktion der Rührgeschwindigkeit der Zellen- und Rührerabmessungen und der

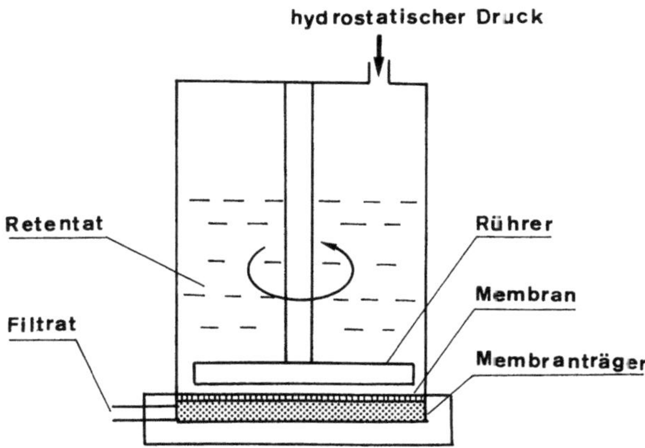

Abb. V-3:   Schematische Darstellung einer zylindrischen, gerührten Filtrationszelle

Filtrationsstromdichte, indem man die Gleichungen [V-7], [V-8] und [V-13] miteinander kombiniert:

$$\frac{C_w}{C_g} = \frac{\exp\dfrac{J_v D}{AD_s(v/D_s)^{0,33}\,(\omega d^2/v)^{0,66}}}{R + (1-R)\exp\dfrac{J_v D}{AD_s(v/D_s)^{0,33}\,(\omega d^2/v)^{0,66}}}. \qquad [V\text{-}14]$$

Hier sind C_w und C_g die Konzentrationen der gelösten Komponenten an der Membranoberfläche und im Kern der Rohlösung, J_v ist die Filtrationsstromdichte, D der Durchmesser der gerührten Zelle, D_s ist der Diffusionskoeffizient der gelösten Komponente, v ist die Viskosität, d die Rührerlänge, ω die Rührergeschwindigkeit und A eine Konstante, für die in der Literatur je nach Rührergeometrie und Anordnung Werte zwischen 0,1 und 0,6 angegeben werden[7-9].

In der Abbildung V-4 sind Konzentrationspolarisationswerte, die nach Gleichung [V-14] berechnet wurden, experimentell ermittelten Daten gegenübergestellt. Die eigentliche Versuchsdurchführung ist in der Referenz 9 beschrieben. Als Versuchsapparatur wurde eine mit Magnetrührer gerührte Filtrationszelle und Membranen mit unterschiedlichen Filtrationsstromdichten zwischen ca. 5×10^{-4} und 2×10^{-3} cm/s und Rückhaltevermögen für die in den Versuchen verwendeten Salze zwischen 50 und 97% benutzt. Die Konstante A in Gleichung [V-14] wurde mit 0,1 angenommen. Das Diagramm in der Abbildung V-4 zeigt nicht nur, daß sich eine gute Korrelation zwischen berechneten und experimentell bestimmten Werten ergibt, sondern auch, daß die Konzentrationspolarisation bei geringer Rührgeschwindigkeit, gutem Rückhaltevermögen und hoher Filtrationsstromdichte ganz erhebliche Werte erreichen kann.

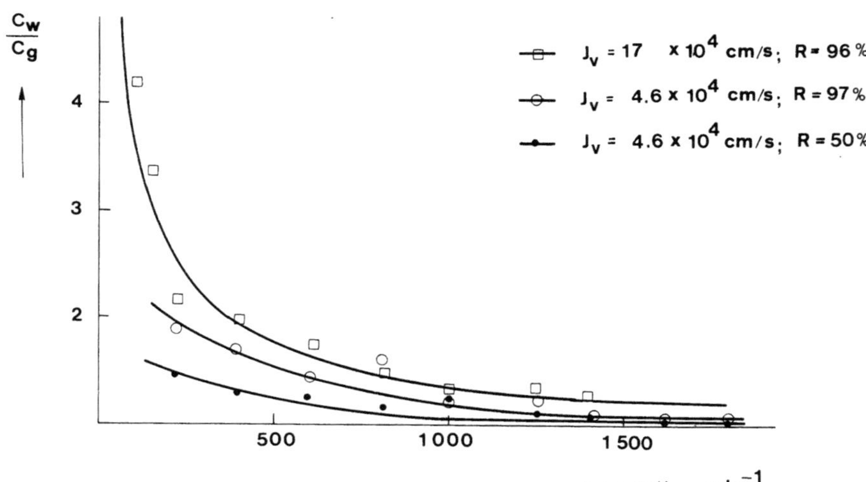

Abb. V-4:   Für verschiedene Filtrationsstromdichten und Rückhaltevermögen experimentell ermittelte und nach Gleichung [V-14] berechnete Konzentrationspolarisation in einer gerührten Zelle (Die durchgezogenen Kurven stellen die berechneten Werte dar)

b) Konzentrationspolarisation in turbulent durchströmten Filtrationsapparaturen

Die Strömungs- und Konzentrationsprofile in einem Kanal, dessen parallele Wände aus einer Filtrationsmembran bestehen, sind schematisch in der Abbildung V-2 dargestellt. Auch hier können die Transportvorgänge in der laminaren Grenzschicht durch den Stoffübergangskoeffizienten beschrieben werden. Der Stoffübergangskoeffizient kann wiederum durch die *Sherwood*zahl ausgedrückt werden. Für einen Kanal, der durch zwei parallele Platten begrenzt wird, ergibt sich die *Sherwood*zahl nach[4]

$$N_{Sh} = \frac{k_s^o \, 2ab}{D_s(a + b)} \, .$$ [V-15]

Aus Analogiebetrachtungen zum Wärmetransport kann die *Sherwood*zahl als Funktion der *Schmidt*- und der *Reynolds*zahl und der Eingangslänge ausgedrückt werden[10]:

$$N_{Sh} = A \, N_{Sc}{}^x \cdot N_{Re}{}^y \left(\frac{l(a + b)}{2ab} \right)^z .$$ [V-16]

Hier sind N_{Sh}, N_{Re} und N_{Sc} die *Sherwood*-, *Reynolds*- und *Schmidt*zahlen, l ist die Länge des durchströmten Kanals, a seine Höhe und b seine Breite, x, y, z und A sind Konstanten.

In turbulenter Strömung mit *Reynolds*zahlen größer als 20 000 in einem Kanal, dessen Länge mehr als das Zehnfache seiner Höhe beträgt, kann der Einfluß des Eingangseffektes vernachlässigt werden, und nach einer von *Sieder* und *Tate*[10] vorgeschlagenen Korrelation ergibt sich die folgende Beziehung für die *Sherwood*zahl:

$$N_{Sh} = 0{,}023 \, N_{Re}{}^{0{,}8} \, N_{Sc}{}^{0{,}33} \, .$$ [V-17]

Die *Reynolds*zahl in einem durchströmten Kanal ergibt sich nach der folgenden Beziehung:

$$N_{Re} = \frac{2abu}{(a + b)v} \, .$$ [V-18]

Hier sind a und b die Kanalhöhe bzw. Breite, v ist die Viskosität, und u ist die lineare Strömungsgeschwindigkeit.

Durch Kombination der Gleichungen [V-11], [V-15], [V-17] und [V-18] ergibt sich der Stoffübergangskoeffizient nach der folgenden Gleichung:

$$k_s^o = 0{,}032 \left(\frac{a + b}{ab} \right)^{0{,}2} \frac{u^{0{,}8}}{v^{0{,}47}} \, D_s{}^{0{,}66} \, .$$ [V-19]

Durch Einsetzen von Gleichung [V-19] in Gleichung [V-7] bzw. [V-8] ergibt sich

$$\frac{C_w}{C_g} = \frac{\exp \dfrac{J_v(ab/[a + b])^{0{,}2} \, v^{0{,}47}}{0{,}032 \, D_s{}^{0{,}66} \, u^{0{,}8}}}{R + (1 - R)\exp \dfrac{J_v(ab/[a + b])^{0{,}2} \, v^{0{,}47}}{0{,}032 \, D_s{}^{0{,}66} \, u^{0{,}8}}} \, .$$ [V-20]

Nach Gleichung [V-20] wird die Konzentrationspolarisation in turbulenter Strömung in der Hauptsache durch die Filtrationsstromdichte J_v und die Strömungsgeschwindigkeit u bestimmt, da die Viskosität v und der Diffusionskoeffizient D_s durch die Zusammensetzung der zu filtrierenden Lösung gegeben sind und damit für ein bestimmtes Filtrationsproblem festliegen und der Einfluß der Kanalabmessungen nur gering ist.

Handelt es sich bei dem durchströmten Filtrationsgerät um ein Rohr, so ist in die Gleichung [V-18] für die Kanalbreite bzw. -höhe der Rohrdurchmesser einzusetzen.

Eine Beziehung zwischen Kanal und Rohrgeometrie ist durch die folgende Gleichung gegeben[11]:

$$\frac{ab}{2(a+b)} = R_H = \frac{D}{4}.$$ [V-21]

Hier sind R_H der hydraulische Radius, D der Rohrdurchmesser und a und b die Höhe bzw. Breite eines Kanals. Durch Einsetzen von Gleichung [V-21] in [V-20] ergibt sich dann die Konzentrationspolarisation in einem Membranrohr in turbulenter Strömung nach

$$\frac{C_w}{C_g} = \frac{\exp\dfrac{J_v (D/2)^{0,2}\, v^{0,47}}{0,032\, D_s^{0,66}\, u^{0,8}}}{R + (1-R)\exp\dfrac{J_m (D/2)^{0,2}\, v^{0,47}}{0,032\, D_s^{0,66}\, u^{0,8}}}.$$ [V-22]

Hier sind C_w und C_g die Konzentrationen der gelösten Komponenten an der Membranoberseite und im Kern der Lösung, J_v ist die Filtrationsstromdichte, D_s der Diffusionskoeffizient der gelösten Komponente, v ist die Viskosität der Lösung, u die Strömungsgeschwindigkeit, D der Rohrdurchmesser und R das Rückhaltevermögen der Membran.

Die Gleichungen [V-20] und [V-22] beschreiben die Konzentrationspolarisation im Bereich der vollentwickelten Strömung in Analogiebetrachtungen zum Wärmetransport. In der Literatur werden noch verschiedene andere Verfahren zur Korrelation des Stoffübergangskoeffizienten mit verschiedenen Gerätegeometrien und Strömungsgeschwindigkeiten angegeben. Dabei wird der Stoffübergangskoeffizient über den sogenannten *Chilton-Colburn*-j-Faktor mit der *Schmidt*zahl und der Strömungsgeschwindigkeit bzw. der *Reynolds*zahl in Beziehung gesetzt[12, 13]. Man erhält die gleichen Beziehungen für die Konzentrationspolarisation wie bei der oben beschriebenen Analogiebetrachtung zum Wärmetransport.

Die sich dabei ergebenden Gleichungen für die Konzentrationspolarisation in turbulenter Strömung sind praktisch mit den Gleichungen [V-20] bzw. [V-22] identisch[14, 15]. Ein Vergleich mit experimentellen Ergebnissen zeigt in beiden Fällen eine befriedigende Übereinstimmung[9, 16].

In der Abbildung V-5 sind experimentell in einem rechteckigen Kanal ermittelte Werte für die Konzentrationspolarisation nach Gleichung [V-20] berechneten Werten gegenübergestellt. Die eigentliche Versuchsdurchführung ist an anderer Stelle beschrieben[9]. Da die Gleichung [V-20] exakt nur für vollentwickelte, turbulente Strömungen gilt, wurde die Konzentrationspolarisation an sechs verschiedenen Stellen entlang eines 70 cm langen, rechteckigen Kanals von 5 cm Breite und 0,5 cm Höhe experimentell bestimmt, um den Einfluß von Ein- und Ausgangseffekten zu erfassen. Bei den in der Abbildung V-5 dargestellten Ergebnissen konnte jedoch ein Eingangs- bzw. Ausgangseffekt nicht festgestellt werden. Die Konzentrationspolarisation wurde bei Strömungsgeschwindigkeiten von 50 bis 300 cm/s bestimmt. Das Rückhaltevermögen der Membran betrug ca. 95% und die Filtrationsstromdichte ca. 5×10^{-4} cm/s[9].

Die gemessenen und berechneten Werte zeigen eine zufriedenstellende Übereinstimmung, so daß die Gleichung [V-20] bzw. [V-22] durchaus geeignet erscheint, die zu erwartende Konzentrationspolarisation in Hyperfiltrationsgeräten mit turbulenter Strömung vorauszuberechnen.

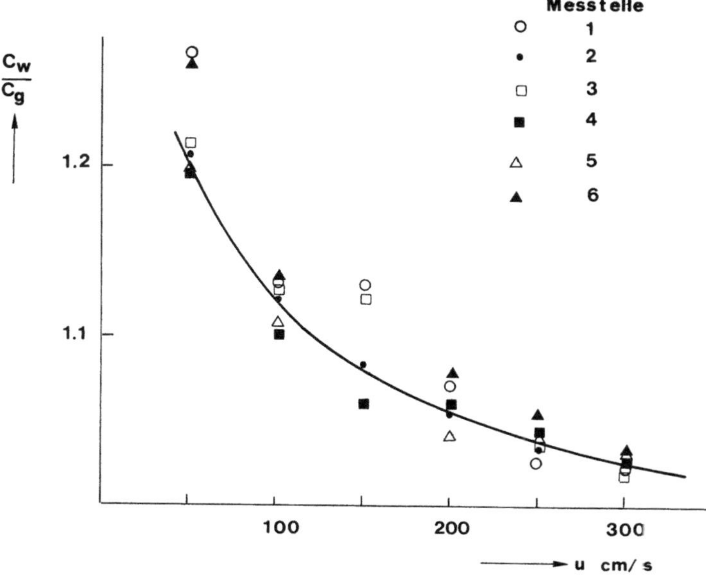

Abb. V-5: Experimentell ermittelte und nach Gleichung [V-20] berechnete Konzentrationspolarisation in einem rechteckigen Kanal mit turbulenter Strömung (Die durchgezogene
Kurve stellt die berechneten Werte dar)

c) Konzentrationspolarisation in laminar durchströmten Filtrationsgeräten

Bei der Entwicklung von technischen Hyper- und Ultrafiltrationsgeräten ist es aus
wirtschaftlichen Überlegungen wünschenswert, daß das Verhältnis von installierter
Membranfläche zum Modulvolumen möglichst hoch ist. Bei den meisten für einen
technischen Einsatz konzipierten Membransystemen, wie z. B. dem sogenannten Roga®-
Modul oder den verschiedenen Platten- oder Kapillarmodulkonzepten wird dieses
günstige Verhältnis von installierter Membranfläche zum Modulvolumen erreicht. Dabei
stehen für die Zufuhr der Rohlösung meist nur sehr enge Kanäle oder Kapillaren zur
Verfügung, in denen eine turbulente Strömung nicht mehr möglich ist, da Strömungsgeschwindigkeiten notwendig wären, die zu nicht mehr tolerierbaren Druckverlusten führen
würden. Daher wird in diesen Geräten die Rohlösung in laminarer Strömung an der
Membranoberfläche entlang geführt. Die Konzentrationspolarisation läßt sich als
Funktion der Strömungsgeschwindigkeit, der Filtrationsstromdichte und der Geometrie
des durchströmten Raumes mit Hilfe einer Massenbilanz für jeden Punkt der Membrano-
oberfläche numerisch berechnen. Allerdings erfordert diese exakte Vorausbestimmung
einen erheblichen rechnerischen Aufwand[14, 17]. Wesentlich einfacher, wenn auch mit
geringerer Genauigkeit, läßt sich die Konzentrationspolarisation auch in laminarer

---

®Handelsname der Universal Oil Products

Strömung durch Analogiebetrachtungen zum Wärmeübergang ermitteln. Wie in turbulenter Strömung kann auch in laminarer Strömung der Stoffübergangskoeffizient nach Gleichung [V-10] durch die *Sherwood*zahl ausgedrückt werden. Für einen rechteckigen Kanal der Breite b, der Höhe a und der Länge l kann die *Sherwood*zahl durch die folgende Beziehung mit der *Reynolds*- und *Schmidt*zahl in Beziehung gebracht werden[4]:

$$N_{Sh} = 1.86 \left(N_{Re} \, N_{Sc} \frac{2\,a\,b}{a+b} \frac{1}{l} \right)^{1/3} .$$ [V-23]

Da bei Filtrationsgeräten in Plattenbauweise die Kanalbreite im allgemeinen viel größer ist als die Kanalhöhe, läßt sich die Gleichung [V-23] mit der Randbedingung $b \gg a$ auf folgende vereinfachte Form bringen:

$$N_{Sh} = 1.86 \left(N_{Re} \, N_{Sc} \, 2 \frac{a}{l} \right)^{1/3} .$$ [V-24]

Durch Einsetzen der in den Gleichungen [V-10] bis [V-12] ausgedrückten Werte für die *Schmidt*-, *Sherwood*- und *Reynolds*zahl und Auflösen der Gleichung nach dem Stoffübergangskoeffizienten k_s^o ergibt sich:

$$k_s^o = 1{,}475 \, D_s^{2/3} \, (u/l \; a)^{1/3} .$$ [V-25]

Hier ist D_s der Diffusionskoeffizient der gelösten und von der Membran zurückgehaltenen Komponente in der Rohlösung, und u ist die lineare Strömungsgeschwindigkeit in dem durch die Membran begrenzten Kanal.

Bei der Membranfiltration sind die Kanallänge l und die lineare Strömungsgeschwindigkeit u durch die Filtratausbeute, die als weiteren Parameter noch die Filtrationsstromdichte enthält, miteinander verknüpft und daher einzeln nicht frei wählbar. Die Filtratausbeute gibt an, welcher Anteil der zugeführten Rohlösung bei einem Durchlauf durch das Filtrationsgerät als Filtrat gewonnen wird. Die Filtratausbeute ergibt sich nach Gleichung [III-5] durch die Beziehung

$$\Delta = \frac{V_f}{V_o} .$$ [V-26]

Hier ist Δ die Filtratausbeute, V_f ist die pro Zeiteinheit erhaltene Volumenmenge an Filtrat, und V_o ist die in der gleichen Zeit zugefügte Menge Rohlösung.

Für einen engen, rechteckigen Kanal, der beidseitig von einer Membran begrenzt ist, ergibt sich die Filtratmenge pro Zeiteinheit aus der Filtrationsstromdichte multipliziert mit der Membranfläche:

$$V_f = J_v \cdot 2\,b\,l .$$ [V-27]

Die in der Zeiteinheit zugeführte Menge Rohlösung ergibt sich aus dem Kanalquerschnitt multipliziert mit der linearen Strömungsgeschwindigkeit im Kanal:

$$V_o = u\,b\,a .$$ [V-28]

Hier ist J_v die Filtrationsstromdichte, u ist die lineare Strömungsgeschwindigkeit der Rohlösung im Kanal, und a, b und l sind die Höhe, die Breite und die Länge des Kanals.

Einsetzen der Gleichungen [V-27] und [V-28] in Gleichung [V-26] ergibt

$$\Delta = \frac{2\,J_v\,l}{u\,a} .$$ [V-29]

Durch Kombination der Gleichungen [V-7], [V-8], [V-25] und [V-29] ergibt sich die Konzentrationspolarisation als Funktion der Filtrationsstromdichte J_v, der Kanalhöhe a, des Diffusionskoeffizienten der gelösten Komponenten in der Rohlösung D_s, des Rückhaltevermögens der Membran R und der Filtratausbeute Δ:

$$\frac{C_w}{C_g} = \frac{\exp 0.57\,(J_v a/D_s)^{2/3}\,\Delta^{1/3}}{R + (1 - R)\exp 0.57\,(J_v a/D_s)^{2/3}\,\Delta^{1/3}}\,. \qquad [V-30]$$

Im Gegensatz zur Konzentrationspolarisation in turbulenter Strömung geht hier die Strömungsgeschwindigkeit nicht direkt, sondern verbunden mit der Kanallänge über die Filtratausbeute ein. Das bedeutet, daß für verschiedene Strömungsgeschwindigkeiten die gleiche Konzentrationspolarisation erhalten werden kann, wenn gleichzeitig die Kanallänge so geändert wird, daß die Filtratausbeute konstant bleibt. Konzentrationspolarisationswerte, die nach Gleichung [V-30] berechnet wurden, sind experimentell ermittelten und nach der in Referenz[14] angegebenen numerischen Lösung berechneten Werten in der Abbildung V-6 gegenübergestellt. In dieser Abbildung ist die Konzentrationspolarisation eines Hyperfiltrationsversuches in einem 0,04 cm hohen Kanal, der mit einer 0,3%igen NaCl-Lösung laminar durchströmt wurde, als Funktion der Filtratausbeute dargestellt. Als Membran diente eine Celluloseacetatmembran, die bei den vorliegenden Versuchsbedingungen eine Filtrationsstromdichte von ca. 8×10^{-4} cm/s und ein Rückhaltevermögen für NaCl von ca. 98% aufwies.

Die in der Abbildung V-6 dargestellten Ergebnisse zeigen, daß die Konzentrationspolarisation in laminar durchströmten Filtrationsgeräten schon bei relativ geringen Filtrationsstromdichten Werte erreicht, die die Wirtschaftlichkeit des Verfahrens erheblich beeinflussen. Weiterhin zeigen die Ergebnisse, daß bei Filtratausbeuten unter 30% die nach Gleichung [V-30] und nach Referenz[14] berechneten Werte gut mit den experimentell ermittelten Ergebnissen übereinstimmen.

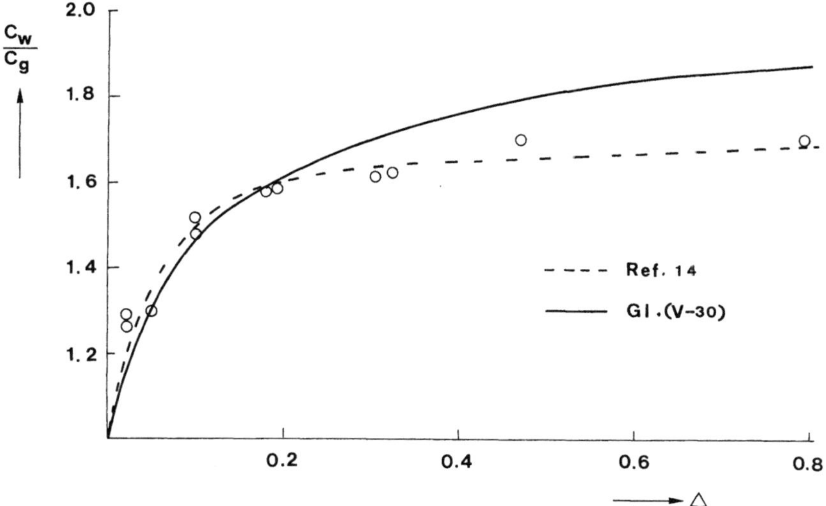

Abb. V-6: Experimentell ermittelte und nach Gleichung [V-30] bzw. Referenz[14] berechnete Konzentrationspolarisation in einem rechteckigen Kanal

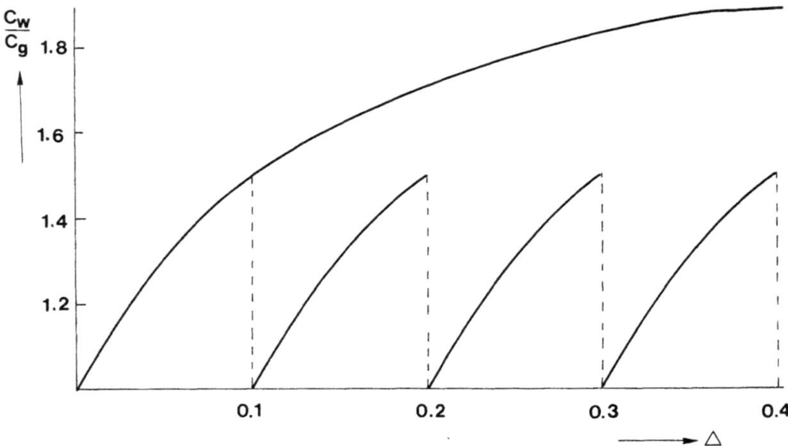

Abb. V-7: Schematische Darstellung der Konzentrationspolarisation in laminarer Strömung in einer Reihe von kurzen Kanälen mit Mischungszonen und in einem langen Kanal

Für höhere Filtratausbeuten sind die nach Gleichung [V-30] berechneten Werte wesentlich höher als die experimentell bestimmte und nach Referenz [14] berechnete Konzentrationspolarisation. Für eine praktische Anwendung reicht die Gleichung [V-30] allerdings im allgemeinen aus, da man zur Vermeidung hoher Konzentrationspolarisation die Filtratausbeute bei einem Durchgang durch das Filtrationsgerät möglichst gering hält.

Das wird bei technischen Filtrationsgeräten z. B. dadurch erreicht, daß mehrere, durch Membranen begrenzte Kanäle in Reihe geschaltet werden.

Zwischen den einzelnen Kanälen befindet sich konstruktionsbedingt eine Zone, in der die laminare Strömung unterbrochen und die Lösung homogen durchmischt wird. Dieser Vorgang ist schematisch in der Abbildung V-7 dargestellt. Hier ist die Konzentrationspolarisation als Funktion der Kanallänge bzw. der Filtratausbeute für viele in Serie geschaltete, kurze Kanäle mit Mischzonen und in einem langen Kanal schematisch dargestellt.

Die Abbildung V-7 zeigt, daß unter gleichen Versuchsbedingungen und gleicher Gesamtfiltratausbeute die Konzentrationspolarisation in laminarer Strömung erheblich geringer ist, wenn eine Anzahl kurzer Kanäle mit Mischungszonen in Reihe geschaltet sind, als in einem kontinuierlichen Kanal gleicher Gesamtlänge. Dies ist bei den Konstruktionen der meisten technisch relevanten Filtrationssysteme mit laminarer Strömung berücksichtigt, wie später bei der Diskussion dieser Geräte noch gezeigt werden wird.

1.1.2. Konzentrationspolarisation bei der Filtration von makromolekularen Lösungen mit Niederschlagsbildung an der Membranoberfläche

Während bei der Filtration von Stoffen mit niedrigem Molekulargewicht die Konzentrationspolarisation im allgemeinen zu einer Erhöhung des osmotischen Druckes und zu

158

einer höheren Feststoffkonzentration im Filtrat führt, kommt es bei der Filtration von makromolekularen Lösungen als Folge der Konzentrationspolarisation sehr häufig zur Bildung eines Niederschlages auf der Membranoberfläche, während der osmotische Druck bei makromolekularen Lösungen im allgemeinen gegenüber dem angewandten hydrostatischen Druck vernachlässigbar gering ist. Dieser durch die Konzentrationspolarisation hervorgerufene Niederschlag beeinträchtigt die Filtration in zweifacher Hinsicht. Einmal erhöht der Niederschlag, der eine mehr oder weniger feste Deckschicht auf der Membranoberfläche bilden kann, den hydrodynamischen Widerstand, so daß die Filtrationsstromdichte vermindert wird. Zum anderen wirkt die Deckschicht häufig selbst wie eine Membran mit ganz definierten Trenneigenschaften, die häufig sehr verschieden von denen der ursprünglichen Membran sind. Dies hat besonders dann schwerwiegende Folgen, wenn Gemische von Stoffen unterschiedlichen Molekulargewichtes fraktioniert werden sollen.

Eine Vorausberechnung der Konzentrationspolarisation bei der Ultrafiltration von makromolekularen Lösungen ist wesentlich schwieriger als bei der Hyperfiltration von Lösungen mit Komponenten geringen Molekulargewichtes. Einmal ist der Diffusionskoeffizient im allgemeinen stark konzentrationsabhängig, zum anderen ändert sich die Viskosität in der laminaren Grenzschicht kontinuierlich von der praktisch festen Deckschicht bis hin zur flüssigen Phase der Rohlösung. Bei sehr großen Molekülen oder kolloidalen Teilchen ist der Diffusionskoeffizient so gering, daß der Rücktransport der Teilchen von der Membranoberfläche in den turbulent durchmischten Teil der Lösung mit reiner Diffusion nicht mehr zu erklären ist. Hinzu kommen noch Alterungserscheinungen in der Deckschicht und ein oft kompliziertes rheologisches Verhalten konzentrierter makromolekularer Lösungen. Letzlich kann natürlich auch bei makromolekularen Lösungen der osmotische Druck nicht ganz vernachlässigt werden, zumal es sich an der Membranoberfläche immer um sehr hohe Feststoffkonzentrationen handelt. In einer Reihe von in der Literatur beschriebenen Arbeiten wird die Konzentrationspolarisation analysiert und verschiedene Erklärungen für die Ursachen der Konzentrationspolarisation und ihren Einfluß auf die Filtrationsstromdichte gegeben[18−23]. Der Wert dieser Analysen ist allerdings dadurch eingeschränkt, daß allgemeingültige quantitative Aussagen praktisch nicht gemacht werden können. Nur für Lösungen mit ganz bestimmten Inhaltsstoffen kann der Einfluß der Konzentrationspolarisation in gewissen Grenzen berechnet werden. Sonst ist nur eine qualitative Beschreibung der Phänomene möglich, und zuverlässige Daten für die Auslegung größerer Anlagen müssen für die verschiedenen Rohlösungen experimentell in Pilotversuchen ermittelt werden.

a) Bildung einer Deckschicht als Folge der Konzentrationspolarisation und ihr Einfluß auf die Filtrationsstromdichte

Da bei der Filtration von makromolekularen Lösungen der osmotische Druck der Rohlösung gegenüber dem angewandten hydrostatischen Druck im allgemeinen vernachlässigbar gering ist, läßt sich die Filtrationsstromdichte durch die folgende vereinfachte Gleichung beschreiben:

$$J_v = L_p \Delta P. \qquad\qquad [\text{V-31}]$$

Hier ist J_v die Filtrationsstromdichte, ΔP ist der angewandte hydrostatische Druck und L_p ist die hydrodynamische Permeabilität, die bei der Filtration eines reinen Lösungsmittels eine von Druck und Konzentration unabhängige Membrankonstante ist. Kommt es jedoch bei der Filtration einer makromolekularen Lösung infolge der Konzentrationspolarisation zu einer Deckschichtbildung auf der Membran, so setzt diese Deckschicht dem hydrodynamischen Fluß einen zusätzlichen Widerstand entgegen. Der Permeabilitätskoeffizient L_p ist dann durch die folgende Beziehung gegeben:

$$L_p = \frac{1}{R_M + r_l y_l}.$$

[V-32]

Hier ist R_M der Widerstand der Membran, r_l ist der spezifische Widerstand der Deckschicht, und y_l ist die Dicke der Deckschicht.

Die Bildung der Deckschicht und die Strömungsverhältnisse an der Membranoberfläche sind in der Abbildung V-8 schematisch dargestellt. Vorausgesetzt wird hier wiederum, daß kein Stofftransport parallel zur Membranoberfläche stattfindet oder dieser zeitlich konstant ist.

Zur Bildung einer Deckschicht kommt es dadurch, daß bei der Filtration unter der treibenden Kraft eines hydrostatischen Druckes sowohl Lösungsmittel als auch gelöste Teilchen durch Konvektion an die Membranoberfläche gebracht werden. Während das Lösungsmittel die Membran permeiert, reichern sich die von der Membran zurückgehaltenen Stoffe an ihrer Oberfläche an.

Nimmt man wie bei der Hyperfiltration an, daß keine Transportvorgänge parallel zur Membranoberfläche stattfinden oder aber diese zeitlich konstant sind, daß der Diffusionskoeffizient in erster Näherung konzentrationsunabhängig ist und keine Konvektion durch Dichtegradienten auftritt, so läßt sich die Konzentrationspolarisation für eine streng semipermeable Membran, d. h. $R = 1$, für eine makromolekulare Komponente durch die modifizierte Beziehung [V-7] beschreiben:

$$\frac{C_w}{C_g} = \exp \frac{J_v}{D_s} Y_g.$$

[V-33]

Hier sind C_w und C_g die Konzentrationen der gelösten Komponente an der Membranoberfläche und im einheitlich durchmischten Teil der Rohlösung, J_v ist die Filtrations-

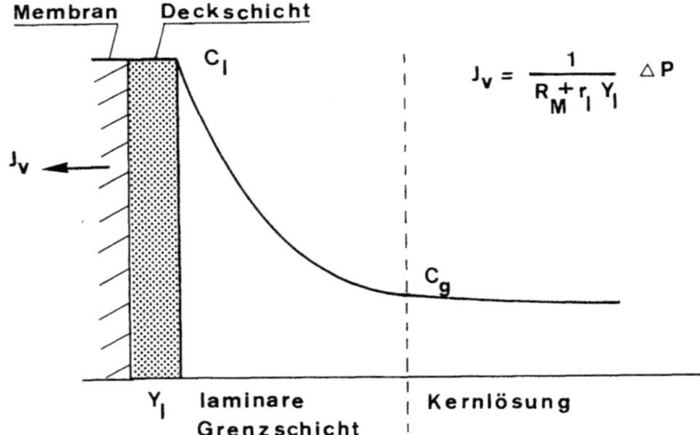

Abb. V-8: Schematische Darstellung der Deckschicht und des Konzentrationsprofils an der Membranoberfläche bei der Filtration von makromolekularen Lösungen

stromdichte, D_s der Diffusionskoeffizient der gelösten Komponente und Y_g die Dicke der Grenzschicht.

Erreicht die Konzentration des gelösten Teilchens an der Membranoberfläche C_w die Sättigungskonzentration C_l, so kommt es zu einer Fällung und damit zu einer Deckschichtbildung. Für die Gleichung [V-33] gilt folglich die Randbedingung: $C_w \leq C_l$. Das bedeutet formal, daß für eine gegebene Lösung und gegebene Strömungsverhältnisse parallel zur Membran, d. h. C_g, D_s und Y_g sind konstant, J_v nicht beliebig erhöht werden kann, sondern einem Grenzwert zustrebt, der dann erreicht ist, wenn $C_w = C_l$ ist. Andererseits wird die Filtrationsstromdichte auch durch Gleichung [V-31] bzw. [V-32] beschrieben. Solange die Konzentration an der Membranoberfläche C_w kleiner als die Sättigungskonzentration C_l ist, wird die Filtrationsstromdichte nur durch den hydrodynamischen Widerstand der Membran bestimmt und steigt linear mit dem hydrostatischen Druck. Sobald aber $C_w = C_l$ ist, kommt es zur Fällung eines Niederschlages. Damit hat auch die Konzentrationsdifferenz zwischen der Lösung an der Membranoberfläche und im Abstand Y_g von der Membran einen Maximalwert erreicht. Das bedeutet, daß bei konstanten Strömungsverhältnissen parallel zur Membranoberfläche der Rücktransport der durch Konvektion an die Membran gebrachten Teilchen einen konstanten Wert erreicht. Wird durch Erhöhung des hydrostatischen Druckes die Filtrationsstromdichte erhöht, so wird auch der konvektive Transport der gelösten Teilchen zur Membran erhöht. Da aber die Rückdiffusion konstant ist, kommt es zu einer weiteren Anreicherung der gelösten Teilchen und damit zum Anwachsen der Deckschicht an der Membranoberfläche, und zwar so lange, bis der hydrodynamische Widerstand der Deckschicht so groß geworden ist, daß die Filtrationsstromdichte trotz Erhöhung des hydrostatischen Druckes auf den ursprünglichen Wert zurückgegangenen ist. Das bedeutet, daß bei der Filtration von makromolekularen Lösungen die Filtrationsstromdichte unabhängig vom hydrostatischen Druck wird, sobald sich eine Deckschicht auszubilden beginnt und alle übrigen Versuchsparameter konstant gehalten werden. Eine Erhöhung der Filtrationsstromdichte läßt sich nur dadurch erzielen, daß der hydrodynamische Widerstand der Deckschicht verringert wird, d. h. daß entweder der spezifische Widerstand herabgesetzt wird, was z. B. durch Erhöhung der Temperatur geschehen kann, oder daß die Dicke der Deckschicht verringert wird, d. h. die Rückdiffusion von der Deckschicht in die Rohlösung beschleunigt wird, was z. B. durch Erhöhung der Strömungsgeschwindigkeit parallel zur Membranoberfläche erreicht werden kann.

In dem hier beschriebenen Modell der Bildung einer Deckschicht wurden eine Reihe von Annahmen gemacht, die bei der Zusammensetzung vieler zu filtrierender Lösungen nicht zulässig sind. So wurde z. B. der Diffusionskoeffizient als unabhängig von der Konzentration angenommen, was bei makromolekularen Lösungen wegen der starken Viskositätsänderung mit steigender Konzentration in vielen Anwendungsfällen sicher nicht der Fall ist. Auch ist der Übergang von der flüssigen Phase der Rohlösung zur Deckschicht nicht diskontinuierlich, sondern die Viskosität nimmt mehr oder weniger gleichmäßig zu, bis sie an der Membranoberfläche Werte erreicht, die einer festen oder gelartigen Phase entsprechen. Trotzdem beschreibt das in der Gleichung [V-33] vorausgesetzte Modell bei vielen makromolekularen Lösungen das Filtrationsverhalten qualitativ recht gut, wie die im Folgenden dargestellten experimentellen Untersuchungen zeigen.

In der Abbildung V-9 ist die Filtrationsstromdichte einer 1%igen Albuminlösung als Funktion der Rührgeschwindigkeit, gemessen in einer gerührten Filtrationszelle bei einem hydrostatischen Druck von 5 bar, dargestellt.

Die Abbildung V-9 zeigt, daß die Filtrationsstromdichte einer 1%igen Albumin-

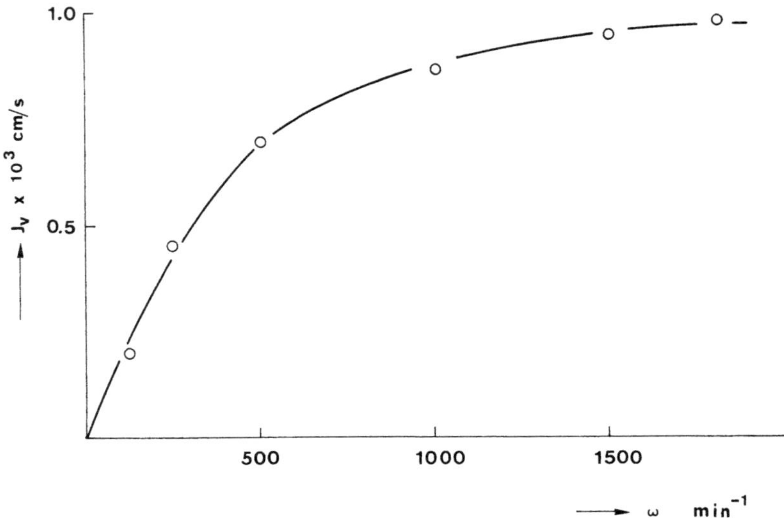

Abb. V-9: Filtrationsstromdichte einer BM® 300 als Funktion der Rührgeschwindigkeit, gemessen in einer gerührten Zelle mit einer 1%igen Albumin-Lösung bei 5 bar

Lösung bei einem konstanten hydrostatischen Druck mit zunehmender Rührgeschwindigkeit zunimmt. Es kann angenommen werden, daß es bei den vorliegenden Filtrationsstromdichten bzw. dem vorgegebenen hydrostatischen Druck zur Ausbildung einer Deckschicht kommt. Eine Erhöhung der Filtrationsstromdichte läßt sich dann nur noch durch Erhöhung der Rührgeschwindigkeit erreichen. Diese Ergebnisse stimmen qualitativ auch mit anderen, in der Literatur beschriebenen, experimentellen Befunden überein[18, 23 – 26].

Nach Gleichung [V-33] sollte die Filtrationsstromdichte auch von der Ausgangskonzentration der Rohlösung abhängig sein. Auch dies kann experimentell bestätigt werden, wie die in Abbildung V-10 dargestellten Versuchsergebnisse zeigen. Hier ist die Filtrationsstromdichte von Hämoglobin-Lösungen verschiedener Konzentration als Funktion des hydrostatischen Druckes dargestellt. Die Versuche wurden in einer gerührten Zelle bei konstanter Rührgeschwindigkeit von 1800 Umdrehungen pro Minute durchgeführt[26]. Die in den Abbildungen V-9 und V-10 dargestellten Versuchsergebnisse bestätigen die in dem Modell gemachte Annahme, daß bei der Filtration von makromolekularen Lösungen die Filtrationsstromdichte von einem bestimmten hydrostatischen Druck an mit weiterer Erhöhung des Druckes nicht mehr ansteigt. Der für eine Filtration optimale Arbeitsdruck ist dann gegeben, wenn sich gerade noch keine Deckschicht ausbildet. Dieser optimale Arbeitsdruck und die damit maximal erreichbare Filtrationsstromdichte ist, wie die Abbildungen V-9 und V-10 ebenfalls zeigen, bei konstanter Temperatur nur noch über die Rührgeschwindigkeit, d.h. die Dicke der laminaren Grenzschicht und die Konzentration, zu beeinflussen.

®Handelsname der Berghof GmbH.

162

Da durch die Temperaturerhöhung die Viskosität der Rohlösung erniedrigt und der
Diffusionskoeffizient erhöht wird, sollte nach dem Modell der Deckschichtbildung auch
eine Erhöhung der Filtrationsstromdichte erfolgen. Die Temperaturabhängigkeit der
Filtrationsstromdichte ist in der Abbildung V-11 dargestellt. Sie zeigt die Filtrationsstromdichte einer 1%igen Casein-Lösung als Funktion der Versuchstemperatur bei
konstantem hydrostatischen Druck und Strömungsgeschwindigkeiten, gemessen in einer
durchströmten Zelle[26].

Wie nicht anders zu erwarten ist, nimmt die Filtrationsstromdichte mit steigender
Temperatur merklich zu.

Ein weiteres Phänomen, das bei der Filtration von makromolekularen Lösungen fast
immer festgestellt werden kann, ist eine Abnahme der Filtrationsstromdichte mit der
Versuchsdauer. Eine typische Kurve ist in der Abbildung V-12 dargestellt. Hier ist die
Filtrationsstromdichte einer 1%igen Casein-Lösung gegen die Versuchsdauer aufgetragen. Die Versuche wurden in einer laminar durchströmten Filtrationszelle mit einer
Kanalhöhe von 0,15 cm bei einem Druck von 3 bar und Strömungsgeschwindigkeiten von
50 bzw. 100 cm/s durchgeführt[26]. Die Abbildung zeigt, daß die Filtrationsstromdichte

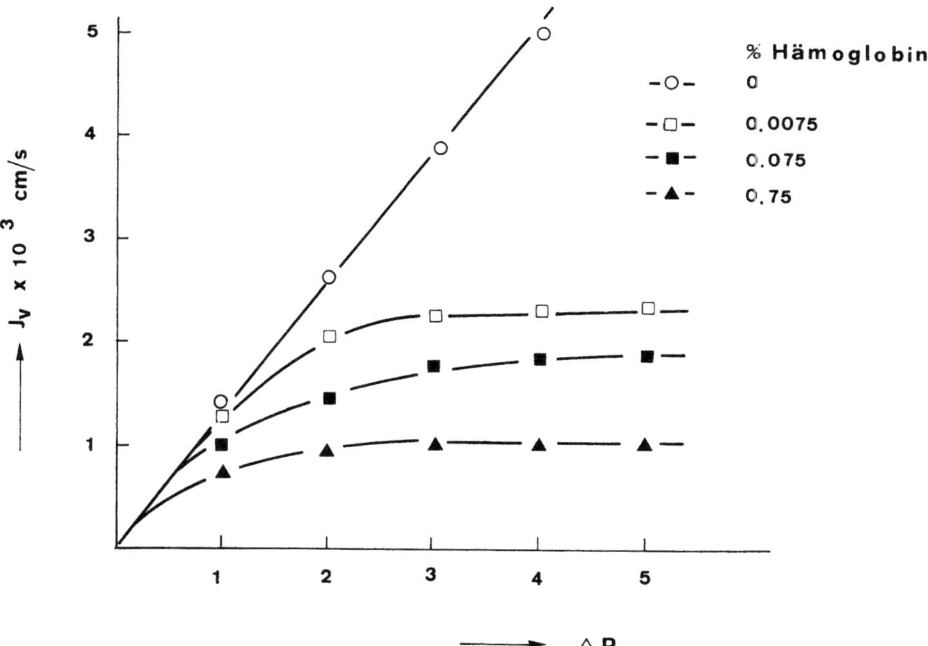

Abb. V-10: Filtrationsstromdichte einer Diaflo®-PM-30-Membran gemessen in einer gerührten
Zelle mit Hämoglobin-Lösungen verschiedener Konzentration als Funktion des
hydrostatischen Druckes (Rührerdrehzahl 1800 Umdrehungen pro Minute) (nach Ref.
26)

®Handelsname der Firma Amicon

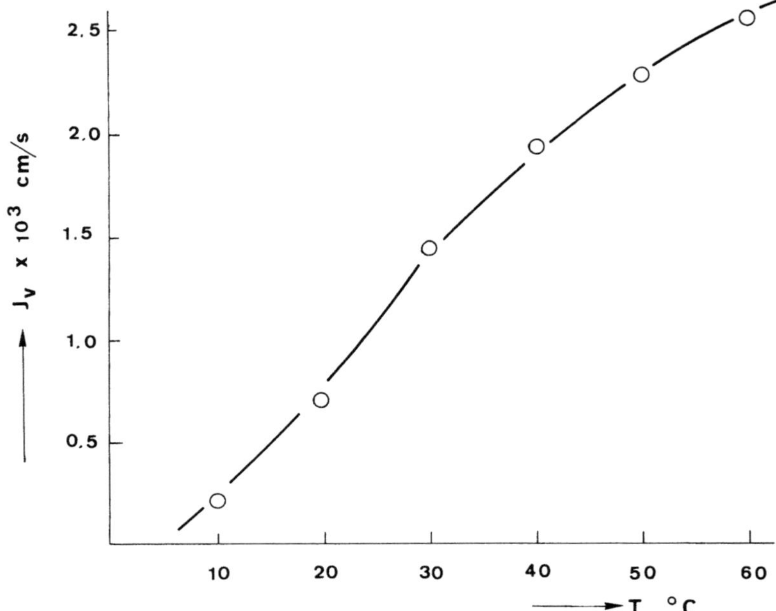

Abb. V-11: Filtrationsstromdichte einer Diaflo®-XM-50-Membran, gemessen in einer kontinuierlich betriebenen Durchflußzelle mit einer Kanalhöhe von 0,15 cm als Funktion der
Versuchstemperatur. Der hydrostatische Druck betrug 3 bar, die Strömungsgeschwindigkeit der Rohlösung parallel zur Membran betrug 100 cm/s, und als Versuchslösung
diente eine 1%ige Lösung. (nach Ref. 26)

innerhalb von 5 Stunden auf etwa die Hälfte des ursprünglichen Wertes abgesunken ist.

Obgleich die in Abbildung V-12 dargestellte Kurve typisch für das Filtrationsverhalten einer makromolekularen Lösung ist, kann der Abfall der Filtrationsstromdichte je nach Zusammensetzung der Rohlösung schneller oder langsamer erfolgen.

In fast allen Fällen kann man durch Einführen bestimmter Wasch- oder Reinigungs-zyklen die ursprünglich vorhandenen Filtrationsstromdichten wieder erlangen. Trägt man wiederum die Filtrationsstromdichte gegen die Zeit auf, so erhält man typische Kurven, die dem in der Abbildung V-13 dargestellten Diagramm entsprechen. Diese Abbildung zeigt die Filtrationsstromdichte einer Ultrafiltrationsanlage bei der Aufkon-zentrierung einer Öl-Wasseremulsion als Funktion der Zeit. Dabei wird die Anlage einmal pro Tag ca. 20 Minuten lang mit einer Waschlösung bei 60° C gereinigt. Als Reinigungslösung wird ein phosphathaltiges, mit Komplexbildnern versehenes Wasch-mittel, das einen pH-Wert von ca. 11.5 besitzt, verwendet[27].

Wann und wie oft und vor allem wie lange solche Waschzyklen durchgeführt werden müssen, hängt von der Zusammensetzung der Rohlösung ab. Den periodisch durchge-führten Waschzyklen kommt bei der Ultrafiltration eine außerordentliche Bedeutung zu, da sie die Filtrationsleistung und damit die Wirtschaftlichkeit des Verfahrens wesentlich mitbestimmen. Die Zusammensetzung der Waschflüssigkeit und die Festlegung der

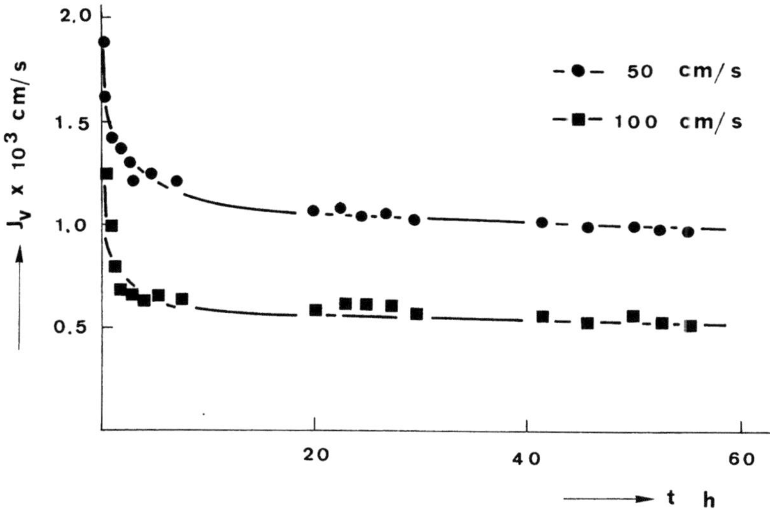

Abb. V-12: Filtrationsstromdichten einer Diaflo®-XM-50 Membran, gemessen in einer kontinuierlich betriebenen Durchflußzelle mit einer Kanalhöhe von 0,15 cm als Funktion der
Versuchsdauer. Der hydrostatische Druck betrug 3 bar, die Strömungsgeschwindigkeit
der Rohlösung parallel zur Membran betrug 50 bzw. 100 cm/s. Als Versuchslösung
diente eine 1%ige Casein-Lösung (nach Ref. 26)

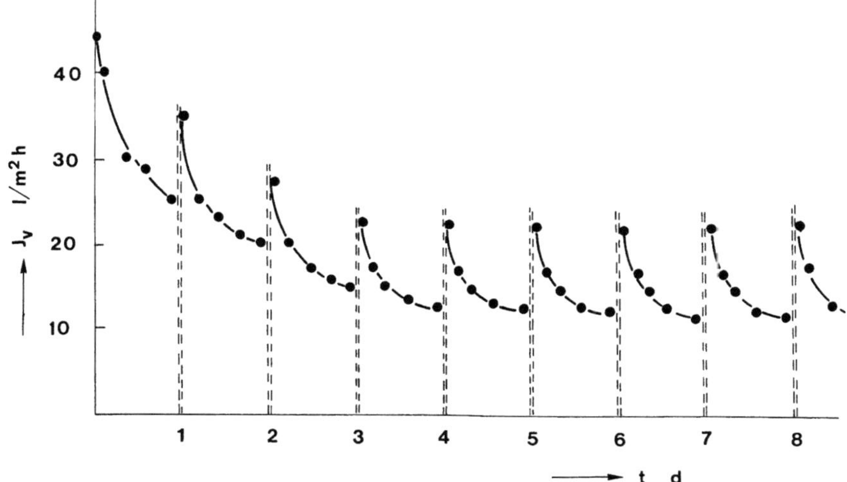

Abb. V-13: Filtrationsstromdichte einer Ultrafiltrationsanlage zur Aufkonzentrierung einer Öl-
Wasseremulsion mit periodisch durchgeführten Waschzyklen als Funktion der Versuchsdauer. Zur Reinigung wurde einmal täglich für 20 Minuten eine Waschlösung
durch die Anlage gepumpt[27].

äußeren Bedingungen des Reinigungsvorganges erfolgten im allgemeinen empirisch und sind oft ein gut gehütetes Geheimnis des Betreibers der Anlage.

b) Einfluß der Deckschicht auf das Trennvermögen einer nicht streng semipermeablen Membran

Aber nicht nur die Filtrationsstromdichte wird durch die Deckschichtbildung auf einer Membran erheblich beeinflußt, sondern, wenn eine Membran nicht streng semipermeabel ist, auch das Rückhaltevermögen. Dies zeigen die in der Abbildung V-14 dargestellten Meßergebnisse. In dieser Abbildung sind das Rückhaltevermögen und die Filtrationsstromdichte einer Diaflo® PM-10-Membran, die für eine 1%ige Dextran-Lösung als Funktion des hydrostatischen Druckes in einer gerührten Zelle bei konstanter Rührdrehzahl von 1800 Umdrehungen pro Minute gemessen wurden, dargestellt.

Die drastische Abnahme des Rückhaltevermögens von über 80% auf weniger als 50% mit dem steigenden hydrostatischen Druck läßt sich so deuten, daß das Rückhaltevermögen einer Ultrafiltrationsmembran ihrer Porengrößenverteilung entspricht. Vereinfacht kann man die Poren einer Membran in zwei Arten einteilen, und zwar eine Art, die alle gelösten Makromoleküle vollständig zurückhält, und eine zweite, die diese Moleküle ungehindert mit dem Lösungsmittel passieren läßt. Das Rückhaltevermögen einer Membran ergibt sich dann einfach aus dem Anteil der Filtratmenge, die durch die streng selektiven Poren fließt, zu der Filtratmenge, die durch die nicht diskriminierenden Poren fließt. Kommt es infolge der Konzentrationspolarisation zu einer Deckschichtbildung, so entsteht diese nur an den Stellen der Membran, die mit den selektiven Poren besetzt sind.

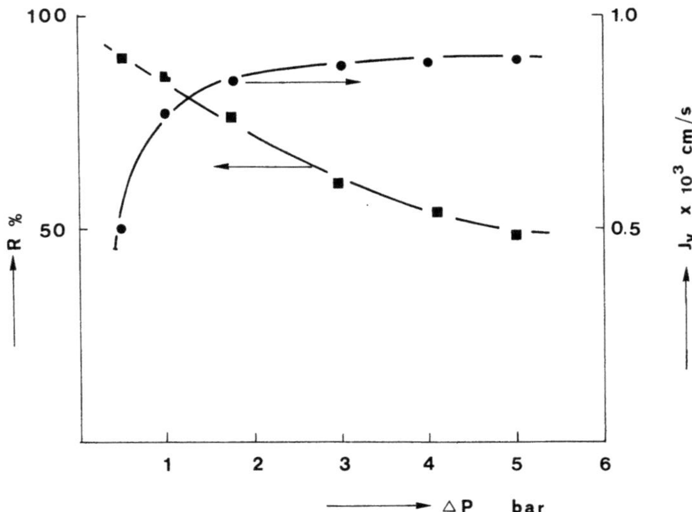

Abb. V-14: Filtrationsstromdichte und Rückhaltevermögen einer Diaflo®-PM-10-Membran in einer gerührten Zelle für eine 1%ige Dextranlösung als Funktion des hydrostatischen Druckes (nach Ref. 26)

166

Damit wird dem Filtratstrom durch die selektiven Poren ein zusätzlicher Widerstand entgegengesetzt, sein Anteil am gesamten Filtrationsstrom wird verringert, und das Rückhaltevermögen der Membran nimmt entsprechend ab. Eine Erhöhung des hydrodynamischen Druckes erhöht daher im Bereich der Deckschichtbildung, d. h. im Bereich der selektiven Poren, die Filtrationsstromdichte nicht. Im Bereich der nicht diskriminierenden Poren ist die Filtrationsstromdichte jedoch dem hydrostatischen Druck direkt proportional. Folglich muß das Rückhaltevermögen mit steigendem hydrostatischem Druck abnehmen. Wie stark der Einfluß des hydrostatischen Druckes auf das Rückhaltevermögen bei der Ultrafiltration ist, hängt von der gewählten Membran und den Inhaltsstoffen der Rohlösung ab. Nicht immer ist er so stark ausgeprägt wie in den in der Abbildung V-14 dargestellten Versuchen.

Bei der Fraktionierung von Stoffgemischen verschiedener Molmasse stellt die Konzentrationspolarisation oft ein besonderes Problem dar, wie Filtrationsversuche eines Gemisches aus Albumin und γ-Globulin mit einer Diaflo®-XM-100-Membran zeigen[24]. Diese Membran hat für γ-Globulin ein Rückhaltevermögen von annähernd 100%. Sie ist aber praktisch völlig permeabel für Albumin, soweit sich dies als einzige Komponente in der Lösung befindet. Soll jedoch ein Gemisch aus Albumin und γ-Globulin getrennt werden, so bildet das von der Membran zurückgehaltene γ-Globulin eine Deckschicht, die als „Sekundärmembran" wirkt und das Albumin, im Gegensatz zur ursprünglichen Membran, mehr oder weniger vollständig zurückhält. Je dicker diese sogenannte Sekundärmembran ist, um so höher ist ihr Rückhaltevermögen, d. h. mit steigendem hydrostatischen Druck oder steigender Konzentration der Komponente mit dem größeren Moleküldurchmesser nimmt die Dicke der Deckschicht zu und damit die Trennung der beiden Komponenten ab. In der Abbildung V-15 sind Filtrationsversuche dargestellt, die den Einfluß der Deckschichtbildung bei der Trennung eines Albumin-γ-Globulingemisches mit Hilfe einer Ultrafiltration zeigen.

In dieser Abbildung ist das Rückhaltevermögen einer Diaflo®-XM-100-Membran für Albumin als Funktion der γ-Globulin Konzentration der Rohlösung bei verschiedenen hydrostatischen Drücken dargestellt. Die Versuche wurden in einer gerührten Zelle bei einer Rührgeschwindigkeit von 1800 Umdrehungen pro Minute durchgeführt. Die Albuminkonzentration betrug 1 g/l.

Während bei niedrigen hydrostatischen Drücken und niedriger γ-Globulin-Konzentration, d. h. geringer Deckschichtbildung, Albumin die Membran praktisch ungehindert passieren kann, wird es bei höheren hydrostatischen Drücken und hoher γ-Globulin-Konzentration infolge der Deckschichtbildung weitgehend zurückgehalten.

c) Kontrolle der Konzentrationspolarisation bei der Filtration von makromolekularen Lösungen

Da die Konzentrationspolarisation bei der Ultrafiltration einen besonders gravierenden Einfluß auf die technische Durchführung des Verfahrens und seine Wirtschaftlichkeit ausübt, ist seine Kontrolle von wesentlicher Bedeutung. Legt man das Modell einer Deckschichtbildung mit angrenzender laminarer Grenzschicht zu Grunde, in der der Transport der gelösten Teilchen per Diffusion erfolgt, so läßt sich die zu erwartende Konzentrationspolarisation rechnerisch aus der Massenbilanz ermitteln. In der Literatur sind daher auch verschiedene Verfahren beschrieben, nach denen die Konzentrationspolarisation für verschiedene Strömungsverhältnisse in unterschiedlichen Filtrationsgeräten berechnet wurde[21, 25 u. 28–30]. Leider sind diese Vorausberechnungen nur auf ganz

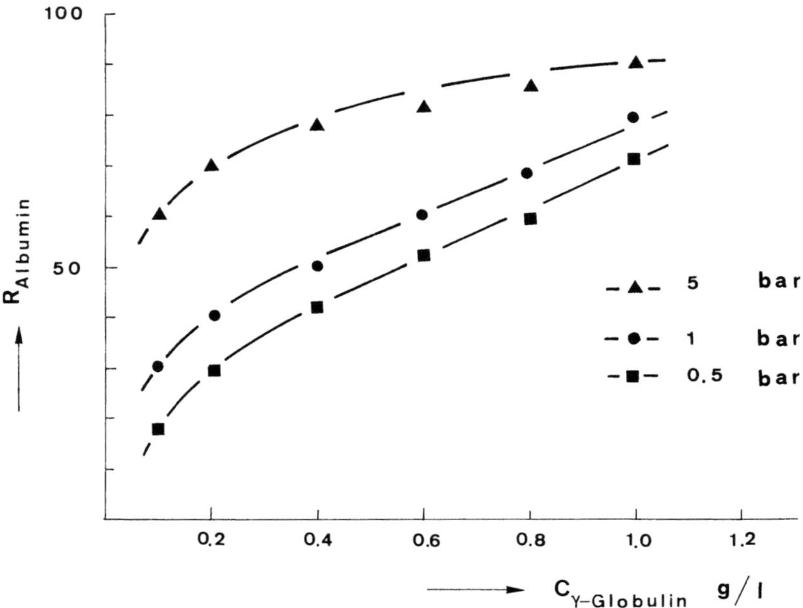

Abb. V-15: Rückhaltevermögen einer Diaflo®-XM-100-Membran für Albumin bei der Filtration einer Mischung von Albumin und γ-Globulin in einer gerührten Zelle als Funktion des angewandten hydrostatischen Druckes und der γ-Globulin-Konzentration (nach Ref. 24)

bestimmte Rohlösungen anwendbar. In vielen Fällen ist der Diffusionskoeffizient so niedrig, daß ein Rücktransport der an der Membran abgelagerten Stoffe durch reine Diffusion nicht mehr erklärt werden kann. Handelt es sich z. B. um eine Filtration von Suspensionen oder Emulsionen, so sind die Partikel so groß, daß sich rein rechnerisch ein so kleiner Diffusionskoeffizient ergeben würde, der zu extremen Werten in der Konzentrationspolarisation führen müßte, wenn man die experimentell gemessenen Filtrationsstromdichten zu Grunde legt[24]. Wenn man umgekehrt die Filtrationsstromdichte nach Gleichung [V-7] unter der Annahme berechnet, daß die Konzentration an der Membranoberfläche der Sättigungskonzentration der gelösten Komponenten entspricht, ist sie um ein Vielfaches geringer als die in praktischen Versuchen gemessenen Werte. Bei den experimentell gemessenen hohen Filtrationsstromdichten muß der Rücktransport der gelösten Teilchen von der Membranoberfläche in den Kern der Lösung nach einem anderen Mechanismus erfolgen als durch reine Diffusion. Als eine einfache Erklärung kann eine Erosion der Deckschicht durch die Scherkraft, die von einer parallel zur Membranoberfläche strömenden Rohlösung auf die Deckschicht ausgeübt wird, angesehen werden.

Die Grundlagen eines solchen Vorganges sind in der Literatur ausführlich diskutiert[31]. Nimmt man an, daß der Rücktransport der suspendierten oder gelösten Partikel aus der Deckschicht in den Kern der Rohlösung nicht auf reiner Diffusion beruhen kann, so läßt

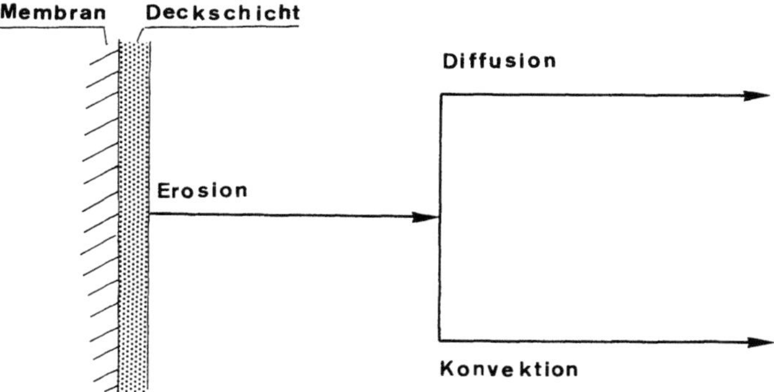

Abb. V-16: Schematische Darstellung des Rücktransportes gelöster oder suspendierter Teilchen aus der Deckschicht in den Kern der Rohlösung

sich der Gesamttransportvorgang in zwei Teilschritte unterteilen. Der erste Schritt besteht in einem Herauslösen der Partikel aus der Deckschicht, und der zweite Schritt stellt den Transport der herausgelösten Partikel durch die Grenzschicht in den Kern der Rohlösung dar. Der zweite dieser beiden Konsekutivprozesse läßt sich in zwei Parallelvorgänge aufteilen, und zwar in eine Diffusion und eine Konvektion. In der Abbildung V-16 ist der Gesamtvorgang des Rücktransportes der suspendierten oder gelösten Teilchen aus der Deckschicht in den Kern der Rohlösung schematisch dargestellt.

Welcher der Teilschritte des Gesamttransportvorganges geschwindigkeitsbestimmend ist, hängt weitgehend von der Zusammensetzung der Rohlösung ab. Für suspendierte Partikel oder sehr große Moleküle scheint im allgemeinen das Herauslösen der Teilchen aus der Deckschicht durch Einwirkung einer Scherkraft der geschwindigkeitsbestimmende Schritt zu sein.

Dafür spricht auch, daß bei diesen Lösungen eine direkte Abhängigkeit der Filtrationsstromdichte von der Scherkraft der Rohlösung an der Membranoberfläche erhalten wird[18, 24, 25], während bei makromolekularen Stoffen mit relativ geringem Molekulargewicht die Diffusion der geschwindigkeitsbestimmende Schritt zu sein scheint.

d) Konsequenzen der Konzentrationspolarisation für die praktische Durchführung der Filtration von makromolekularen Lösungen

Während bei der Filtration von Lösungen mit Inhaltsstoffen geringen Molekulargewichtes ohne Niederschlagsbildung an der Membranoberfläche eine halbwegs zuverlässige Vorausberechnung der Konzentrationspolarisation möglich ist, ist dies bei der Filtration von makromolekularen Substanzen häufig nicht der Fall, da die Vorgänge der Deckschichtbildung viel komplexer sind. Die experimentell beobachteten Phänomene lassen sich durch gewisse Modellvorstellungen zwar plausibel deuten, eine quantitative, halbwegs allgemeingültige Berechnung ist jedoch schwierig. In der Literatur sind eine Reihe von Verfahren angegeben[18-20], die eine Korrelation der Filtrationsstromdichte bzw. des Rückhaltevermögens einer Membran als Funktion der verschiedenen Strömungsverhältnisse parallel zur Membranoberfläche angeben. Allerdings gelten diese

Näherungsrechnungen nur für Modellösungen mit ganz definierten Inhaltsstoffen. Für die meisten praktischen Anwendungen der Ultrafiltration können die optimalen Verfahrensparameter nur experimentell sicher ermittelt werden, zumal Voraussagen über die Trenneigenschaften, den hydrodynamischen Widerstand und die mechanische Festigkeit der auf der Membranoberfläche gebildeten Ablagerungen praktisch nicht möglich sind. Viele dieser Deckschichten zeigen gewisse Alterungserscheinungen, so daß ihre Eigenschaften auch zeitlich nicht konstant sind. In den meisten praktischen Fällen nimmt der hydrodynamische Widerstand der Deckschicht mit der Zeit zu und die Filtrationsstromdichte entsprechend ab. Auch die Annahme, daß es sich bei dem Rücktransport der an der Membranoberfläche angereicherten Stoffe um einen reinen Diffusionsvorgang handelt, ist sicher dann nicht mehr zutreffend, wenn es sich um Stoffe mit sehr großem Molekulargewicht oder um suspendierte Teilchen handelt, die einen extrem niedrigen Diffusionskoeffizienten besitzen.

Obgleich die komplexen, durch viele verschiedene Parameter bestimmten Vorgänge bei der Filtration von makromolekularen Lösungen eine quantitative Behandlung der Konzentrationspolarisation nicht gestatten, lassen sich aus den vorliegenden experimentellen Versuchsergebnissen einige allgemeingültige Schlußfolgerungen für die praktische Durchführung der Ultrafiltration ziehen:

1. Alle Filtrationen sollten bei optimalem Arbeitsdruck durchgeführt werden, der dann gegeben ist, wenn es infolge der Konzentrationspolarisation gerade noch nicht zu einer Niederschlagsbildung an der Membranoberfläche kommt. Eine weitere Erhöhung des hydrostatischen Druckes bringt keine Erhöhung der Filtrationsstromdichte. Sie führt bei nicht streng semipermeablen Membranen infolge einer Deckschichtbildung zu einer Verschlechterung des Trenneffektes.

2. Das Ausmaß der Konzentrationspolarisation wird im wesentlichen durch die Dicke der laminaren Grenzschicht und die Scherkraft bestimmt, die die Rohlösung auf die Membranoberfläche ausübt, daher muß die Rührgeschwindigkeit bzw. Strömungsgeschwindigkeit parallel zur Membranoberfläche bei allen Filtrationen so hoch wie möglich sein, wenn maximale Filtrationsstromdichten und Trenneffekte erzielt werden sollen.

3. Bei Fraktionierung von Stoffgemischen mit Hilfe der Ultrafiltration muß eine Deckschichtbildung an der Membran völlig vermieden werden, wenn die Trenncharakteristik der Membran erhalten bleiben soll. Um optimale Trennungen zu erhalten, sollte mit möglichst verdünnten Lösungen bei möglichst niedrigen hydrostatischen Drücken und möglichst hohen Rühr- bzw. Strömungsgeschwindigkeiten gearbeitet werden.

1.2. Konzentrationspolarisation bei anderen Stofftrennprozessen

Konzentrationspolarisation tritt bei allen Membranprozessen auf, allerdings ist ihr Einfluß auf die Wirtschaftlichkeit des Verfahrens bei der Hyper- und Ultrafiltration am schwerwiegendsten. Bei der Gastrennung ist ihr Einfluß wegen der hohen Diffusionsgeschwindigkeiten in der Gasphase meist vernachlässigbar gering. Auch bei der Dialyse kann die Konzentrationspolarisation durch eine vernünftige Strömungsführung der Rohlösung und des Dialysats gut kontrolliert werden, so daß die Wirtschaftlichkeit des Verfahrens dadurch kaum beeinträchtigt wird. Anders jedoch liegen die Verhältnisse bei der Elektrodialyse. Hier hat die Konzentrationspolarisation einen erheblichen Einfluß sowohl auf die Energiekosten als auch auf die Investitionskosten, und zwar dadurch, daß bei einer Ionenverarmung an der Membranoberfläche sowohl der elektrische Widerstand erhöht als auch die kritische Grenzstromdichte erniedrigt wird. Beide Effekte sind bereits in Kapitel III-3. eingehend diskutiert worden. Für eine Kontrolle der Konzentrationspolarisation bei der Elektrodialyse gelten die gleichen strömungstechnischen Gesichtspunkte wie bei der Hyperfiltration. Erschwerend wirkt bei der Elektrodialyse jedoch noch ein Phänomen, das als „Membrane-Fouling" bezeichnet wird und durch Adsorption von entgegengesetzt geladenen, meist organischen Substanzen an der Ionenaustauschermembran hervorgerufen wird[32]. Durch eine entsprechende Strömungsführung können jedoch sowohl Konzentrationspolarisationseffekte als auch ein „Membrane-Fouling" bei der Elektrodialyse in tolerierbaren Grenzen gehalten werden.

2. Aufbau von Membransystemen und Auslegung technischer Anlagen

Um Membranen wirkungsvoll zur Stofftrennung einsetzen zu können, müssen sie in entsprechende Systeme integriert und in Anlagen eingebaut werden. Für den Bau solcher Systeme und die Auslegung von technischen Anlagen gelten im wesentlichen wirtschaftliche Gesichtspunkte. Dabei sollten sowohl die Anlage- als auch die Betriebskosten möglichst gering sein. Da die Funktionsweisen und auch die Anwendungsgebiete der jeweiligen Membranprozesse sehr verschieden sind, sind auch ihre Konstruktionsmerkmale entsprechend unterschiedlich.

2.1. Aufbau von Ultra- und Hyperfiltrationssystemen

Bei der Konstruktion von Ultra- und Hyperfiltrationssystemen müssen die Membranen so eingesetzt werden, daß eine zuverlässige Arbeitsweise bei entsprechenden Drücken und gleichzeitiger Kontrolle der Konzentrationspolarisation und kontinuierlichem Betrieb bei möglichst geringen Betriebs- und Anlagekosten gewährleistet ist. Dabei werden die Membranen in Baueinheiten, den sogenannten Modulen, zusammengefaßt. Bei technischen Anlagen haben sich heute vier Modulkonzeptionen durchgesetzt, die alle vier dem angestrebten Ziel eines möglichst wirtschaftlichen Einsatzes weitgehend gerecht werden, obgleich sie sich in ihren Konstruktionsmerkmalen ganz erheblich unterscheiden. Hierdurch treten auch erhebliche Differenzen in den Anlage- und Betriebskosten der einzelnen Modulkonzepte auf.

Die heute am meisten eingesetzten Modulkonstruktionen sind der Rohrmodul, der Hohlfasermodul, der Kapillarrohrmodul, der Plattenmodul und der Wickelmodul. Daneben gibt es noch eine Reihe anderer Modulkonstruktionen, bei denen die Membranen als Folien in Sandwichbauweise eingesetzt sind. Allerdings haben diese Module bisher im großtechnischen Einsatz nicht die Verbreitung gefunden wie die erstgenannten Modulkonzepte.

2.1.1. Der Rohrmembranmodul

Der Rohrmembranmodul ist schematisch in der Abbildung V-17 dargestellt. Die schlauchförmigen, asymmetrischen Polymermembranen sind in poröse Stützrohre aus Metall oder Kunststoff eingesezt. Die Rohlösung wird mit dem gewünschten hydrostati-

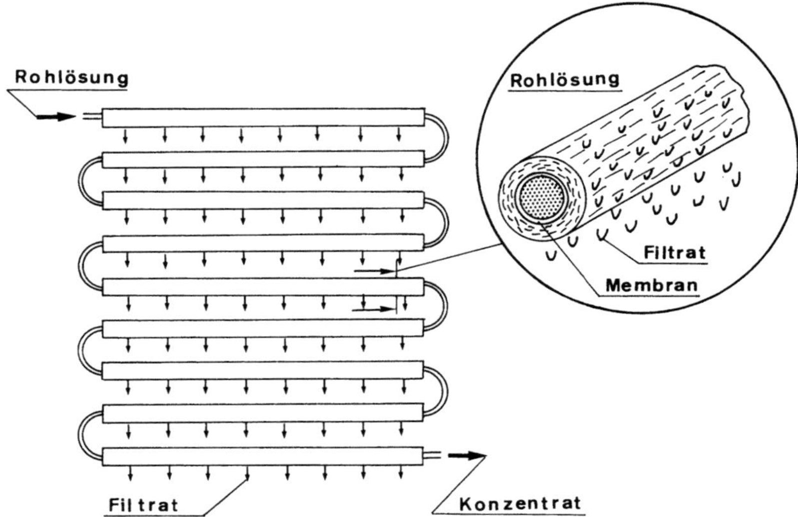

Abb. V-17: Schematische Darstellung eines Rohrmembranmoduls

schen Druck in das Rohr gepumpt. Das Filtrat permeiert die Membranen und wird über das poröse Stützrohr, das auch den hydrostatischen Druck aufnimmt, abgezogen. Um eine exzessive Konzentrationspolarisation zu vermeiden, wird die Rohlösung in turbulenter Strömung durch das Membranrohr gepumpt. Der Vorteil dieser Konstruktion liegt darin, daß die Konzentrationspolarisation an der Membranoberfläche durch hohe Strömungsgeschwindigkeiten gut unter Kontrolle gehalten werden kann. Außerdem kann das System, wenn es zu Ablagerungen auf der Membran kommt, mechanisch gereinigt werden, indem Gummischwämme durch die Rohre gepumpt werden. Von Nachteil ist es, daß bei den relativ großen Rohrdurchmessern zwischen 1 und 2,5 cm hohe Pumpleistungen notwendig sind, um turbulente Strömung in der Rohlösung zu erreichen. Außerdem ist das Verhältnis von installierter Membranoberfläche zum Apparatevolumen, d. h. die Packungsdichte der Membranen, gering. Anlagen mit Rohrmodulen erfordern im allgemeinen hohe Investitionskosten.

Angeboten werden Rohrbündelmembransysteme heute von verschiedenen Herstellern[33]. Eingesetzt werden sie heute fast ausschließlich zur Hyper- und Ultrafiltration von Lösungen mit hohen Feststoffgehalten, bei denen Ablagerungen auf der Membran als Folge der Konzentrationspolarisation ein besonderes Problem darstellen.

2.1.2. Folienmembranmodulkonzepte

a) Der Plattenmodul

Bei einem Plattenmodul werden Membranen und poröses Stützmaterial sandwichartig aufeinander geschichtet. Die Rohlösung fließt über die Membran, das Filtrat durchdringt

172

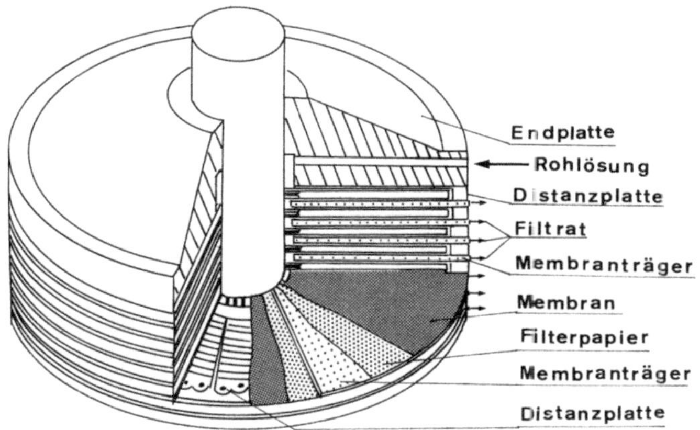

Abb. V-18: Schematische Darstellung eines Plattenmoduls

die Membran und wird von dem porösen Stützmaterial aufgefangen. Ein solcher Modul ist schematisch in der Abbildung V-18 dargestellt. Er wird von verschiedenen Firmen hergestellt[34]. Sein wesentlicher Vorteil besteht in der Austauschbarkeit der Membranen. Er ist jedoch relativ teuer in der Herstellung, und auch die Kontrolle der Konzentrationspolarisation ist wesentlich schwieriger als beim Rohrmodul. Mit den entsprechenden Membranen ausgerüstet wird er sowohl zur Hyperfiltration als auch zur Ultrafiltration verwendet.

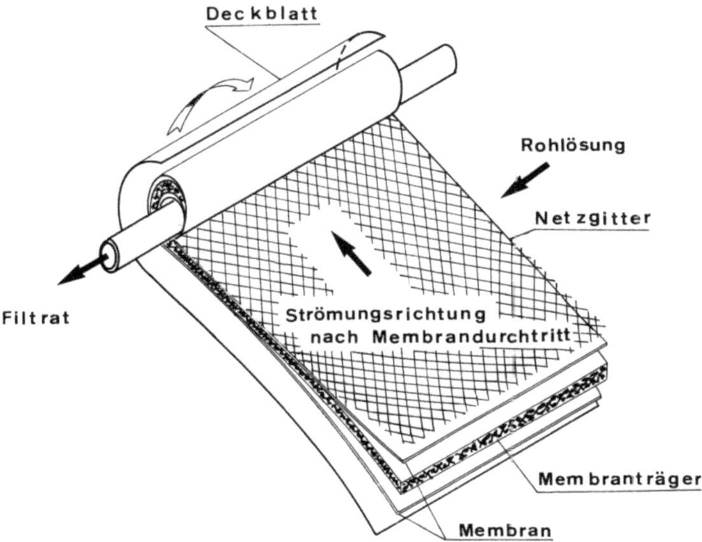

Abb. V-19: Schematische Darstellung eines Membranwickelmoduls

b) Der Wickelmodul

Der Flachmembranmodul wird häufig als sogenannter Wickelmodul hergestellt. Er ist in Abbildung V-19 dargestellt und wird auch als Roga®-Modul bezeichnet. Er besteht aus zwei asymmetrischen Membranen, die durch eine nicht komprimierbare, poröse Zwischenschicht getrennt sind. Auf die Membran wird ein strömungsführendes Gitter aufgelegt. Die gesamte Anordnung wird aufgerollt, abgedichtet und in ein Druckrohr eingesetzt[35]. Diese Bauweise ermöglicht die Herstellung einer kostengünstigen, kompakten Filtrationseinheit. Probleme treten hier jedoch bei der Kontrolle der Konzentrationspolarisation auf. Dies trifft vor allem dann zu, wenn kolloidale oder makromolekulare Stoffe filtriert werden sollen. Eingesetzt wird der Roga®-Modul daher auch hauptsächlich in der Hyperfiltration, z. B. bei der Entsalzung von Brack- und Meerwasser, da hier eine Rohlösung mit relativ geringem Feststoffgehalt filtriert wird, aus der alle kolloidalen Partikel bereits durch eine Vorbehandlung entfernt wurden. Der Wickelmodul wird heute mit verschiedenen Membranen von mehreren Firmen hergestellt[36].

2.1.3. Der Hohlfasermembranmodul

Bei dem Hohlfasermodul werden die Membranen in Form von asymmetrisch aufgebauten hohlen Fasern hergestellt, die die eigentliche Trennschicht auf der Außenseite tragen. Diese Fasern, die einen Durchmesser von 80–100 µm haben, werden gebündelt in ein Mantelrohr eingeklebt. Der Aufbau eines Hohlfasermoduls ist in Abbildung V-20 schematisch dargestellt. Die Rohlösung wird von außen in das Mantelrohr gepumpt und auf der anderen Seite als Konzentrat abgeführt. Das Filtrat durchdringt die Fasern von außen und wird innen abgezogen. Die Fasern sind selbsttragend bis zu Arbeitsdrücken

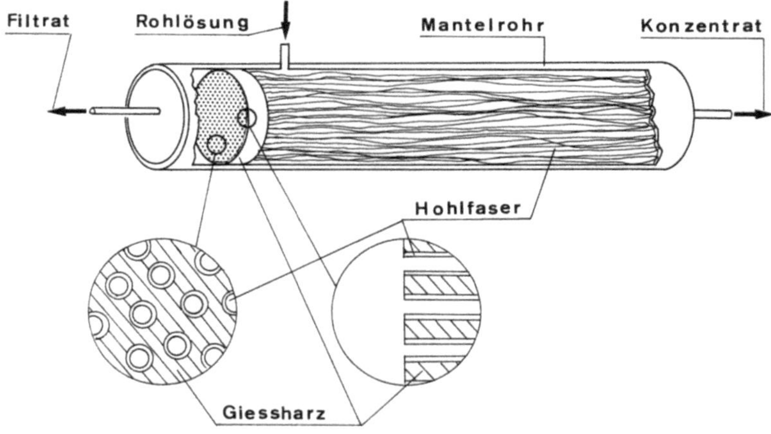

Abb. V-20: Schematische Darstellung des Hohlfasermembranmoduls

---

®Handelsname der Universal Oil Corporation

von 60–80 bar, so daß kein Stützmaterial für die Membran notwendig ist. Das Verhältnis von installierter Membranfläche zum Apparatevolumen ist äußerst günstig. Die Hohlfasern können preisgünstig hergestellt werden und sind besonders für die Hyperfiltration geeignet. Für die Abtrennung von makromolekularen Stoffen ergeben sich jedoch erhebliche Schwierigkeiten, da es oft zur Bildung von Niederschlägen an der Membranoberfläche kommt und durch die ungünstige Strömungsführung diese Niederschläge kaum mehr entfernt werden können. Deswegen ist eine gute Vorreinigung der Rohlösung notwendig[38]. Für die Ultrafiltration von makromolekularen oder kolloidalen Lösungen sind Hohlfasersysteme nicht geeignet. Sie werden heute fast ausschließlich zur Entsalzung von Meer-, Brack- oder Oberflächenwasser eingesetzt. Hohlfasersysteme werden von verschiedenen Firmen aus verschiedenen Polymeren hergestellt[37]. Wegen der günstigen Kosten-Leistungsrelation kommt den Hohlfasersystemen neben den Wickelmodulen in großtechnischen Hyperfiltrationsanlagen für die Meer- und Brackwasserentsalzung heute die größte wirtschaftliche Bedeutung zu.

2.1.4. Der Kapillarrohrmembranmodul

Der Kapillarrohrmembranmodul ist in der Abbildung V-21 dargestellt. Die Membranen sind als Kapillaren mit einem Innendurchmesser von etwa 0,5–1,5 mm ausgebildet. Sie werden von innen mit der Rohlösung beschickt und können mit hydrostatischen Drücken bis zu ca. 5 bar beaufschlagt werden. Sie werden ebenso wie die Hohlfasermembranen zu Bündeln zusammengefaßt und in ein Mantelrohr eingeklebt. Das Kapillarmembransystem stellt so eine Kombination von Rohr- und Hohlfasermembranmodul dar. Es gewährleistet eine hohe Packungsdichte und gleichzeitig eine gute Kontrolle der Konzentrationspolarisation. Der Nachteil der Kapillarmembranen liegt darin, daß der angewandte hydrostatische Druck durch die Bruchfestigkeit der Membran begrenzt wird. Kapillarmembranen können daher praktisch nur für die Ultrafiltration eingesetzt werden. Je nach Rohlösung und verwendetem Membransystem ist hier eine mehr oder weniger aufwendige Vorreinigung erforderlich. Denn bei hohen Feststoffgehalten mit kolloidalen oder faserigen Komponenten besteht die Gefahr einer Verstopfung der Kapillaren. Kapillarmembransysteme werden heute aus verschiedenen Polymeren hergestellt[39]. Eingesetzt werden sie hauptsächlich für die Ultrafiltration von Lösungen aus der Nahrungsmittelindustrie und der Pharmazie sowie bei der Reinigung spezieller Industrieabwässer[40].

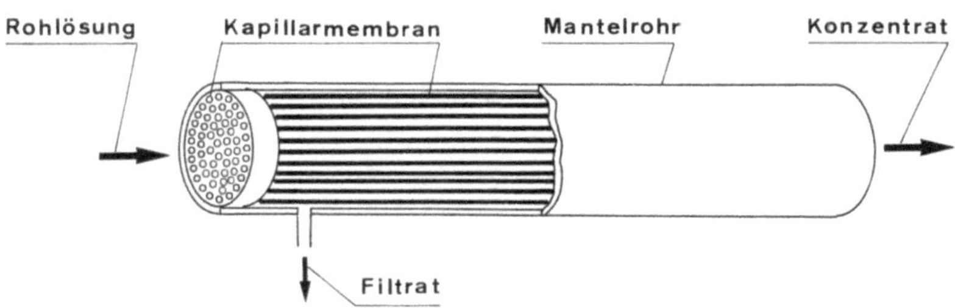

Abb. V-21: Schematische Darstellung des Kapillarrohrmoduls

Neben den hier beschriebenen Modulsystemen gibt es noch verschiedene andere Modulkonzeptionen[43-45], die aber bisher nur eine geringe wirtschaftliche Bedeutung erlangt haben oder lediglich im Laborbereich eingesetzt werden.

2.2. Die Auslegung von praktischen Ultra- und Hyperfiltrationsanlagen

Die Grundlage für die Auslegung einer Ultra- oder Hyperfiltrationsanlage bildet das vorliegende Stofftrennproblem. Die Art der Inhaltsstoffe einer Mischung und ihre Konzentration in der Rohlösung, sowie die angestrebten Konzentrationen im Retentat und im Filtrat bestimmen die Auswahl der Membran und die maximale Filtratausbeute. Der Zusammenhang zwischen Membranrückhaltevermögen, der Filtratausbeute und den Grenzkonzentrationen im Filtrat und Retentat wurde bereits an anderer Stelle ausführlich diskutiert und in den Gleichungen [III-4] bis [III-8] beschrieben. Aus der zu filtrierenden Menge und Konzentration der Rohlösung, dem Rückhaltevermögen und der hydrodynamischen Permeabilität der Membran, sowie den gewünschten Grenzkonzentrationen, können dann die notwendigen Membranflächen und die Leistungen der Pumpen berechnet werden.

Als Beispiel soll eine Hyperfiltrationsanlage zur Gewinnung von Trinkwasser aus Brackwasser beschrieben werden. Die Anlage soll eine Kapazität von 100 m³ Filtrat pro Stunde besitzen, die Salzkonzentration im Filtrat soll 500 mg/l nicht überschreiten, während die der Rohlösung 5000 mg/l betragen soll. Die für die Hyperfiltration verwendete Membran soll ein Rückhaltevermögen für die Salze der Rohlösung von 95% und eine Filtrationsstromdichte von 1×10^{-3} cm/s bei 50 bar effektivem hydrostatischen Druck aufweisen, was einer hydrodynamischen Permeabilität von 2×10^{-5} cm/s bar entspricht. Die für eine solche Anlage notwendige Membranfläche ergibt sich aus der Beziehung

$$A = \frac{Q_f}{J_v},$$

[V-34]

wobei A die gesamte notwendige Membranfläche darstellt. J_v ist die Filtrationsstromdichte bei einem vorgegebenen effektiven hydrostatischen Druck, und Q_f ist die gewünschte Filtratmenge.

Die Filtrationsstromdichte ergibt sich wiederum nach Gleichung [II-110] in erster Näherung durch die Beziehung

$$J_v = L_p \cdot (\Delta P - \Delta \pi).$$

[V-35]

Hier ist L_p die hydrodynamische Permeabilität, ΔP ist der angewandte hydrostatische Druck, und $\Delta \pi$ ist die Differenz der osmotischen Drücke zwischen Filtrat und Rohlösung. Damit ergibt sich die Membranfläche in erster Näherung zu

$$A = \frac{Q_f}{L_p(\Delta P - \Delta \pi)}.$$

[V-36]

Um die Kapazität der Pumpe zu berechnen, muß zunächst die Filtratausbeute festgelegt werden. Sie ergibt sich aus der Forderung, daß die Filtratkonzentration 500 mg/l nicht überschreiten soll, nach Gleichung [III-8]

$$\bar{C}_f = \frac{C_o}{\varDelta} [1 - (1 - \varDelta)^{1-R}] \qquad\qquad [\text{V-37}]$$

Hier ist $\varDelta$ die Filtratausbeute, $\bar{C}_f$ und C_o sind die Konzentrationen im Filtrat und in der Rohlösung, und R ist das Membranrückhaltevermögen.

Die mögliche Filtratausbeute kann auch noch durch die Konzentration im Retentat eingeschränkt sein, wenn diese aus Gründen der Löslichkeit oder des osmotischen Druckes einen bestimmten Maximalwert nicht überschreiten soll. Als Funktion der maximalen Retentatkonzentration ergibt sich die Filtratausbeute aus der Gleichung [III-6] zu

$$C_r = C_0 (1 - \varDelta)^{-R} \qquad\qquad [\text{V-38}]$$

Hier ist C_r die Retentatkonzentration.

Die notwendige Pumpenkapazität ergibt sich aus der geforderten Filtratmenge und der Filtratausbeute nach Gleichung [III-5] zu

$$Q_r = \frac{Q_f}{\varDelta} \cdot \qquad\qquad [\text{V-39)}$$

Hier ist Q_r die von der Pumpe zu fördernde Menge an Rohlösung, und Q_f ist die Filtratmenge.

Der von der Pumpe aufzubringende Arbeitsdruck ergibt sich aus dem gewünschten effektiven Druck plus der Differenz der osmotischen Drücke der Retentat- und Filtratlösung:

$$\varDelta P = P_{eff} + \varDelta \pi. \qquad\qquad [\text{V-40}]$$

Nimmt man in erster Näherung an, daß der osmotische Druck der Filtratlösung gegenüber dem gewünschten effektiven Druck vernachlässigt werden kann, so ist die osmotische Druckdifferenz der Retentatkonzentration proportional. Dabei muß man unterscheiden zwischen der maximalen Retentatkonzentration, die durch die Gleichung [III-6] gegeben ist, und einer mittleren Retentatkonzentration, die sich aus der nach Gleichung [III-8] berechneten mittleren Filtratkonzentration folgendermaßen berechnen läßt:

$$\bar{C}_r = \frac{C_o}{(1 - R)\varDelta} \left[1 - (1 - \varDelta)^{1 - R} \right]. \qquad\qquad [\text{V-41}]$$

Hier sind $\bar{C}_r$ und $\bar{C}_f$ die mittleren Retentat- bzw. Filtratkonzentrationen. Die für die Filtration aufzuwendende Energie ergibt sich durch die Beziehung

$$E_f = Q_r \, \varDelta P \, t. \qquad\qquad [\text{V-42}]$$

Hier ist E_f die für den Filtrationsvorgang notwendige Energie, Q_r ist die pro Zeit durchgesetzte Menge an Rohlösung, $\varDelta P$ ist der Arbeitsdruck und t die Zeit. Damit ergeben sich aus den Gleichungen [V-34] bis [V-42] und [III-6] die folgenden Werte für die Auslegung der hier als Beispiel angeführten Hyperfiltrationsanlage:

A. Vorgegebene Grenzwerte für die Anlagengröße, die Konzentrationen von Roh- bzw. Produktwasser und Leistung der verwendeten Membran.

1. Kapazität der gewünschten Anlage: 100 m³/h
2. Gelöstes Salz: NaCl
3. Konzentration der Rohlösung: 5000 mg/l
4. Konzentration des Filtrats: 500 mg/l
5. Hydrodynamische Permeabilität der Membran: 2×10^{-5} cm/s bar
6. Salzrückhaltevermögen der Membran: 95%
7. Gewünschter effektiver hydrostatischer Druck: 50 bar
8. Wirkungsgrad der eingesetzten Pumpen: 0,8

B. Berechnete Werte für die Auslegung der Anlage

1. Benötigte Membranfläche: 2780 m²
2. Filtratausbeute: 0,8
3. Maximale Retentatkonzentration: 23070 mg/l
4. Mittlere Retentatkonzentration: 9660 mg/l
5. Maximaler osmotischer Druck: 15,3 bar
6. Mittlerer osmotischer Druck: 6,3 bar
7. Benötigte Pumpenkapazität: 125 m³/l
8. Benötigter hydrostatischer Druck: 56,3 bar
9. Benötigte Pumpenarbeit pro m³ Filtrat: 1,92 kWh
10. Benötigte Energie zum Betrieb der Pumpen pro m³ Filtrat: 2,4 kWh
11. Gesamte Pumpenleistung der Anlage: 240 kW

Die hier dargestellte Berechnung stellt nur eine ganz grobe Näherung dar. Konzentrationspolarisationseffekte wurden dabei ebenso außer Acht gelassen, wie Druckverluste durch die Strömung der Rohlösung im Membranmodul. Auch eine Rückgewinnung der durch die Entspannung des Konzentrats freiwerdenden Energie mit Hilfe einer entsprechenden Turbine ist unberücksichtigt geblieben.

Entsprechend dem obigen Beispiel lassen sich auch Ultrafiltrationsanlagen näherungsweise berechnen. Allerdings ist es hier viel schwieriger, zuverlässige Werte für die Filtrationsstromdichten zu erlangen, da diese sehr stark von der Art der gelösten Komponenten und deren Konzentration sowie den Strömungsverhältnissen in der Rohlösung parallel zur Membranoberfläche abhängen. Hier sind in den meisten Fällen Pilotversuche notwendig, um zuverlässige Werte für die Auslegung einer Filtrationsanlage zu erhalten. Die Grundlagen zur Berechnung von Hyper- und Ultrafiltrationsanlagen für verschiedene Anwendungen werden in der Literatur ausführlich geschildert[46–49]. Für die Auslegung von Großanlagen, speziell für die Meer- und Brackwasserentsalzung, sind meistens Rechnerprogramme vorhanden, mit denen nach Eingabe der gewünschten oder vorgegebenen Randbedingungen eine wesentlich exaktere Berechnung einer Anlage möglich ist.

Bei einer technischen Ultra- bzw. Hyperfiltrationsanlage stellen die Membranen bzw. die Membranmodule zwar die zentrale Komponente dar, sie werden jedoch durch verschiedene periphere Geräte ergänzt, die für die Prozeßsteuerung und eine eventuelle Vorbehandlung der Rohlösung bzw. Nachbehandlung des Produktes notwendig sind. Je nach Zusammensetzung der Rohlösung können diese zusätzlich benötigten Geräte einen erheblichen Anteil der Investitionskosten erreichen.

Was im einzelnen vor allem für die Vorbehandlung der Rohlösung getan werden muß, hängt sehr stark vom Anwendungsfall und dem gewählten Membranmodulsystem ab.

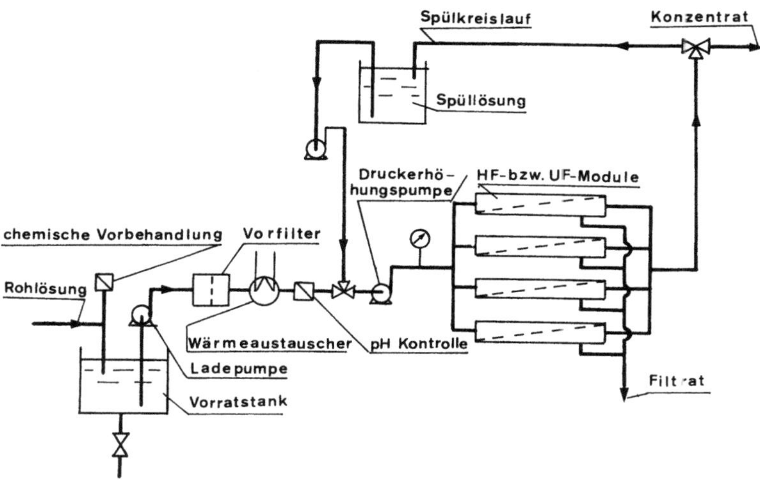

Abb. V-22: Aufbau einer Ultra- oder Hyperfiltrationsanlage

Hohlfasersysteme z. B. erfordern im allgemeinen einen wesentlich höheren Aufwand als Schlauch- oder Rohrmembranen. Der Aufbau einer typischen Ultra- oder Hyperfiltrationsanlage ist in der Abbildung V-22 dargestellt.

Eine Ultra- bzw. Hyperfiltrationsanlage, wie sie z. B. zur Brackwasserentsalzung oder Abwasseraufbereitung eingesetzt wird, besteht im allgemeinen aus einem Vorratsbehälter, in dem die Rohlösung zunächst gespeichert wird. Über eine Pumpe, eine Vorfiltration, eine Temperaturkontrolle bzw. einen Wärmeaustauscher wird dann die Rohlösung in den Membrananteil gegeben. Man erhält hier ein Filtrat und ein Konzentrat. Das Konzentrat kann entweder in den Vorratsbehälter zurückgegeben werden, bis eine bestimmte Konzentration erreicht ist oder direkt weiterverwandt bzw. verworfen werden. Als Kontrolleinheiten sind Strömungs-, Temperatur- und Druckmesser erforderlich. Im allgemeinen ist auch eine sehr sorgfältige Vorfiltration notwendig, insbesondere wenn es sich beim Membrananteil um Roga®- oder Hohlfasermodule handelt. Zudem sind Kreisläufe für Spüllösungen vorzusehen, so daß, vor allen Dingen bei der Ultrafiltration, der Membrananteil in gewissen Zeitabständen mit einer Spüllösung durchströmt und gereinigt werden kann. Je nach Art der Rohlösung und eingesetzten Membranmodulsysteme kann die Vorreinigung der Rohlösung im Rahmen einer Gesamtanlage einen ganz erheblichen Raum einnehmen.

2.3. Elektrodialysezellen und die Auslegung von Anlagen

Auch bei der Konstruktion von Elektrodialysezellen stehen im wesentlichen wirtschaftliche Gesichtspunkte im Vordergrund. Sowohl die Energie- als auch die Investitionskosten werden erheblich von dem Aufbau eines Zellpaketes bestimmt. Der elektrische Widerstand und damit die Energiekosten sind dem Abstand der Membranen in den einzelnen Zellen direkt proportional. Da in der Zelle, die mit der entsalzten Lösung durchströmt wird, bei geringer Salzkonzentration der spezifische Widerstand relativ hoch ist, muß hier der Abstand zwischen der Kationen- und Anionenmembran möglichst gering gehalten werden. Auch die Konzentrationspolarisation, die sich durch eine Ionenverarmung in der Grenzschicht an den Membranen auswirkt, muß durch eine entsprechende Strömungsführung weitgehend vermieden werden, um eine möglichst hohe Grenzstromdichte zu erzielen, da diese die für einen bestimmten Entsalzungsversuch notwendige Membranfläche bestimmt. Der Aufbau eines Elektrodialysezellpaketes ist bereits in Kapitel III-3.1. diskutiert und schematisch in der Abbildung III-14 dargestellt worden. Auch der Zusammenhang zwischen Konzentrationspolarisation und kritischer Grenzstromdichte wurde bereits an gleicher Stelle diskutiert.

Nach Gleichung [III-56] wird die kritische Grenzstromdichte wesentlich durch die Dicke der laminaren Grenzschicht bestimmt. Die laminare Grenzschicht läßt sich wiederum als Funktion der Strömungsgeschwindigkeit und der Zellendimension ausdrücken[50].

Bei den meisten kommerziellen Elektrodialyseanlagen sind die Zellpakete aus parallel angeordneten Kationen- und Anionenaustauschermembranen aufgebaut, die durch Plastikgitter oder Netze voneinander getrennt sind. Das Gitter erhöht die Durchmischung der die Zelle durchfließenden Lösung und verhindert eine Berührung von Anionen- und Kationenaustauschermembranen, da dies zu einem erhöhten Stromfluß über die Kontaktstelle führen würde. Die Membranabstände in Elektrodialyseanlagen, wie sie heute für die Brackwasserentsalzung eingesetzt werden, betragen etwa 0,5 bis 5 mm, wobei die Fläche einer einzelnen Membran bzw. Zelle 1 bis 2 m² betragen kann und 100 bis 500 Zellen zu einem Zellpaket zusammengefaßt sind, die alle parallel angeströmt werden. Dabei muß darauf geachtet werden, daß die Druckdifferenz zwischen den Zellen mit der entsalzten und der konzentrierten Lösung möglichst gering gehalten wird, um eine mechanische Belastung der Membranen zu vermeiden. Für die Auslegung einer Elektrodialyseanlage sind die wichtigsten Parameter die Ausgangskonzentration der Rohlösung und die Restkonzentration der entsalzten Lösung. Sie bestimmen neben den spezifischen Membraneigenschaften sowohl die Energiekosten über den für die Entsalzung notwendigen Strom, als auch die einzusetzende Membranfläche über die Grenzstromdichte. Der für die Entsalzung einer Lösung notwendige Strombedarf ergibt sich nach Gleichung [III-33] aus der folgenden Beziehung:

$$I = \frac{z F V_r (C_r - C_p)}{t \, \xi}. \qquad\qquad [V\text{-}43]$$

Hier sind I der Strom, z die elektrochemische Wertigkeit, V_r das Volumen der zu entsalzenden Lösung, C_r und C_p sind die Konzentrationen der Rohlösung und der entsalzten Lösung, t ist die Zeit, und ξ die Stromausbeute.

Der Energiebedarf ergibt sich nach Gleichung [III-32] zu

$$E = I^2 n R t. \qquad\qquad [V\text{-}44]$$

Hier sind E der Energiebedarf, I die Stromstärke, R der Widerstand einer Zelle, n die Zahl der Zellen und t die Zeit. Der Gesamtwiderstand setzt sich aus der Summe der Widerstände der einzelnen Zellpakete zusammen. Er läßt sich durch die folgende Beziehung ausdrücken:

$$n R = \frac{n r}{a}. \qquad\qquad [V\text{-}45]$$

Hier sind n die Zahl der Zellpaare in einem Zellpaket, r der spezifische Widerstand eines Zellpaares und a die Fläche einer Zelle.

Kombination der Gleichungen [V-43] bis [V-45] ergibt

$$E = \frac{z F V_r (C_r - C_p) i n r}{\xi}, \qquad\qquad\qquad \text{[V-46]}$$

wobei i die Stromdichte darstellt und durch

$$i = \frac{I}{a} \qquad\qquad\qquad \text{[V-47]}$$

gegeben ist.

Durch Multiplikation der Fläche einer Zelle mit der Gesamtzahl der Zellen

$$A = a \cdot n \qquad\qquad\qquad \text{[V-48]}$$

ergibt sich aus der Stromdichte i durch Kombination der Gleichung [V-48] mit [V-47] und [V-43] die für einen bestimmten Entsalzungsversuch notwendige Fläche an Kationen- bzw. Anionenaustauschermembranen:

$$A = \frac{z F V_r (C_r - C_p) n}{t i \xi}. \qquad\qquad\qquad \text{[V-49]}$$

Mit Hilfe der Gleichungen [V-43] bis [V-49] lassen sich die wichtigsten Parameter für die Auslegung einer Elektrodialyseanlage berechnen, wie es sich an dem folgenden praktischen Beispiel zeigen läßt. Es sollen mit Hilfe der Elektrodialyse 100 m³ Brackwasser, das ausschließlich Kochsalz in einer Konzentration von 5000 mg/l enthält, entsalzt werden, wobei die Salzkonzentration im Produktwasser unter 500 mg/l liegen soll. Damit ergeben sich die folgenden Parameter für die Auslegung der Anlage:

A. Vorgegebene Werte für Anlagengröße, Konzentration von Roh- und Produktwasser, Zellengröße und Zahl, Stromdichten und Widerstände

1.	Kapazität der Anlage:	100 m³/h
2.	Rohlösung:	NaCl 5000 mg/l
3.	Produktkonzentration:	500 mg/l
4.	Zellengröße:	1 m²
5.	Stromdichte	10 mA/cm²
6.	mittlerer Widerstand pro Zelle:	100 Ω cm²
7.	Stromausbeute	95%

B. Berechnete Werte für die Auslegung der Anlage

1.	Benötigte Membranfläche:	4400 m²
2.	Benötigte Energie pro m³ Produkt:	2,2 kWh
3.	Zahl der Zellen pro Zellpaket:	220
4.	Zahl der Zellpakete:	10
5.	Gesamtstromfluß:	100 A
6.	Spannungsabfall pro Zellpaket:	220 V
7.	Gesamtspannungsabfall:	2200 V
8.	Gesamte zur Entsalzung benötigte Leistung:	220 KW

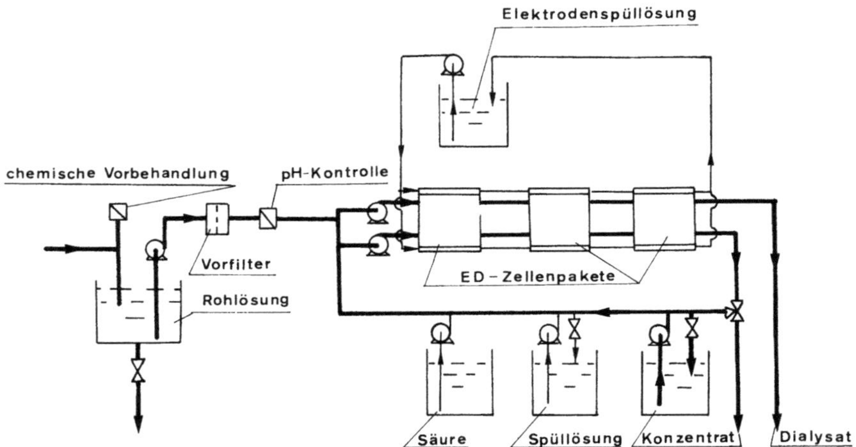

Abb. V-23: Aufbau einer typischen Elektrodialyseanlage

Weiterhin wird auch noch eine geringe Menge Energie benötigt, um die Rohlösung und das Produktwasser durch die Zellpakete zu pumpen und verschiedene Kontroll- und Regeleinheiten zu betreiben. Allerdings ist dieser Energiebedarf vergleichsweise gering.

Auch bei der Elektrodialyse sind neben den eigentlichen Zellpaketen noch eine Reihe von Zusatzeinrichtungen für die Vorbehandlung der Rohlösung notwendig, die die Kosten des Verfahrens erheblich beeinträchtigen können.

Der Aufbau einer typischen Elektrodialyseanlage, wie sie z. B. zur Brackwasserentsalzung eingesetzt wird, ist in der Abbildung V-23 dargestellt.

Eine Elektrodialyseanlage besteht im allgemeinen aus einer Vorfiltration, einer pH-Regulierung, den Kontrolleinheiten zur Leitfähigkeits-, Temperatur- und Druckmessung und dem eigentlichen Elektrodialyseteil. Je nach Zusammensetzung der Rohlösung ist eine mehr oder weniger aufwendige Vorbehandlung notwendig, die neben der pH-Regelung und der Vorfiltration noch eine Fällung oder Flockung enthalten kann, wenn der Anteil an Eisen, Mangan oder organischen Bestandteilen besonders hoch ist. Wenn die Carbonat- oder Sulfationenkonzentration sehr hoch ist, wird häufig auch noch ein Ionenaustauscher als Vorbehandlungsschritt eingesetzt.

Auch bei der Elektrodialyse kann der zur Rohwasservorbehandlung notwendige Aufwand die Wirtschaftlichkeit der Gesamtanlage erheblich beeinflussen.

3. Kosten der Stofftrennung mit Hilfe von Membranprozessen

Da die Membranprozesse fast immer in Konkurrenz zu anderen Stofftrennverfahren stehen, sind wirtschaftliche Erwägungen entscheidend für einen Einsatz in großem, technischem Maßstab. Die Gesamtprozeßkosten sind von verschiedenen Parametern abhängig, wobei jedoch bei allen Membranprozessen die Zusammensetzung der Rohlösung und die Anlagengröße eine besondere Rolle spielen. Daneben unterscheiden sich die

182

einzelnen Prozesse ganz erheblich sowohl in den Anlage- als auch den Betriebskosten. Für die drei technisch wichtigsten Prozesse, die Hyperfiltration, die Ultrafiltration und die Elektrodialyse, sind für verschiedene Rohlösungen in der Literatur Kostenanalysen beschrieben, die auch experimentell durch entsprechende Langzeitversuche bestätigt wurden. Die zuverlässigsten Kostenberechnungen liegen heute für die Entsalzung von Brack- und Meerwasser mit Hilfe der Hyperfiltration und Elektrodialyse vor[49-55]. Aber auch für die Anwendung der Ultrafiltration zur Aufbereitung verschiedener Industrieabwässer oder zur Trennung molekularer Gemische in der Lebensmittelindustrie, der Chemie und Pharmazie gibt es in der Literatur ausführliche Wirtschaftlichkeitsberechnungen[56-60].

3.1. Wirtschaftlichkeitsberechnung von Hyper- und Ultrafiltrationsanlagen

Bei einer Wirtschaftlichkeitsbetrachtung von Stofftrennprozessen werden die Kosten im allgemeinen auf das gewünschte Produkt bezogen. Das ist z. B. bei der Gewinnung von Trinkwasser aus Meer- oder Brackwasser durch Hyperfiltration das Filtrat. Bei der Ultrafiltration kann als Bezugsgröße aber auch das Konzentrat, wie z. B. bei der Aufkonzentrierung von Proteinlösung, oder die Rohlösung, wie z. B. bei der Aufarbeitung von speziellen Industrieabwässern, als Bezugsgröße dienen. Allerdings bestimmt auch hier die Filtratleistung zunächst einmal die Prozeßkosten. Diese können dann über die Filtratausbeute auf Rohlösung oder Konzentrat bezogen werden.

Die Gesamtkosten setzen sich aus zwei Anteilen zusammen und zwar den Investitionskosten und den Betriebskosten. Die Investitionskosten müssen über die Lebensdauer einer Anlage abgeschrieben und ortsüblich verzinst werden.

Die Betriebskosten setzen sich aus den Energiekosten, den Kosten für Ersatzteile, Verbrauchsmaterial, Chemikalien etc. und den Lohn- und Gehaltskosten zusammen. Von den Betriebskosten stellen zumindest bei großen Anlagen die Energiekosten den überwiegenden Anteil dar. Da die Lebensdauer der Membranen, vor allem bei der Ultrafiltration, häufig geringer ist als die Lebensdauer der übrigen Anlagekomponenten, können Membranersatzkosten entweder als Betriebskosten oder als Investitionskosten mit entsprechend kurzem Abschreibungszeitraum verrechnet werden oder aber als selbständiger Posten in einer Wirtschaftlichkeitsbetrachtung ausgewiesen werden. Die Investitionskosten werden weitestgehend von der Membranfläche, die für eine gewünschte Anlagenkapazität notwendig ist, und von der Lebensdauer der Membran bestimmt. Das bedeutet, daß mit zunehmender Filtrationsstromdichte und zunehmender Lebensdauer der Membran die Investitionskosten abnehmen. Die Filtrationsstromdichte nimmt im allgemeinen mit zunehmendem Arbeitsdruck zu, so daß für eine Minimierung der Investitionskosten der Arbeitsdruck so hoch wie möglich gewählt werden sollte.

Andererseits sind die Energiekosten jedoch dem Arbeitsdruck direkt proportional und von einem bestimmten Arbeitsdruck ab nimmt auch, bedingt durch ein Zusammenpressen der Membranstruktur, der hydrodynamische Widerstand der Membran mit zunehmendem Druck zu. Dies bedeutet, daß von einem bestimmten hydrostatischen Druck ab eine weitere Druckerhöhung nicht mehr zu einer weiteren Erhöhung der Filtrationsstromdichte führt. Trägt man die Gesamtprozeßkosten, die sich aus Investitionskosten, Energiekosten und übrigen Betriebskosten zusammensetzen, gegen den angewandten hydrostatischen Druck auf, so ergibt sich, wie die schematische Darstellung in der Abbildung V-24 zeigt, ein Kostenminimum bei einem ganz bestimmten Arbeitsdruck.

Während sich die Energiekosten für die Hyper- oder Ultrafiltration recht genau berechnen lassen, ist die Abschätzung der Investitionskosten mit einer ganz erheblichen Unsicherheit verbunden, die hauptsächlich durch die unterschiedlichen Kosten der verschiedenen Modulsysteme und deren unterschiedlichen Lebensdauer bedingt ist. Da bisher nur wenig Erfahrung über entsprechende Langzeitversuche in großtechnischen Anlagen vorliegt, beruhen die meisten in der Literatur dargestellten Kostenrechnungen auf zeitlich begrenzten Versuchen in Pilotanlagen[51, 52].

Für ganz bestimmte Anwendungen der Ultrafiltration, z. B. für die Aufarbeitung von Ölemulsionen, sind auch für technische Anlagen Kostenberechnungen in der Literatur beschrieben[56]. Wie bei fast allen Stofftrennprozessen nehmen die Investitionskosten auch bei der Hyper- und Ultrafiltration mit zunehmender Anlagengröße ab.

Die näherungsweise Berechnung der Prozeßkosten der Hyperfiltration soll hier an dem Beispiel der Brackwasserentsalzung diskutiert werden. Dazu sollen die Kosten der Gestehung von 1 m³ Trinkwasser aus Brackwasser mit einer Salzkonzentration von 5000 mg/l in einer Hyperfiltrationsanlage mit einer Kapazität von 100 m³/h ermittelt werden. Als Berechnungsgrundlage dienen die folgenden bereits in Kapitel V-2.2. ermittelten Werte:

1.	Anlagenkapazität:	100 m³/h
2.	Rohwasserkonzentration:	5000 mg/l
3.	Produktwasserkonzentration:	500 mg/l
4.	Filtrationsstromdichte:	1×10^{-3} cm/s bei 57 bar Arbeitsdruck
5.	Filtratausbeute:	0,8
6.	Membranfläche:	2780 m²
7.	Membranstandzeit:	2 Jahre
8.	Membranpreis:	DM 150,—
9.	Pumpenleistung:	240 kW
10.	Anlagekosten ohne Membranen:	DM 400 000,—
11.	Abschreibungszeitraum für Anlage ohne Membranen:	10 Jahre
12.	Energiekosten:	DM 0,10/kWh
13.	Übrige Betriebs- u. Unterhaltskosten:	DM 100,—/Tag
14.	Betriebszeit:	24 h pro Tag, 360 Tage pro Jahr

Damit ergeben sich die folgenden Kosten pro Jahr:

Abschreibungen auf Anlagekosten	DM 40.000,—
Membrankosten	DM 208.500,—
Energiekosten	DM 207.360,—
Verzinsung 7% p. a. aus DM 400.000,—	DM 28.000,—
Betriebskosten	DM 36.000,—
Gesamtkosten pro Jahr	DM 519.860,—
Trinkwassergestehungskosten pro m³	DM 0,60

Die in dem obigen Beispiel dargestellten Kosten betreffen nur den eigentlichen Entsalzungsvorgang. Sie enthalten nicht die Wasserfassung und eine etwaige Vorbehandlung, die unter Umständen recht aufwendig sein kann und deren Kosten die gleiche

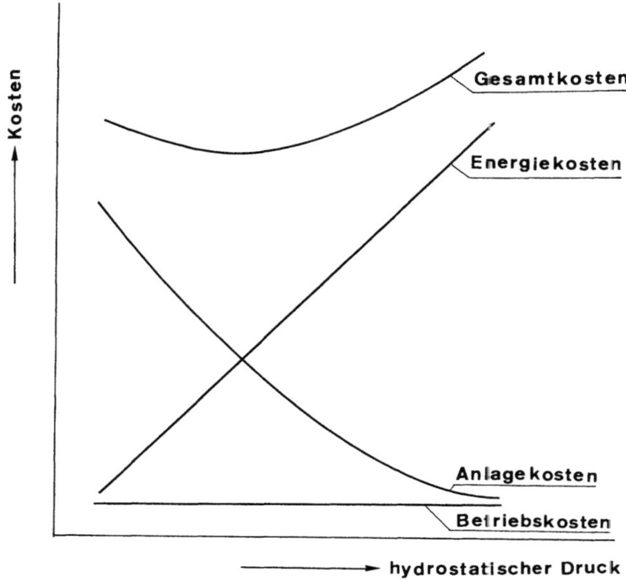

Abb. V-24: Schematische Darstellung der Prozeßkosten der Hyperfiltration als Funktion des angewandten hydrostatischen Druckes

Größenordnung erreichen kann wie die eigentliche Hyperfiltration, vor allem wenn Hohlfasermembranmodule eingesetzt werden. Einen erheblichen Einfluß auf die Prozeßkosten bei der Hyperfiltration haben die Lebensdauer und der Preis der Membran. Eine Lebensdauer von 2 Jahren scheint jedoch nach den bisherigen Erfahrungen mit Pilotanlagen durchaus realistisch, ebenso wie der Preis von DM 150,— pro m² installierter Membranfläche. Die Energiekosten belaufen sich in dem hier dargestellten Beispiel auf etwa $^1/_3$ der Gesamtprozeßkosten. Je nach Kosten der Primärenergie können sich erhebliche Unterschiede ergeben. Nach den bisherigen Erfahrungen scheinen bei großtechnischen Hyperfiltrationsanlagen für die Brackwasserentsalzung Gestehungskosten von ca. DM 1,— pro m³ Trinkwasser durchaus realistisch zu sein[51, 52]. Bei der Gewinnung von Trinkwasser aus Meerwasser sind die Prozeßkosten jedoch erheblich höher. Diese werden durch höhere Membrankosten wegen der im allgemeinen geringeren Filtrationsstromdichten und durch höhere Energiekosten, bedingt durch höhere hydrostatische Drücke und geringere Filtratausbeuten, verursacht. Ein Preis von weniger als DM 2,— pro m³ Trinkwasser wird sich bei der Meerwasserentsalzung durch Hyperfiltration nach dem derzeitigen Stand der Technik nur sehr schwer erzielen lassen.

Wesentlich schwieriger ist eine Kostenanalyse bei vielen Ultrafiltrationsprozessen. Obgleich für die Ermittlung der Prozeßkosten im wesentlichen die gleichen Kriterien gelten wie bei der Hyperfiltration, haben hier die Zusammensetzung der Rohlösung und das als Endprodukt gewünschte Filtrat oder Konzentrat einen ganz wesentlichen Einfluß auf die Prozeßkosten.

Da auch die Anlagengröße in vielen Fällen vergleichsweise gering ist, stellen Kosten für Kontroll- und Steuergeräte, die bei einer mehr oder weniger automatischen Prozeßführung notwendig sind, oft den überwiegenden Teil der Investitionskosten dar. Entsprechend ergeben sich je nach Anwendung der Ultrafiltration Prozeßkosten von weniger als DM 1,— pro m^3 Filtrat wie z. B. bei der Herstellung von ultrareinem Wasser, bis zu mehr als DM 15,— pro m^3 Rohlösung wie z. B. bei der Aufkonzentrierung von Bohrölemulsionen[56].

3.2. Wirtschaftlichkeitsberechnung von Elektrodialyseanlagen

Bei der Elektrodialyse setzen sich die Gesamtprozeßkosten ebenso wie bei der Hyper- und Ultrafiltration aus Investitions- und Betriebskosten zusammen. Dabei bestehen die Betriebskosten zum überwiegenden Teil aus Energiekosten, während die Investitionskosten hauptsächlich durch die notwendige Membranfläche bestimmt werden. Die bei der Elektrodialyse benötigte Energie läßt sich nach der Gleichung [V-46] berechnen. Sie ist der Zahl der überführten Ionen, d. h. der Konzentrationsdifferenz zwischen Rohlösung und Produkt, proportional. Dies ist schematisch in der Abbildung V-25 dargestellt. In dieser Abbildung ist der nach Gleichung [V-46] berechnete Energiebedarf gegen die Konzentration einer NaCl-Lösung aufgetragen, wobei als Konzentration für das Produkt 500 mg/l angenommen wurde. Die Stromdichte wurde mit 10 mA/cm^2 und der Spannungsabfall über einem Zellpaar mit 1 Volt konstant gehalten.

Während für die Entsalzung von 1 m^3 einer 0,2%igen NaCl-Lösung ca. 0,1 kWh notwendig sind, steigt der Energiebedarf bei einer 2%igen NaCl-Lösung auf über 1 kWh an.

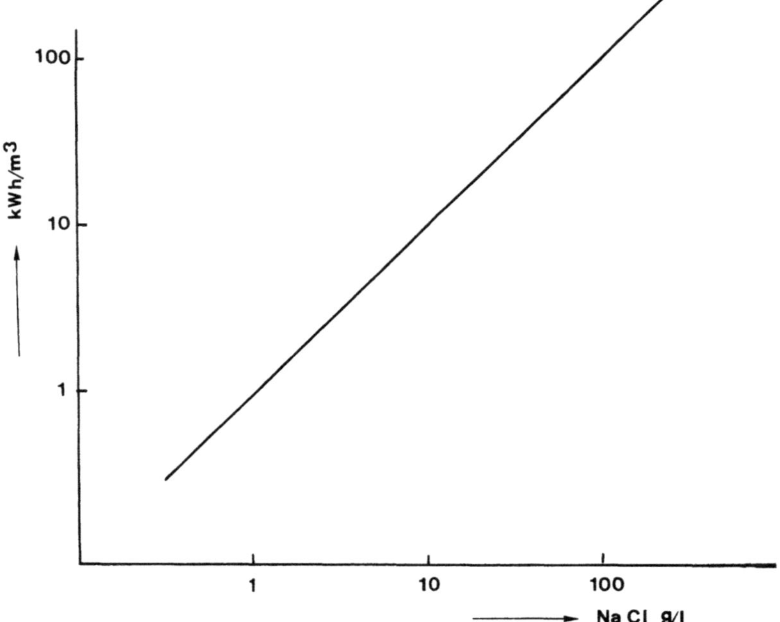

Abb. V-25: Energiebedarf der Elektrodialyse als Funktion der Konzentration der Rohlösung

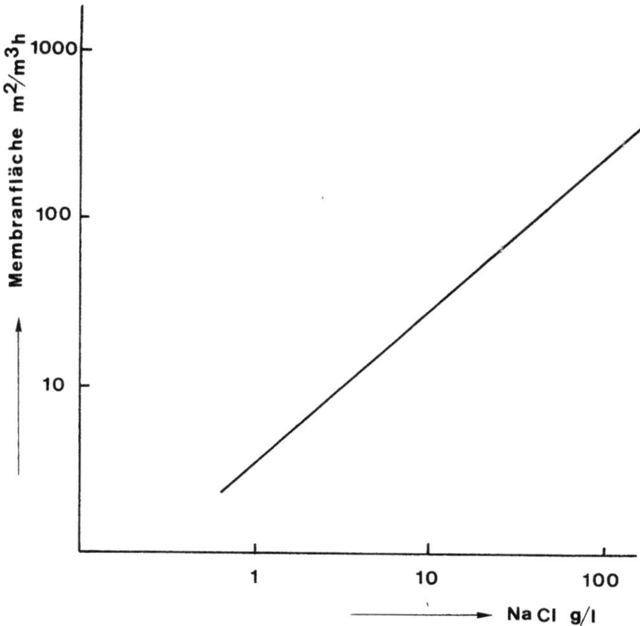

Abb. V-26: Notwendige Membranfläche bei der Elektrodialyse als Funktion der Konzentration der Rohlösung

Die für einen bestimmten Entsalzungsvorgang notwendige Membranfläche läßt sich nach Gleichung [V-49] berechnen. Auch sie nimmt mit zunehmender Konzentration der Rohlösung zu. In der Abbildung V-26 ist die für die Entsalzung von 1 m³ einer NaCl-Lösung in einer Stunde notwendige Membranfläche als Funktion der Konzentration der Rohlösung dargestellt. Für die nach Gleichung [V-49] durchgeführte Berechnung wurden eine Stromdichte von 10 mA/cm² und ein Spannungsabfall über einem Zellpaar von 1 V angenommen.

Die Abbildung zeigt, daß jeweils ca. 10 m² Anionen- und Kationenaustauschermembran notwendig sind, um 1 m³ einer 0,2%igen NaCl-Lösung bis auf 500 ppm zu entsalzen. Bei einer 2%igen Lösung erhöht sich die Fläche schon um den Faktor 10. Das bedeutet, daß sowohl die Investitionskosten als auch die Energiekosten der Elektrodialyse der Konzentration der Rohlösung direkt proportional sind, wenn alle anderen Parameter konstant gehalten werden.

Wie aus den Gleichungen [V-46] und [V-49] weiterhin hervorgeht, ist der Energiebedarf der Stromdichte direkt und der benötigten Membranfläche umgekehrt proportional. Somit müssen auch die Energiekosten mit zunehmender Stromdichte zunehmen, während die Investitionskosten mit zunehmender Stromdichte abnehmen, vorausgesetzt, daß alle anderen Parameter konstant gehalten werden. Betrachtet man nun die Gesamtprozeßkosten, so ergibt sich bei einer bestimmten Stromdichte ein Kostenminimum. Der Zusammenhang zwischen den Prozeßkosten und der Stromdichte ist aus dem Diagramm der Abbildung V-27 ersichtlich. Hier sind die Investitionskosten, die

Energiekosten und die sonstigen Betriebskosten als Funktion der Stromdichte schematisch dargestellt. Ob die zu einem Minimum in den Gesamtkosten führende Stromdichte in einem praktischen Elektrodialyseversuch eingesetzt werden kann, hängt noch von der kritischen Grenzstromdichte für die vorgegebenen Versuchsbedingungen ab. Die kritische Grenzstromdichte sollte in keinem Fall überschritten werden.

Obgleich die Energiekosten bei der Elektrodialyse im wesentlichen durch die für den Ionentransport notwendige Energie bestimmt werden, kommen noch Kosten für das Pumpen der Rohlösung durch das Zellpaket hinzu. Da jedoch die Druckverluste in einem Zellpaket relativ gering sind, sind diese zusätzlichen Energiekosten auch verhältnismäßig niedrig.

Die Investitionskosten werden zwar zum überwiegenden Teil durch die benötigte Membranfläche bestimmt. Bei kleineren Anlagen wird allerdings der Kostenanteil der Pumpen, der Stromversorgung und der Steuerungs- und Regelgeräte zunehmend höher. Die Investitionskosten werden mit zunehmender Anlagengröße im allgemeinen niedriger.

Als Beispiel einer Kostenermittlung bei der Elektrodialyse sollen die Gestehungskosten von 1 m³ Trinkwasser aus einem Brackwasser von 5000 mg/l NaCl berechnet werden. Als Berechnungsgrundlage dienen dabei die folgenden Werte:

1. Anlagenkapazität:	100 m³/h
2. Rohwasserkonzentration:	5000 ppm NaCl
3. Produktwasserkonzentration:	500 ppm NaCl
4. Stromdichte:	10 mA/cm²
5. Widerstand pro Zellpaar:	100 Ω cm²
6. Preis pro kWh:	DM 0,10
7. Membranpreis und Lebensdauer:	DM 150,—, 4 Jahre
8. Energiebedarf pro m³:	2,2 kWh
9. Membranfläche:	4400 m²
10. Pumpleistung:	ca. 4 kW
11. Anlagekosten ohne Membranen:	DM 400 000,—
12. Abschreibungszeitraum:	10 Jahre
13. Übrige Betriebs- u. Unterhaltskosten:	DM 100,—/Tag
14. Betriebszeit:	24 h pro Tag, 360 Tage pro Jahr

Damit ergeben sich die folgenden Kosten pro Jahr:

Abschreibung auf Anlagekosten:	DM 40.000,—
Membrankosten:	DM 165.000,—
Energiekosten:	DM 193.536,—
Verzinsung 7% p. a. aus DM 400.000,—	DM 28.000,—
Betriebskosten:	DM 36.000,—
Gesamtkosten pro Jahr	DM 462.536,—
Trinkwassergestehungskosten pro m³:	DM 0,54

Wie im Beispiel der Hyperfiltration betreffen auch hier die dargestellten Kosten nur den eigentlichen Entsalzungsvorgang, nicht aber eine evtl. notwendige Rohwasservorbehandlung. Die Kosten für die Rohwasservorbehandlung können auch bei der Elektrodialyse einen ganz erheblichen Anteil der gesamten Trinkwassergestehungskosten ausmachen.

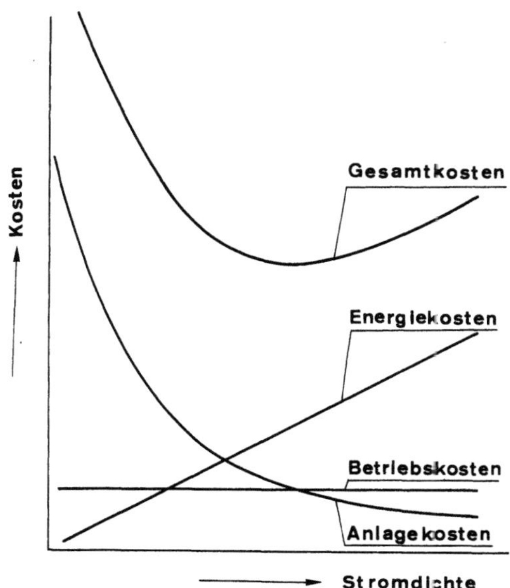

Abb. V-27: Schematische Darstellung der Elektrodialysekosten als Funktion der Stromdichte

Vergleicht man die Kosten für eine Trinkwassergewinnung nach dem Prinzip der Hyperfiltration und der Elektrodialyse, so sind bei einer Rohwasserkonzentration von 5000 mg/l beide Verfahren gleich teuer. Wegen der starken Abhängigkeit der Kosten der Elektrodialyse vom Salzgehalt der Rohlösung wird bei Brackwasser mit Salzkonzentrationen von weniger als 5000 mg/l im allgemeinen die Elektrodialyse, bei Salzgehalten über 5000 mg/l die Hyperfiltration kostengünstiger sein. Die hier in dem Beispiel angegebenen Kosten für die Elektrodialyse sind nur als Richtwert anzusehen. Sie beruhen auf ganz gewissen Annahmen für die Membranlebensdauer, die Membran- und Zellenwiderstände usw., die sich von Fall zu Fall ändern und somit zu anderen Prozeßkosten führen können. Daher findet man auch in den in der Literatur dargestellten Kostenrechnungen für die Elektrodialyse und die Ultra- und Hyperfiltration ganz erhebliche Unterschiede, je nachdem welche Membranen, Modulkonzeptionen und Energiekosten für die Berechnung zugrunde gelegt wurden.

Benützte Symbole

A	konstanter Faktor	ν	Viskosität
A	Membranfläche	ω	Winkelgeschwindigkeit
C	Konzentration	Δ	Filtratausbeute
D	Diffusionskoeffizient	Δ	Differenz
D	Durchmesser	π	Osmotischer Druck
E	Energie	ξ	Stromausbeute
F	Faradaykonstante		

I	elektrischer Strom
J	Stromdichte
L	Permeabilitätskoeffizient
N	dimensionslose Zahl
P	hydrostatischer Druck
Q	Volumenstrom
R	Widerstand
R	Membranrückhaltevermögen
R_H	hydraulischer Radius
V	Volumen
Y	Abstand
a	Fläche der ED-Zelle
a	Konstante
a	Kanalhöhe
b	Kanalbreite
b	Konstante
d	Rührerlänge
i	elektrische Stromdichte
k_s^o	Stoffübergangskoeffizient
l	Länge
n	dimensionslose Zahl
r	spezifischer Widerstand
t	Zeit
u	lineare Geschwindigkeit
v	Volumenstromdichte
y	Richtungskoordinate

Indizes

D	Bezug auf Diffusion
K	Bezug auf Konvektion
M	Bezug auf Membran
Re	Bezug auf Reynoldszahl
Sc	Bezug auf Schmidtzahl
Sh	Bezug auf Sherwoodzahl
eff	Bezug auf Effektivwert
f	Bezug auf Filtrat
g	Bezug auf Grenzschicht
l	Bezug auf Deckschicht
o	Bezug auf Rohlösung
p	Bezug auf hydrostatischen Druck
p	Bezug auf Produkt
r	Bezug auf Rohlösung
r	Bezug auf Retentat
s	Bezug auf gelöste Komponente
v	Bezug auf Volumen
w	Bezug auf Membranoberfläche
$-$	Mittelwert

Literatur

1. *Sherwood, T. K., Brian, P. L. T., Fisher, R. E., Dresner, L.*, Ind. Eng. Chem. Fundamentals **4**, 113 (1965).
2. *Schlichting, H.*, „Grenzschicht-Theorie" G. Braun (Karlsruhe 1965).
3. *Bennett, C. O., Myers, J. E.*, „Momentum, Heat, and Mass Transfer", McGraw-Hill (New York 1962).
4. *Bird, R. B., Stewart, W. E., Lightfoot, E. N.*, „Transport Phenomena", John Wiley & Sons (New York 1965).
5. *Gilliland, E. R., Sherwood, T. K.*, Ind. Eng. Chem. **26**, 516 (1934).
6. *Marangozis, J., Johnson, A. I.*, Can. J. Chem. Eng. **40**, 231 (1962).
7. *Hixon, A. W., Wilkens, G. A.*, Ind. Eng. Chem. **25**, 1196 (1933).
8. *Smith, K. A., Colton, C. K., Merrill, E. W., Evans, L. B.*, Chem. Eng. Progr. Symp. Series, **64**, 45 (1968).
9. *Strathmann, H.*, Chem. Ing. Techn. **44**, 1160 (1972).
10. *Sieder, E. N., Tate, G. E.*, Ind. Eng. Chem. **28**, 1492 (1936).
11. *Perry, J. H.*, „Chemical Engineers Handbook". McGraw-Hill (New York 1950).
12. *Colburn, A. P.*, Trans. Amer. Inst. Chem. Eng. **29**, 174 (1933).
13. *Blasius, H. Z.*, Math. Phys. **56**, 1, (1908).
14. *Brian, P. L. T.*, Proc. First Intern. Symp. on Water Desalination, Washington D. C., **1**, 349 (1967).
15. *Gill, W. N., Tien, C., Zeh, D. W.*, Ind. Eng. Chem. Fundamentals **5**, 367 (1966).
16. *Rosenfeld, J., Loeb, S.*, Ind. Eng. Chem. Process Design & Develop. **6**, 122 (1967).
17. *Strathmann, H., Keilin, B.*, Desalination **6**, 179 (1969).

18. *Blatt, W. F., Dravid, A., Michaels, A. S., Nelsen, L. M.*, in „Membrane Science and Technology", Ed.: *Flinn, J. E.*, Plenum Press (New York 1970).
19. *Gauthier, F., Goldsmith, H. L., Mason, S. G.*, Kolloid-Z u. Z. Polymere **248**, 1000 (1971).
20. *Porter, M. C.*, Ind. Eng. Prod. Res. Develop., **11**, 234 (1972).
21. *Merson, R. L., Ginnette, L. F., Morgan, A. I.*, Dechema Monographie, **63**, 179 (1968).
22. *Kozinski, A. A., Lightfoot, E. N.*, Amer. Inst. Chem. Eng. J., **18**, 1030 (1972).
23. *Brown, C. E., Tulin, M. P., van Dyke, P.*, Chem. Eng. Progr. Symp. Series, **67**, 174 (1971).
24. *Baker, R. W., Strathmann, H.*, J. Appl. Polym. Sci. **14**, 1197 (1970).
25. *Porter, M. C., Michaels, A. S.*, Chem. Technol. **1**, 56 (1971).
26. *Strathmann, H.*, Chem. Ing. Techn. **45**, 825 (1973).
27. *Kriegel, E., Effelsberg, H., Schaade, M., Bockhorn, W.*, Techn. Mitt. Krupp Werksberichte **34**, 21 (1976).
28. *Colton, C. K., Kenneth, A., Smith, K. A., Stroeve, P., Merrill, E. W.*, Amer. Inst. Chem. Eng. J. **17**, 773 (1971).
29. *Goldsmith, H. L.*, Ind. Eng. Chem. Fundamentals, **10**, 113, (1971).
30. *Dejmek, P.*, „Concentration Polarisation in Ultrafiltration of Makromolecules", Dissertation, Lund Institute of Technology (1975).
31. *Goldsmith, H. L., Mason, S. G.*, in „Rheology Theory and Application" Vol. 14, Ed.: *Erich, F. R.*, Academic Press (New York 1967).
32. *Grossmann, G., Sonin, A. A.*, Desalination **10**, 157 (1972).
33. Firmenanschriften: Abcor-Inc. Wilmington, Mass. 01887 USA.
    Kalle AG., Wiesbaden, Deutschland.
    Nitto Electric, Osaka, Japan.
34. Firmenanschrift: De Danske Sukkerfabrikker, Nakskov, Dänemark.
35. US Patent 419881 (1964).
36. Firmenanschriften: Universal Oil ROGA Division, San Diego, Calif. 92101, USA
    Hydranautics, Goleta, Calif. 93 17 USA.
37. *Rosenblatt, N. W.*, Proceed. 4th Intern. Symp. on Fresh Water from the Sea, **4**, 397 (1976).
38. Firmenanschrift: Dow Chemical, Walnut Creek, Calif. 94598, USA.
39. Firmenanschriften: Asahi Kasei Kogyo K. K., Osaka, Japan.
    Berghof GmbH., 7400 Tübingen, Germany.
    Romicon, Woburn, Mass. 01801, USA.
40. *Wysocki, G.*, Chemie-Technik **6**, 285 (1977).
41. *Henderson, L. W., Livoti, L. G., Ford, C. A., Kelly, A. B., Lysaght, M. J.*, Trans. Am. Soc. Artif. Int. Organs **19**, 119 (1973).
42. *Schneider, H., Streicher, E., Hachmann, H., Chmiel, H., von Mylius, U.*, Proceed. Eur. Dial. & Transplant. Assn. **14**, (1977).
43. Firmenanschrift: Paterson Candy, International, Laverstoke Mill, Whitchurch, Hampshire, England.
44. D. B. Patent 2556210 (1975).
45. Firmenanschrift: Amicon, Lexington, Mass. 02173, USA.
46. *Sonin, A. A., Probstein, R. F.*, Desalination **5**, 293 (1968).
47. *Rautenbach, R.*, Verfahrenstechnik **12**, 309 (1978).
48. *Bray, T. D.*, in „Desalination by Reverse Osmosis, Edt.: *Merten, U.*, M. I. T. Press (Cambridge, Mass. 1966).
49. *Hittmann*, „Reverse Osmosis Desalting State-Of-The-Art" Office of Saline Water, R. & D.-Report 611, US-Government Printing Office, (1970).
50. *Hittmann*, „Elektrodialyses Desalting State-Of-The-Art" Office of Saline Water, R. & D.-Report 610 US-Government Printing Office, (1970).
51. *Harris, F. L., Humphreys, G. B., Isokari, H., Reynold, G.*, „Engineering and Economic Evaluation Study of Reverse Osmosis" Office of Saline Water R. & D.-Report 509, US Government Printing Office (1969).
52. *Channabasappa K. C., Strobel, J. J.*, Proceed. 5th Intern. Symp. on Fresh Water from the Sea **4**, 267 (1976).

53. *Rosenblatt, N. W., Agrawal, J. P., Brandt, D. C., Goodwyn, P. P., McGinnis, P. R.*, Proceed. 5th Intern. Symp. on Fresh Water from the Sea **4,** 397 (1976).
54. *Leitz, F. B.*, Proceed. 5th Intern. Symp. on Fresh Water from the Sea **3,** 105 (1976).
55. *Nakamura, J., Jtoi, S.*, Proceed. 5th Intern. Symp. on Fresh Water from the Sea **3,** 123 (1976).
56. *Wysocki, G.*, Wasser, Luft, Betrieb Nr. 4, Vol. **76,** (1976).
57. *Rautenbach, R., Rauch, K.*, Chem. Ing. Techn. 49 (1977).
58. *Marquardt, K.*, Chemie-Technik, **5,** 411 (1976).
59. *Scheuermann, E. A.*, Lebensmittel Technologie **10,** 11 (1977).
60. *Bailey, P. A.*, Filtration & Separation **14,** 213 (1977).

VI. Technische Anwendung von Membranstofftrennprozessen und praktische Erfahrungen

Die technische Nutzung von Membranprozessen zur Trennung von molekularen Gemischen hat in den vergangenen 10 Jahren einen außerordentlichen Aufschwung genommen. Besonders die Dialyse, die Elektrodialyse und die Hyper- und Ultrafiltration sind heute als verfahrenstechnische Grundoperationen in viele Bereiche der Chemie, der Medizin, der Nahrungsmittelindustrie und der Wasser- und Abwassertechnik eingeführt. Zu den Anwendungsgebieten dieser Prozesse, denen eine besondere technische und wirtschaftliche Bedeutung zukommt, gehören die Gewinnung von Trinkwasser aus Meer- und Brackwasser und die Reinigung spezieller Industrieabwässer unter dem Aspekt der Rückgewinnung wertvoller Abwasserinhaltsstoffe. Die Dialyse hat in der Medizin als sogenannte künstliche Niere ihre bedeutendste Anwendung gefunden.

In der folgenden Tabelle VI-1 sind einige technisch und wirtschaftlich relevante Anwendungen von verschiedenen Membranstofftrennprozessen zusammengestellt:

Tab. VI-1: Technisch relevante Anwendungen von Membranprozessen

Membranprozeß Anwendungsbereich	Ultrafiltration	Hyperfiltration	Elektrodialyse	Dialyse
Trink- und Brauch- wassergewinnung	Reinstwasserproduktion Sterilfiltration Pyrogenfiltration	Meer- und Brack- wasserentsalzung Wasserenthärtung	Brackwasserent- salzung Wasserenthärtung	–
Abwasserreinigung	Trennen von Ölwasser- gemischen Konzentrieren von öl- haltigen Waschwässern Rückgewinnung von Po- lyvinylalkohol aus Tex- tilabwässern Reinigung von Wasch- laugen der Metall- industrie Rückgewinnung von Farbstoffen aus Spül- wässern der elektro- phoretischen Tauchlak- kierung Stärkerückgewinnung Proteinrückgewinnung aus Abwässern der Milchverarbeitung Lanolingewinnung aus Abwässern von Wollwä- schereien	Schwermetallkonzen- trierung aus Wasch- wässern der Galvanik Reinigung von Zellstoff- abwässern Reinigung von Färbe- reiabwässern Reinigung von Abwäs- sern der chemischen In- dustrie Lactoserückgewin- nung aus Molke- reiabwässern	Schwermetall-Rückge- winnung aus Galva- nik-Abwässern Reinigung von Ab- wässern der chemi- schen Industrie Milchsäuregewinnung aus Molkereispülwäs- sern	–

Membranprozeß Anwendungsbereich	Ultrafiltration	Hyperfiltration	Elektrodialyse	Dialyse
Lebensmittelindustrie, pharmazeutische und chemische Industrie	Proteinkonzentrierung aus Molke Konzentrierung von Milch Konzentrierung von Hefe Entkeimen von Wein Eiweißstabilisierung von Wein und Fruchtsäften Entkeimen von Pflanzenextrakten Fraktionierung von Tierblut	Konzentrierung von Fruchtsäften Weinsteinstabilisierung Konzentrierung von Aminosäuren etc. Konzentrierung niedermolekularer Komponenten in Prozeßwässern	Entsalzung von Zuckerlösungen Entsalzen von Proteinlösungen Milchsäuregewinnung aus Molke Entsäuern von Fruchtsäften Stabilisierung von Weinstein	Entsalzung von Protein- und Enzymlösungen etc.
Analytische und klinische Chemie, Medizin	Reinigung, Konzentrierung und Fraktionierung makromolekularer Lösungen Bindungsstudien von Ionen an biologischen Substanzen Hämofiltration			Entsalzung von biologischen Flüssigkeiten Bindungsstudien von Ionen an biologischen Substanzen Hämodialyse

1. Anwendung der Ultrafiltration

Von allen Membranprozessen hat die Ultrafiltration heute das vielfältigste Anwendungsfeld gefunden. Sie wird meist in kleineren und mittleren Anlagen in verschiedenen Bereichen von der Sterilfiltration von Trink- und Brauchwasser bis hin zur Konzentrierung und Fraktionierung chemischer und pharmazeutischer Produkte eingesetzt. Dabei werden Membranen mit unterschiedlichen molekularen Trenngrenzen zwischen 2000 und 100000 Dalton verwendet, die aus verschiedenen Polymeren wie z. B. Polysulfon, Polyamid, Polyacrylnitril usw. hergestellt werden. Als Modulkonfiguration findet man bei der Ultrafiltration den Rohr-, den Kapillar- und den Plattenmodul. Der Hohlfasermodul findet wegen seiner großen Anfälligkeit gegenüber der Konzentrationspolarisation und bei der Ultrafiltration keine Anwendung[1-4].

1.1. Ultrafiltrationsanlagen zur Trink- und Abwasserreinigung

Zur Trinkwassergewinnung aus Oberflächenwasser ist die Ultrafiltration zwar gut geeignet, allerdings wird sie in der Praxis für diesen Zweck nur selten eingesetzt, da konventionelle Trinkwasseraufbereitungsverfahren im allgemeinen wirtschaftlicher sind[5]. Anders ist es bei der Gewinnung von sterilem und pyrogenarmem Wasser für medizinische, mikrobiologische und pharmazeutische Laboratorien. Hier werden konventionelle Mikrofilter zunehmend durch Ultrafilter ersetzt, weil sie eine längere Standzeit besitzen und ein besseres Produktwasser liefern, vor allem was die Reduktion an

Pyrogenen angeht[6]. Meist handelt es sich hierbei jedoch um Laboranlagen mit einer Filtrationsleistung von weniger als 100 l/h.

In großen Anlagen mit einer Leistung von einigen 1000 l/h wird die Ultrafiltration zunehmend für die Herstellung von Reinstwasser für die Halbleiterindustrie eingesetzt[7]. Zur Fertigung von Mikroprozessoren wird heute für den Ätz- und Spülprozeß extrem reines Wasser gefordert. Dabei wird, ausgehend von normalem Trinkwasser, über Ionenaustauscher eine Vollentsalzung vorgenommen. Anschließend müssen alle nicht geladenen, kolloidal gelösten oder suspendierten Bestandteile durch Filtration entfernt werden. Die dazu ursprünglich benutzten Mikrofilter werden heute mehr und mehr durch Ultrafilter ersetzt.

Denn im Gegensatz zu den Mikrofiltern, die als typische Tiefenfilter leicht zum Verblocken neigen, kann bei Ultrafiltrationsmembranen durch entsprechende Strömungsführung ein Verblocken der Membranen weitgehend vermieden werden, so daß eine wesentlich höhere Standzeit und damit größere Wirtschaftlichkeit erzielt werden kann.

Zur Reinigung von industriellen Abwässern hat die Ultrafiltration bis heute wohl ihr größtes Anwendungsgebiet gefunden. Sie ist hier den konventionellen Abwasseraufbereitungsverfahren häufig dadurch überlegen, daß sie ein relativ reines Produktwasser liefert, das häufig direkt im Kreislauf geführt werden kann und als physikalisches Trennverfahren die Abwasserinhaltsstoffe weder thermisch belastet noch chemisch verändert, so daß diese in vielen Fällen zurückgewonnen und wirtschaftlich genutzt werden können.[8-10] Eine der ersten kommerziellen Anwendungen der Ultrafiltration war die Aufarbeitung von Abwässern aus der elektrophoretischen Tauchlackierung[11]. Elektrophoretische Tauchlackierungen werden in großem Maßstab in der Automobil- und der Haushaltsgüterindustrie eingesetzt, um Bleche z. B. von Autokarosserien oder Kühlschränken mit einem Grundlack zu versehen. Dazu werden die Metallteile in ein Bad getaucht und die im Bad suspendierten Lacke elektrophoretisch auf den Metallen abgeschieden. Anschließend werden die lackierten bzw. grundierten Teile im Waschzyklus von überschüssigem Lack gereinigt. Dabei fällt ein Waschwasser an, das 1–2% Lack enthält und damit eine erhebliche Abwasserbelastung darstellt. Mit Hilfe der Ultrafiltration kann jedoch dieses Abwasser leicht aufbereitet werden, wobei man ein lackfreies Filtrat und ein Konzentrat mit einem Feststoffgehalt von ca. 15% erhält. Das Filtrat kann direkt in den Waschprozeß und das Konzentrat in das Tauchbad geführt werden. Damit ist nicht nur ein ernstes Abwasserproblem gelöst, sondern es werden auch erhebliche Einsparungen an Lack und Waschwasser erzielt, womit die eigentlichen Ultrafiltrationskosten im allgemeinen aufgehoben werden, zumal für den Waschvorgang vollentsalztes Wasser eingesetzt wird[11]

In ähnlicher Weise wird die Ultrafiltration heute eingesetzt, um Ölemulsionen, wie sie bei der Metallverarbeitung anfallen, aufzuarbeiten[12]. Dabei handelt es sich im allgemeinen um zwei unterschiedliche Problemstellungen. Einmal fällt bei der Metallbearbeitung eine verbrauchte Ölemulsion von ca. 8–10% Mineralölgehalt an. Diese Emulsion kann mit Hilfe der Ultrafiltration auf einen Ölgehalt von 50–60% konzentriert werden, wobei sich ein praktisch mineralölfreies Filtrat ergibt und ein Konzentrat, das direkt der Verbrennung zugeführt werden kann. Außerdem fällt jedoch noch ein ölemulsionshaltiges Abwasser an, dessen Mineralölgehalt ca. 0,5–2% beträgt und aus dem Waschprozeß der bearbeiteten Metallteile stammt. Oft ist es möglich, die Ölemulsion dieser Waschwässer mit Hilfe der Ultrafiltration auf den Gehalt der ursprünglichen Zieh- oder Schneidölemulsion aufzukonzentrieren und dem Bearbeitungsprozeß zurückzuführen, während das Filtrat wiederum als Waschwasser verwendet wird. So wird auch hier mit

Hilfe der Ultrafiltration nicht nur ein ernsthaftes Abwasserproblem gelöst, sondern es werden auch erhebliche Einsparungen an Emulsion und Waschwasser erzielt.

Eine weitere interessante Anwendung der Ultrafiltration besteht im Bereich der Textilindustrie mit der Rückgewinnung von Polyvinylalkohol aus Spülwässern. Auch hier ist ein vollständiges „Recycling" von Konzentrat und Permeat möglich. Dazu wird der Polyvinylalkoholgehalt des Waschwassers, der ca. 0,5–1% beträgt, durch Ultrafiltration auf einen Feststoffgehalt von ca. 8% gebracht, wie er zum Schlichten in der Textilverarbeitung notwendig ist. Das Filtrat wird direkt wieder als Waschwasser eingesetzt. Da das Waschwasser bei einer Temperatur von 70–80 °C anfällt, wird auch die Ultrafiltration bei dieser Temperatur durchgeführt. Dies erfordert zwar Membranen mit guter Temperaturbeständigkeit, hat aber den Vorteil, daß hohe Filtrationsstromdichten erreicht werden können und die im Permeat gespeicherte Wärme erhalten bleibt und für den Schlichtewaschprozeß wieder benutzt werden kann[13].

Weitere interessante Anwendungen für die Ultrafiltration ergeben sich bei der Rückgewinnung von Lanolin aus Abwässern von Wollwäschereien[14]. Mit der Rückgewinnung des Lanolins wird nicht nur die Abwasserbelastung erheblich reduziert, sondern man erhält auch ein Produkt, das einen wertvollen Rohstoff für die Kosmetikindustrie darstellt. Eine besondere Rolle spielt die Ultrafiltration bei der Aufarbeitung von Abwässern aus der Nahrungsmittelindustrie, wie sie in Molkereien, Stärkefabriken, Brauereien, Hefefabriken und in der fleisch- und fischverarbeitenden Industrie anfallen. Dabei können als wertvolle Abwasserinhaltsstoffe Proteine, Stärke oder Fette zurückgewonnen und kommerziell genutzt werden. Besonders die Rückgewinnung von Milcheiweiß aus Molke hat in den letzten Jahren eine erhebliche Publizität erfahren[15, 16]. Die Molke stellt ein Abfallprodukt der Käseherstellung dar. Sie enthält noch etwa die Hälfte der Trockensubstanz der Milch, etwa 0,6–0,9% Eiweiß, 4,5–5% Milchzucker, 0,6% Salze und Spuren von Fett. Wenn es sich um Sauermolke handelt, enthält diese ca. 0,8% Milchsäure, und der Milchzuckergehalt ist entsprechend niedriger. Wegen des hohen Nährwertes wurde die Molke im allgemeinen als Viehfutter verwendet. Ein Strukturwandel in den letzten Jahren hat jedoch zu einer Konzentrierung und Spezialisierung von Molkereibetrieben geführt. In Großmolkereien fallen heute 500–800 m^3 Molke pro Tag an, die von den landwirtschaftlichen Betrieben der näheren Umgebung nicht mehr aufgenommen werden können. Eine überregionale Verteilung der Molke ist jedoch häufig aufgrund hoher Transportkosten gegenüber anderen eiweißhaltigen Futtermitteln unwirtschaftlich. Die Molke muß damit dem Abwasser zugeführt werden, das hierdurch eine sehr hohe Belastung an organischen Bestandteilen erfährt und wegen des hohen Sauerstoffbedarfes nur mit erheblich höheren Kosten in konventionellen Kläranlagen abgebaut werden kann. Mit Hilfe der Ultrafiltration kann nun das Milcheiweiß aus der Molke abgetrennt und als wertvolles Ausgangsprodukt in der Herstellung von Kindernahrungsmitteln und verschiedenen Diätprodukten eingesetzt werden. Das Permeat der Ultrafiltration kann entweder eingedampft oder mit Hilfe der Hyperfiltration konzentriert werden.

Das Konzentrat kann dann als Flüssigzucker in der Genuß- und Lebensmittelindustrie genutzt werden. Obgleich es bei der Aufarbeitung von Molke mit Hilfe der Ultra- und Hyperfiltration nur wenige technische Probleme gibt, stehen einer weitverbreiteten Nutzung des Verfahrens häufig lebensmittelrechtliche Bedenken im Wege.

Für die Anwendung der Ultrafiltration in der Abwasserreinigung sind in der Literatur noch viele Beispiele aus der Pharmazie, der Chemie, der Textil- und Lederindustrie sowie von Färbereien beschrieben. Eine Auswahl von Industrieabwässern, die heute mit Hilfe der Ultrafiltration aufgearbeitet werden können, sind in der Tabelle VI-2 zusammenge-

Abb. VI-1: Fotos einer Ultrafiltrationsanlage zur Konzentrierung von 120 m^3 Molke pro Tag

stellt. Die Fotografie in der Abbildung VI-1 zeigt eine Ultratfiltrationsanlage zur Aufarbeitung von 120 m^3 Molke pro Tag. Hierbei handelt es sich um eine Anlage, die mit dem Plattenmodul der De Danske Sukkerfabrikker ausgerüstet ist.

Technisch ergeben sich für die Anwendung der Ultrafiltration bei Aufarbeitung von Industrieabwässern nur selten prinzipielle Schwierigkeiten. Meistens ist eine entsprechende Vorbehandlung der Rohlösung und eine regelmäßige Reinigung der Membranen und der Ultrafiltrationsanlage notwendig, wenn eine über einen längeren Zeitraum vernünftige Filtrationsleistung erzielt werden soll. Meistens stehen daher auch wirtschaftliche Erwägungen im Vordergrund, wenn der Einsatz der Ultrafiltration in der Abwassertechnik in Betracht gezogen wird[17].

Tab. VI-2: Einsatzmöglichkeiten der Ultrafiltration bei der Aufarbeitung industrieller Abwässer

Industriezweig	Abwasser	Abwasser-inhaltsstoffe	Konzentration der Inhaltsstoffe	Wiederverwert-bare Stoffe
Automobil Haushaltsgeräte	Waschwässer der elektrophoreti-schen Tauchlak-kierung	suspendierte Lacke	0,5 – 1,5%	Lacke
Metallverarbei-tung	Waschwässer mit Bohr- und Schneid-ölemulsionen	Ölemulsion	0,2 – 1,0%	Ölemulsion, Wasser
Metallverarbei-tung	Waschwässer aus Reinigungsbädern	Öle, Fette, De-tergentien	1%	Wasser
Textilverarbeitung	Waschwässer der Schlichte-Wäsche	Polyvinyl-alkohol	0,2 – 2,0%	Polyvinylalko-hol, Wasser
Milchverarbeitung	Waschwässer, Molke	Proteine	0,5 – 1,0%	Proteine
Fleischverarbei-tung	Waschwässer	Proteine	0,5 – 1,0%	Proteine
Hefeproduktion	Prozeßwässer	Hefe	0,5 – 2,0%	Hefe
Stärkeproduktion	Prozeßwässer	Stärke	0,5 – 5,0%	Stärke
Wollwäschereien	Waschwässer	Lanolin	0,5 – 1,0%	Lanolin
Papier + Zellstoff	Bleicherei-abwässer	Ligninsulfon-säuren	0,5 – 1,0%	–

1.2. Einsatz der Ultrafiltration in der Nahrungsmittelindustrie, der Chemie und Pharmazie

Obgleich sich die Einführung der Ultrafiltration in der Nahrungsmittelindustrie und bei der Erzeugung chemischer und pharmazeutischer Produkte zunächst sehr langsam vollzogen hat, zeichnen sich heute eine Reihe von Anwendungen ab, in denen die Ultrafiltration als verfahrenstechnische Grundoperation andere Stofftrennprozesse durchaus erfolgreich zu ersetzen vermag. In der Tabelle VI-3 sind einige Anwendungen der Ultrafiltration in der Lebensmittelindustrie und der Chemie bzw. Pharmazie zusammengestellt.

Die Konzentrierung flüssiger Nahrungsmittel mit Hilfe der Ultrafiltration kann häufig wesentlich wirtschaftlicher durchgeführt werden als mit konventionellen Verfahren wie Verdampfung oder Gefriertrocknung und häufig auch ohne nennenswerten Verlust an Aromastoffen. Besonders in der Milchindustrie scheint die Anwendung der Ultrafiltration besonders aussichtsreich. Hauptsächlich zur Konzentrierung von Voll- und Magermilch zur Herstellung von Diätprodukten und als Vorprodukte für die Käseher-stellung findet die Ultrafiltration heute Anwendung[18-20].

Abb. VI-2: Foto einer Ultrafiltrationsanlage zur Konzentrierung von Enzymlösungen.

Für die Sterilfiltration und Eiweißstabilisierung von Wein kommt der Ultrafiltration eine besondere Bedeutung zu. Wein, wie er aus der Fermentation vom Most anfällt, enthält geringe Mengen an Proteinen, Polysacchariden und anderen kolloidal gelösten Verunreinigungen, die gewöhnlich durch eine chemische Fällung z. B. mit Bentoniten entfernt werden. Diese Fällung führt zu einem nicht unerheblichen Verlust an Wein und einer großen Menge an Niederschlag, der irgendwo umweltfreundlich deponiert werden muß. Mit Hilfe der Ultrafiltration werden die obengenannten Stoffe aus dem Wein entfernt und gleichzeitig wird er sterilfiltriert[14].

Die Sterilisation und Klarfiltration von Essig, Fruchtsäften und Mosten ist eine weitere interessante Anwendung der Ultrafiltration, da die Prozeßkosten verhältnismäßig gering sind und die Qualität der Produkte im allgemeinen sehr gut ist[16].

In der pharmazeutischen Industrie kann die Ultrafiltration vorteilhaft zur Trennung, Konzentrierung und Reinigung von biologischen Substanzen wie Enzymen, Viren, Nucleinsäuren und speziellen Proteinen eingesetzt werden. Zur Herstellung dieser Produkte ist die Ultrafiltration den konventionellen Verfahren wie Extraktion, Dialyse, Fällung oder chromatischen Methoden, sowohl was die Wirtschaftlichkeit angeht, als auch von der Qualität der Produkte her, oft weit überlegen. Auch die Reinigung, Konzentrierung oder Sterilisierung von Extrakten aus pflanzlichen und tierischen Produkten stellt ein interessantes Anwendungsgebiet für die Ultrafiltration dar[21−23].

Die Fotografie der Abbildung VI-2 zeigt eine Ultrafiltrationsanlage mit Kapillarrohrmembranen zur Konzentrierung von Enzymlösung. Die Anlage hat eine Filtratleistung von ca. 50 m^3/d.

Tab. VI-3: Anwendung der Ultrafiltration in der Nahrungsmittelindustrie und der Chemie bzw. Pharmazie

Industriezweig	Rohlösung	Gewünschter Trennprozeß	Produkt
Milchverarbeitung	Milch Magermilch Molke	Konzentrationen von Milch oder Molke	Milchkonzentrat, Proteine, Käsevorprodukte, Diätprodukte
Wein	Wein	Sterilfiltration, Eiweißstabilisierung	Wein
Essig	Essig	Sterilfiltration	Essig
Fruchtsäfte	Fruchtsäfte Most	Sterilfiltration	Fruchtsaft Most
Brauerei	Bier	Hefekonzentrierung	Hefe
Pharmazie	Enzym- und Proteinlösung	Konzentrierung, Reinigung	Enzyme, Proteine, Viren
	Extrakte aus Pflanzen oder tierischen Produkten	Konzentrierung, Fraktionierung, Reinigung	Hormone, Alcaloide, Pektine, Opiate etc.
Chemie	Polymerlösungen Vor- und Zwischenprodukte bei Synthesen	Konzentrieren, Fraktionieren, Reinigen	Polymere, Lacke, Farbstoffe etc.

Als Letztes soll auch noch der Einsatz der Ultrafiltration in chemischen, mikrobiologischen und medizinischen Laboratorien für analytische und diagnostische Zwecke erwähnt werden. Hier hat die Ultrafiltration ebenso wie die Mikrofiltration oder die verschiedenen chromatographischen Verfahren inzwischen ihren festen Platz erhalten[24, 25].

2. Anwendung der Hyperfiltration

Das bei weitem technisch und wirtschaftlich bedeutendste Anwendungsgebiet der Hyperfiltration ist die Gewinnung von Trinkwasser aus Brack- und Meerwasser. Der Bedarf an Trinkwasser ist weltweit in den letzten Jahren sprunghaft gestiegen, und in vielen Gebieten stellt die Versorgung der Bevölkerung mit qualitativ gutem Trinkwasser zu tragbaren Kosten ein echtes Problem dar. Hier bietet die Hyperfiltration vor allem wegen des relativ geringen Energiebedarfs viele Vorteile gegenüber den meisten anderen Verfahren, die heute zur Trinkwassergewinnung aus Meer- und Brackwasser eingesetzt werden. Diese Vorteile kommen vor allem bei relativ kleinen Anlagen, wie sie heute bei Baustellen- oder Hotelversorgungen benötigt werden, zum Tragen[26]. Während die Hyperfiltration für die Brackwasserentsalzung[27, 28] heute bereits in großem Maßstab eingesetzt wird, ist ihre Anwendung zur Meerwasserentsalzung, zumindest soweit es sich um einstufige Verfahren handelt, bisher auf wenige kommerzielle Anlagen beschränkt. Ausschlaggebend für die Wirtschaftlichkeit des Verfahrens sind neben den Filtrationseigenschaften der Membran ihre Lebensdauer. Eine Membran, die für eine einstufige Meerwasserentsalzung eingesetzt werden soll, muß ein Gesamtsalzrückhaltevermögen

Abb. VI-3:   Hyperfiltrationsanlage Meerwasserentsalzung

von 99,0–99,5% aufweisen, sie muß eine gute Temperaturbeständigkeit besitzen, so daß
sie auch bei Betriebstemperaturen von 30–40 °C chemisch und mechanisch beständig
ist[29]. Ihre Lebensdauer sollte nicht weniger als 2 Jahre betragen, da die Membranlebensdauer direkt in die Investitionskosten eingeht. Während heute für die Brackwasserentsalzung eine Reihe von Membranen und Modulsystemen kommerziell erhältlich ist, stehen
für die einstufige Meerwasserentsalzung nur wenige Membranen zur Verfügung, die unter
den gegebenen Betriebstemperaturen eine ausreichende Lebensdauer gewährleisten. Zu
den aussichtsreichsten Hyperfiltrationsmembranen für eine einstufige Meerwasserentsalzung gehören zur Zeit die sogenannten Composite Membranen, die im allgemeinen als
Wickelmodul eingesetzt werden, und die selbsttragenden Hohlfasern aus Polyamid und
Cellulosetriacetat[30]. In der Fotografie der Abbildung VI-3 ist eine Hyperfiltrationsanlage
für die Meerwasserentsalzung dargestellt.

Diese Anlage ist mit Composite Membranen im Wickelmodulsystem bestückt und hat
eine Filtratleistung von 12 000 m³ pro Tag.

Wegen der außerordentlichen wirtschaftlichen Bedeutung der Meer- und Brackwasserentsalzung sind andere Anwendungen der Hyperfiltration etwas in den Hintergrund
getreten. Aber auch bei der Aufbereitung von Abwässern aus vielen Industriezweigen
kann die Hyperfiltration mit gutem Erfolg eingesetzt werden[31,32]. Dabei steht ebenso wie
bei der Ultrafiltration eine Kreislaufführung des Wassers und die Rückgewinnung von
wertvollen Abwasserinhaltsstoffen im Vordergrund. So wird die Hyperfiltration eingesetzt, um Waschwässer aus der Galvanik zu reinigen und dabei gleichzeitig Schwermetall-

ionen zurückzugewinnen[33]. Aus Abwässern der Milchindustrie werden Milchzucker und Milchsäure zurückgewonnnen. Wie auch bei vielen anderen Abwässern der Nahrungsmittelindustrie dient hier die Hyperfiltration als Vorstufe für eine Verdampfung, womit erhebliche Energiekosten eingespart werden können[34-37]. Als besonderer Vorteil der Hyperfiltration muß die hohe Qualität des Filtrates angesehen werden, das im allgemeinen ohne größere Nachbehandlung im Kreislauf geführt werden kann.

Weite Verbreitung hat die Hyperfiltration auch bei der Kesselspeisewasseraufbereitung, bei der Reinstwassergewinnung und bei der Herstellung von pyrogenarmen Lösungen gefunden.

In der Nahrungsmittelindustrie, der Chemie und der Pharmazie wird die Hyperfiltration ganz generell als Vorstufe zur Verdampfung oder Gefriertrocknung eingesetzt. Hier kommen wiederum die geringen Energiekosten und die schonende Behandlung der Lösungsinhaltsstoffe, die weder thermisch belastet, noch chemisch verändert werden, zum Tragen. Grenzen sind der Hyperfiltration jedoch meistens durch den hohen osmotischen Druck der konzentrierten Lösungen gesetzt. Dies ist besonders bei der Aufkonzentrierung von Fruchtsäften nachteilig, die wegen ihres hohen Zuckergehaltes meist als Rohlösung schon einen erheblichen osmotischen Druck aufweisen und selten um mehr als das Drei- oder Vierfache ihrer Ausgangskonzentration angereichert werden können.

Die Nutzung der Hyperfiltration für nichtwässrige Lösungsmittel spielt besonders in der Chemie und Pharmazie bei der Isolierung von Naturstoffen aus Extrakten oder chemischen Halbprodukten aus Synthesegemischen eine besondere Rolle, der in der Zukunft noch weitaus größere Bedeutung zukommen wird, wenn es gelingt entsprechende chemisch stabile Membranen zu entwickeln.

3. Anwendung der Elektrodialyse

Ähnlich wie bei der Hyperfiltration, liegt auch bei der Elektrodialyse die bei weitem bedeutendste Anwendung auf dem Gebiet der Trinkwassergewinnung. Allerdings kommen hier als Rohlösung nur Brackwasser mit relativ geringer Salzkonzentration in Frage. Versuche zur Meerwasserentsalzung bei erhöhter Betriebstemperatur haben bisher noch zu keinem wirtschaftlich verwertbaren Ergebnis geführt. Vergleicht man die Prozeßkosten von Elektrodialyse und Hyperfiltration, so ist bei Salzwasserkonzentrationen unter 3000 mg/l die Elektrodialyse und bei Salzkonzentrationen über 8000 mg/l die Hyperfiltration das wirtschaftlichere Verfahren zur Trinkwassergewinnung[38].

Neben der Trinkwassergewinnung spielt die Elektrodialyse besonders in Japan eine große Rolle für die Salzgewinnung. Hier wird Meer- oder Lagunenwasser mit Hilfe der Elektrodialyse bis zu einem Salzgehalt von 15–20% aufkonzentriert. Das restliche Wasser wird dann durch Verdampfung entzogen. Bei diesem Prozeß kommt die Möglichkeit, Salze bis zu vergleichsweise sehr hohen Konzentrationen anreichern zu können, zum Tragen[39].

Das gleiche gilt auch für die Anwendung der Elektrodialyse zur Aufarbeitung von Waschwässern aus der Galvanik. Hier können Metallionen, die im Spülwasser in Konzentrationen unter einem Prozent liegen, soweit aufkonzentriert werden, daß sie direkt in das galvanische Bad zurückgegeben werden können, während die ionenfreie Lösung wieder im Spülkreislauf eingesetzt werden kann. Man hat auf diese Weise neben der Beseitigung eines Abwassers noch erhebliche Einsparungen an Wasser und Metallsalzen erzielt[40].

Abb. VI-4:   Fotografie einer Elektrodialyseanlage zur Brackwasserentsalzung

In den letzten Jahren ist die Elektrodialyse auch noch für verschiedene Entsalzungs-
und Entsäuerungsprobleme in der Nahrungsmittelindustrie und in der Chemie und
Pharmazie interessant geworden. Zu den bedeutendsten Beispielen gehören die Entsalzung von entproteinisierter Molke, die Entfernung von Kaliumtatrat aus Wein und die
Entsäuerung von Fruchtsäften. Bei der Entsalzung vieler pharmazeutischer Produkte
wird die konventionelle Dialyse mehr und mehr durch die Elektrodialyse ersetzt. Auch im
Laborbereich findet die Elektrodialyse als ein einfaches Verfahren zur Entsalzung
organischer Verbindungen in wäßriger Lösung mehr und mehr Anwendung.

Eine Elektrodialyseanlage, wie sie heute zur Entsalzung von biologischen Flüssigkeiten
eingesetzt wird, ist in der Fotografie der Abbildung VI-4 dargestellt.

4. Anwendung der Dialyse

Die Dialyse hat heute ihre wichtigste Anwendung als sogenannte künstliche Niere in der Medizin gefunden. Hier wird sie sowohl bei akutem als auch bei chronischem Nierenversagen zur Detoxikation des Blutes eingesetzt. Die heute eingesetzten künstlichen Nieren bestehen aus Dialysemembranen, die entweder als Folien in ein entsprechendes Plattensystem oder als Kapillaren in ein entsprechendes Mantelrohr eingesetzt sind. Die wirksame Membranfläche einer künstlichen Niere beträgt ca. $1 - 1,5$ m^2. Die Behandlungsdauer für eine „Blutwäsche" beträgt ca. $4 - 6$ Stunden. Bei chronischem Nierenversagen sind ca. 3 Behandlungen pro Woche notwendig. Da es sich bei den Hämodialysatoren um Einweggeräte handelt und die Zahl der Patienten mit chronischer oder akuter Niereninsuffizienz vor allem in den Industrieländern stetig zunimmt, läßt sich die wirtschaftliche Bedeutung der Dialyse als künstliche Niere ermessen. Gegenüber dieser Anwendung sind alle anderen Anwendungen der Dialyse im technischen Maßstab oder im Laborbereich wirtschaftlich vergleichsweise gering. Das Foto der Abbildung VI-5 zeigt einen Hämodialysator mit Kapillarmembranen, wie er heute als künstliche Niere eingesetzt wird.

Abb. VI-5:   Foto eines Kapillarmembranhämodialysators

Obgleich die technische Nutzung von Membranprozessen zur Trennung molekularer Gemische in größerem Maßstab erst vor wenigen Jahren begonnen hat, besteht heute an ihrer wirtschaftlichen Bedeutung kein Zweifel mehr. Inzwischen zeichnen sich für die verschiedenen Prozesse feste und gut überschaubare Märkte ab. Dabei scheinen die Aussichten für die Hyperfiltration besonders günstig zu sein. Denn für die Entsalzung von Brackwasser steht heute neben der Elektrodialyse kaum ein anderes Verfahren zur Verfügung, das eine so kostengünstige Gewinnung von Trinkwasser ermöglicht. Selbst bei der Entsalzung von Meerwasser bietet die Hyperfiltration mit der Entwicklung entsprechender Membranen und den steigenden Energiekosten eine echte Alternative zur Entspannungsverdampfung. Mit der immer stärker werdenden Industrialisierung der ariden Gebiete wird auch hier der Verbrauch an Trink- und Prozeßwasser immer größer. Damit tut sich für die Hyperfiltration ein noch gar nicht zu übersehender Markt auf. Ähnlich liegen auch die Verhältnisse bei der Elektrodialyse. Allerdings ist hier die Anwendung zur Zeit auf Brackwässer mit relativ geringer Salzkonzentration beschränkt.

Aber auch in den Industrieländern hat sich inzwischen ein fester Markt für Hyperfiltrations- und Elektrodialyseanlagen etabliert, der im wesentlichen auf dem Gebiet der Abwasserreinigung und in der chemischen und pharmazeutischen Industrie liegt. Allerdings hat hier die Ultrafiltration zunächst größere Verbreitung gefunden.

Für ganz bestimmte Stofftrennprobleme, wie z. B. bei der Aufarbeitung von ölemulsionshaltigen Waschwässern der metallverarbeitenden Industrie, ist die Ultrafiltration als Standardprozeß eingeführt. Allerdings sind die Anlagen meist kleiner und die Anwendung weniger spektakulär als bei der Trinkwassergewinnung aus Meer- und Brackwasser durch Hyperfiltration. Auch die Anwendung der Dialyse im medizinischen Bereich tritt gegenüber der Hyperfiltration etwas in den Hintergrund, obgleich hier besonders bei künstlichen Nieren in den hochindustrialisierten Ländern ein außerordentlich hoher Bedarf an gut und sicher funktionierenden Dialysatoren besteht.

Über eine zukünftige Entwicklung und Anwendung von Membranprozessen kann man im Augenblick nur spekulieren. Sicherlich werden zu den heute bereits technisch realisierten Membranverfahren noch andere hinzukommen. Vor allem auch die Sicherung von Rohstoffen durch eine wirtschaftliche Ausbeutung der vorhandenen Rohstoffreserven und bei der Wiedergewinnung von wertvollen Produkten aus Abwässern, können Membranverfahren in der Zukunft eine bedeutende Rolle spielen. Hier könnten sich gerade für die flüssigen Membranen und für den trägergebundenen Transport wegen der hohen Selektivität sehr viele interessante Anwendungsmöglichkeiten ergeben.

Vordringlichstes Ziel bei der gesamten Membranstofftrennung ist die Entwicklung von Membranen mit größerer Selektivität, höheren Stromdichten und besseren chemischen, thermischen und mechanischen Eigenschaften. Welche Möglichkeiten sich für die Zukunft noch bieten, sieht man am besten am Beispiel der lebenden Natur, wo Membranen die kompliziertesten Funktionen beim Transport von Materie, Energie und Information unter äußerst wirtschaftlichen Bedingungen übernehmen.

Literatur

1. *Michaels, A. S.*, Chem. Eng. Progress **64**, 31 (1968).
2. *Porter, M. C., Michaels, A. S.*, Chem. Tech. **1**, 1 (1971).
   1, 248 (1971).
   1, 440 (1971).
   1, 637 (1971).

3. *Strathmann, H.*, Chemie-Technik **8,**333 (1978).
4. *Bailey, P. A.*, Filtration and Separation **14**, 2/3 (1977).
5. *Okey, R. W.*, in „Industrial Processing with Membranes", Edts.: *Lacey, R. E., Loeb, S.*, John Wiley & Sons (New York 1972).
6. *Cross, R. A.*, Amer. Chem. Eng. Symp. Ser. **68**, 120 (1972).
7. *Binanzer, K. P.*, Galvanotechnik **68**, (2) 1 (1977).
8. *Strathmann, H.*, Pure & Appl. Chem. **46**, 213 (1976).
9. *Marquardt, K.*, Chemie-Technik **5**, 411 (1976).
10. *Belfort, G.*, Desalination, **21**, 285 (1977).
11. Firmenanschrift: Abcor-Dürr GmbH. Stuttgart, (1972).
12. *Wysocki, G.*, Chemie-Technik **5**, 177 (1976).
13. *Trauter, J., Rueß, B.*, Melliand Textilber. **58**, 711 (1977).
14. *Wysocki, G.*, Chemie-Technik, **6**, 285 (1977).
15. *Rautenbach, R., Rauch, K.*, Verfahrenstechnik **10**, 25 (1976).
16. *Merson, R. L., Ginnette, L. F.*, in „Industrial Processing with Membranes", Edts.: *Lacey, R. E., Loeb, S.*, John Wiley & Sons (New York 1972).
17. *Marquardt, K.*, Chemie-Technik **6**, 245 (1973).
18. *Güngerich, Ch.*, Deutsche Milchwirtschaft **27**, 322 (1976).
19. *Nielsen, P. S.*, Deutsche Milchwirtschaft **27**, 188 (1976).
20. *Bundgaard, A. G., Olsen, O. J., Madsen, R. F.*, Dairy Ind. **37**, 539 (1972).
21. *Drioli, E.*, Biotechnol. Bioeng. **17**, 1365 (1975).
22. *Madsen, R. F.*, „Hyperfiltration and Ultrafiltration in Plate- and Frame Systems", Elsevier Publ. Co (Amsterdam 1977).
23. *Michaels, A. S.*, Pure & Appl. Chem. **46**, 193 (1976).
24. *Varga, A.*, Z. Med. Labortechn. **17**, 214 (1976).
25. *Blatt, W. F.*, Clin. Lab. Prod. **3**, (4) 14 (1974).
26. *Rautenbach, R.*, Verfahrenstechnik **12**, 309 (1978).
27. *Lonsdale, H. K.*, Desalination, **13**, 317 (1973).
28. Desalting Plants Inventory Report 6, US Government Printing Office (1977).
29. *Saltonstall, C. W.*, Proceed. 5th Intern. Symp. on Fresh Water from the Sea **4**, 377 (1976).
30. *Channabasappa, K. C., Strobel, J. J.*, Proceed. 5th Intern. Symp. on Fresh Water from the Sea, **4**, 267 (1976).
31. *Channabasappa, K. C.*, Desalination **23**, 495 (1977).
32. *Kuiper, D., Bom, C. A., van Hezel, J. L.*, Desalination **15**, 193 (1974)
33. *Matz, R.*, Desalination **24**, 113 (1978).
34. *Scheuermann, E. A.*, Lebensmitteltechn. **9**, 382 (1977).
                                          9, 418 (1977).
                                          9, 474 (1977).
35. *Meuser, F.*, Die Stärke **12**, 421 (1976).
36. *Wucherpfennig, K.*, Weinberg und Keller **24**, 89 (1977).
37. *Peri, C., Pompei, C., Rossi, F.*, J. Food Sci. **38**, 135 (1973).
38. Hittman, Assoc., Office of Saline Water R & D Report 610, US Government Printing Office (1969).
39. Firmenanschrift: Tokojama Soda. Tokyo, Japan
40. *Korngold, E., Kock, K., Strathmann, H.*, Desalination **24**, 129 (1978).

Autorenregister

Sachregister

Umrechnung von in USA gebräuchlichen Einheiten in metrische

umrechnen		zu multiplizieren
von	in	mit
°F	°C	(°F − 32) 0,555
ft	cm	30,48
ft^2	m^2	0,0929
gal	l	3,785
in	cm	2,54
lb	kg	0,4536
lb/sqin (psi)	at	0,070306
	atm	0,0681
	bar	0,06895
mil	cm	0,00254
gal/sqft day (gsfd)	cm^3/cm^2 sec	$4,715 \times 10^{-5}$
	1/m^2 h	1,6976
	m^3/m^2 d	0,04074